高等院校电子信息科学与工程规划教材

嵌入式系统原理与实践

沈建华　王　慈◎编著

清华大学出版社

北　京

内 容 简 介

本书系统介绍了嵌入式系统的基本原理和基础知识，详细讲述了 MCU 应用相关的各种外设模块的工作原理和编程结构，包括 ARM Cortex-M4 内核、ARM v7 指令系统、MCU 系统控制、存储器、通用输入/输出（GPIO）、定时器、PWM、异步和同步通信接口（UART、SPI、I2C 等）、模拟外设（ADC、DAC、比较器）等。同时，对嵌入式软件设计方法、嵌入式 C 语言基础、RTOS 等作了简明阐述。最后还介绍了物联网应用、低功耗系统设计和电磁兼容性基础等。

本书以 MSP432 微控制器为例，每个章节都提供实验操作例程代码，并配有完整的教学资源，包括 PPT 课件、物联网口袋实验平台和实验指导书等。

本书可作为高等院校计算机、电子、自动化、仪器仪表等专业嵌入式系统、物联网、微机接口、单片机等课程的教材，也可作为广大从事 MCU 和物联网应用系统开发的工程技术人员的学习、参考用书。

图书在版编目（CIP）数据

嵌入式系统原理与实践 / 沈建华，王慈编著. —北京：清华大学出版社，2018（2023.7重印）
（高等院校电子信息科学与工程规划教材）
ISBN 978-7-302-51024-6

I. ①嵌… II. ①沈… ②王… III. ①微型计算机-高等学校-教材 IV. ①TP36

中国版本图书馆 CIP 数据核字（2018）第 192037 号

责任编辑：邓　艳
封面设计：刘　超
版式设计：楠竹文化
责任校对：马军令
责任印制：沈　露

出版发行：清华大学出版社
　　　　　网　　　址：http://www.tup.com.cn，http://www.wqbook.com
　　　　　地　　　址：北京清华大学学研大厦 A 座　　　邮　　　编：100084
　　　　　社 总 机：010–83470000　　　　　　　　邮　　　购：010-62786544
　　　　　投稿与读者服务：010-62776969，c-service@tup.tsinghua.edu.cn
　　　　　质量反馈：010-62772015，zhiliang@tup.tsinghua.edu.cn
印 装 者：三河市少明印务有限公司
经　　销：全国新华书店
开　　本：185mm×260mm　　　印　　张：23.5　　　字　　数：542 千字
版　　次：2018 年 9 月第 1 版　　　印　　次：2023 年 7 月第 4 次印刷
定　　价：69.80 元

产品编号：079898-01

序　言

目前很多高校都开设了嵌入式系统课程，有的学校还有嵌入式系统专业，关于嵌入式系统教学内容的讨论也随之而来。其实，嵌入式系统这个概念很大，计算机技术和计算机应用技术的每个方面，几乎都可以找到与嵌入式系统有关联的内容，如微处理器架构、硬件系统设计、软件设计与优化、算法与控制、接口与通信、操作系统、数字信号处理、单片机应用等。所以，完整的嵌入式系统教学内容，应该是一个课程体系、包括一系列的课程。对于一般学校的一门"嵌入式系统"类课程，则不必拘泥（或统一）于某一特定的内容，完全可以根据各自学校、专业的特点和培养方案，选定教学内容。为此，我们也查阅了美国一些高校（如哥伦比亚大学、德克萨斯大学、密西根大学、伯克利大学、华盛顿大学等）的嵌入式系统课程教学内容，发现各高校相似名称的课程，教学内容也相差很大，有的偏重于系统建模、有的偏重于系统控制、有的偏重于应用系统设计。总体而言，偏重于应用、控制方面的，选用微控制器（MCU）教学的较为普遍。

在国内成立嵌入式系统专业的学校，有条件可以开设一系列的嵌入式系统课程。对一般学校来说，涉及嵌入式系统相关教学内容的，可能也就是 1～2 门课。对于计算机专业而言，大多是原来的"微机原理与接口""单片机原理与应用"这类课程教学内容的延续和更新。我们华东师范大学计算机系也是如此，目前"嵌入式系统原理与实践"这门课，就是原来"微机原理与接口""嵌入式系统引论"的升级版。考虑到计算机专业软件课程（包括操作系统、编程语言等）已经很多，所以我们这门课的教学内容重点是嵌入式系统硬件接口方面的知识，以及具有嵌入式系统特点的软件设计方法，包括嵌入式处理器、存储器、I/O、RTOS、嵌入式应用编程等。

嵌入式系统是一种计算机应用系统。作为本科生专业基础课程，要抽象出一般嵌入式应用共性的知识和原理，这部分内容必须具有基础性、普适性，不依赖于某个具体的芯片。然后再选择某些有代表性的具体芯片作为实验载体，加强对原理的理解，掌握应用设计方法。平衡好这两个方面是嵌入式教学的一个难点，为此我们结合自己 20 多年嵌入式系统教学、科研项目开发经验，逐步抽象出符合本学科专业教学要求的嵌入式系统处理器、存储器、I/O 等相关的基础知识和原理，并选择了基于 ARM Cortex-M4 的超低功耗微控制器 MSP432 作为硬件实验平台。现在各种 MCU 型号很多，选择 MSP432 主要考虑了以下因素。

（1）MSP432 基于 ARM Cortex-M4 内核，采用 ARM v7 指令集，具有高性能、先进性，32 位处理器已成主流，教学内容必须与时俱进。

（2）低功耗是嵌入式系统的重要特性，MSP432 既有一般 ARM MCU 的功能性，也有超低功耗特性，可满足更多教学、应用需求。

（3）MSP432 开发工具完善，可支持多种主流嵌入式开发工具，如 Keil MDK、IAR、Eclipse 等。

（4）对于高校教学实验需求，可向 TI 大学计划申请免费的 MSP432 LaunchPad。

嵌入式系统教学的另一个难点是动手实践。一方面，受学校总课时限制，每周 2 课时的实验只能让学生做一些肤浅的验证性实验，无法做一些复杂、系统性的实验；另一方面，由于互联网应用的兴起，现在 IT 学科的学生普遍喜欢软件类课程和互联网应用开发，因为各种移动互联网应用，如 Web、手机 App 应用开发更方便、有趣。为突破这个难题，提高学生对嵌入式系统的学习兴趣，同时结合物联网应用趋势、把嵌入式系统和移动互联网结合起来，我们和阿里巴巴、半导体芯片公司 TI 合作，开发了基于阿里云 IoT 平台和 AliOS Things 的嵌入式物联网实验系统，把手机 App 作为嵌入式系统的人机交互接口，并可在 Internet 上实现互动。该实验系统的特色如下。

（1）简单。硬件采用口袋板形式（名片大小），课程一开始就发给学生，学生可在任何时间自行进行编程实验；而在实验室规定的时间可以进行更复杂的实验，大大增加了学生的实验时间、动手和创新能力。

（2）丰富。实验内容丰富，可做一般嵌入式系统课程要求的所有实验内容；并带有 Arduino 扩展接口，可进行创新实验、应用开发。

（3）有趣。配接联网模块，既可实现物联网应用方案，也可用手机 App 进行远程操控。

（4）真实。物联网实验方案采用阿里云 IoT 平台，安全、稳定、有弹性，可用于实际 IoT 产品和项目，所学即所用。

（5）完善。教材、课件 PPT、作业、答案等配套资源完善，可零起点学习使用嵌入式和物联网开发。教师还可以在网上查看、统计学生的学习、实验情况。

（6）免费。对于高校教学，可申请实验板卡、IoT 云系统使用全免费。

嵌入式应用几乎无所不在，物联网给嵌入式系统发展带来巨大机遇。从某种角度上说，物联网应用系统也可看作是嵌入式系统的网络应用，因为物联网系统中的"物"，基本上都是各种嵌入式设备。随着物联网应用的发展，嵌入式软件日趋复杂，需要针对应用趋势，学习高效的嵌入式、物联网开发技术，包括 RTOS、物联网 OS、IoT 云平台等。对于一般嵌入式开发，本书介绍了 FreeRTOS。对于物联网应用开发，本书简单介绍了 AliOS Things 和阿里云 IoT 平台，并介绍了一个物联网应用实例。

考虑到教学内容的完整性、学生基础的差异性以及学习参考的便利，本书的后面几章还补充了嵌入式软件设计方法、嵌入式 C 语言基础、软硬件开发环境以及低功耗设计和电磁兼容性方面的基础知识。

华东师范大学计算机系嵌入式系统实验室长期重视产学研结合，与多家全球著名的半导体厂商（如 TI、Microchip、ST 等）和互联网企业（如阿里云、微软 Azure 等）合作，在 MCU 和物联网系统开发、推广方面积累了丰富的经验。本书内容是结合了我们多年课程教学及 MCU 和物联网应用开发的经验编写整理而成的，并经过了多届学生的试用，反响良好。

　　参与本书编写和资料整理、硬件设计和代码验证等工作的，还有华东师范大学计算机系林雯、陶立清、常艳杰、王同乐、张焰、张红艳、陈子炎、周剑晟、郝立平，上海大学李晋等。在本书成稿过程中，得到了 TI 大学计划经理王承宁、潘亚涛、钟舒阳，阿里巴巴 IoT 事业部总经理库伟、巍骛、孟子，清华大学出版社邓艳的大力支持。在此向他们表示衷心的感谢。

　　由于时间仓促和水平所限，书中难免存在不足之处，恳请读者批评指正，以便我们及时修正。

编　者

目　　录

第1章 嵌入式系统与微控制器概述

嵌入式系统作为计算机应用系统的一个分支,在后 PC 时代发展迅速,已经成为一个独立的研究与应用方向。本章将讲述嵌入式系统相关的一些基础知识,包括嵌入式系统的概念、发展、特点、组成、种类、开发调试方法及嵌入式处理器概述等。通过对本章的学习,读者可以对嵌入式系统,特别是嵌入式微控制器(MCU)的相关基础知识有基本的了解。

1.1 嵌入式系统概述

嵌入式系统是以应用为中心,以计算机技术为基础,软硬件可裁剪,满足对功能、可靠性、成本、体积、功耗等特定要求的专用计算机系统,它通常被包含在一些机械或电子系统中。嵌入式系统还是一种计算性能受限制的实时系统,它经常作为某一部件嵌入到一个完整设备中。如今,嵌入式系统控制着大量的设备,约有百分之九十八的微处理器用于各种嵌入式系统。

嵌入式系统是硬件和软件的集合体。其硬件包括嵌入式处理器、控制器、数字信号处理器(Digital Signal Processor,DSP)、存储器、外设接口器件等。其软件包括引导程序、嵌入式操作系统和应用程序等。嵌入式操作系统控制着应用程序与硬件的交互,应用程序控制着系统的运作。嵌入式系统有时还包括一些机械部分,如机电一体化装置、微机电系统(Micro-Electro Mechanical System,MEMS)、光学系统等,这些机械部分是为完成某种特定的功能而设计的,所以嵌入式系统有时也被称为嵌入式设备。

1.1.1 嵌入式系统的发展

嵌入式系统是随着计算机技术、微处理器技术、电子技术、通信技术、集成电路技术的发展而发展起来的,现已成为计算机技术和计算机应用领域的一个重要组成部分。

20 世纪中叶,微电子技术处于发展初级阶段,集成电路属于中小规模发展时期,各种新材料新工艺尚未成熟,元件集成规模还比较小,工业控制系统基本使用继电器逻辑技术,还没有嵌入式系统的概念。直到 20 世纪 70 年代,微处理器的出现,计算机才出现了历史性的变化。以微处理器为核心的微型计算机以其小型、价廉、高可靠性特点,迅速走出机房。基于高速数值运算能力的微型机,表现出的智能化水平引起了控制专业人士的兴趣，要求将微型机嵌入到一个对象体系中，实现对象体系的智能化控制。例如，将微型计算机经电气加固、机械加固，并配置各种外围接口电路，安装到大型舰船中构成自动驾驶仪或轮机状态监测系统。这样一来，计算机便失去了原来的形态和通用计算机功能。为了区别于原有的通用计算机系统，把嵌入到对象体系中，实现对象体系智能化控制的计算机，称作嵌入式计算机系统。

从 20 世纪 70 年代单片机的出现，到今天各式各样的嵌入式微处理器以及微控制器的大规模应用，嵌入式系统已经有了 40 多年的发展历史。

嵌入式系统的出现最初是基于单板机或单片机的。如有用 Zilog 公司 Z80 微处理器设计的单板机（控制板），以及后来 Intel 80386EX 单板机等。70 年代单片机的出现，使得汽车、家电、工业机器、通信装置以及其他电子产品，可以通过内嵌单片机，使系统获得更好的性能、更便于使用、也更便宜。随着嵌入式系统规模的不断发展，嵌入式芯片的工艺不断改进，成本逐步下降，性能得到提高，在各个方面都有了广泛的应用。从企业应用，到家庭、移动应用，嵌入式系统不断走进人们的生活，同时市场也在不断壮大。如图 1.1 所示，嵌入式系统的发展趋势以指数级上升。从 1991 年到 2013 年，ARM 架构的芯片总出货量达到了 500 亿颗，而 2013 年到 2017 年仅 4 年时间，ARM 架构的芯片总出货量就达到了 500 亿颗。根据 ARM 预测，从 2017 年到 2021 年，ARM 架构的芯片出货量将再翻一番，达到 1000 亿颗。

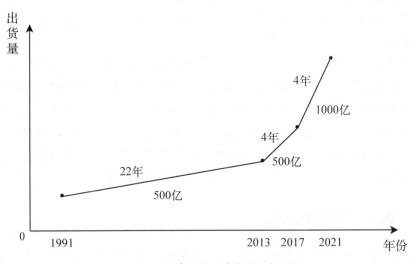

图 1.1　嵌入式系统发展趋势图

在嵌入式软件方面，从 80 年代早期开始，嵌入式系统的程序员开始用商业级的"操作系统"编写嵌入式应用软件，这使得可以缩短开发周期、降低开发成本、并提高开发效率，"嵌入式系统"真正出现了。确切点说，这个时候的操作系统是一个实时内核，这个实时内核包含了许多传统操作系统的特征，包括任务管理、任务间通信、同步与相互排斥、中断支持、内存管理等功能。

90 年代以后，随着对实时性要求的提高，软件规模不断上升，实时内核逐渐发展为实时多任务操作系统（RTOS），并作为一种软件平台，逐步成为嵌入式系统的主流。更多的公司看到了嵌入式系统的广阔发展前景，开始大力发展自己的嵌入式操作系统。除了前面的几家老牌公司以外，还出现了 uC/OS-II、FreeRTOS、Palm OS、WinCE、VxWorks、嵌入式 Linux 等操作系统。

1.1.2　嵌入式系统的特点

嵌入式系统是一种满足特定应用需求的计算机应用系统，其最主要的特点就是专用性。一个嵌入式系统的功能与非功能指标（包括外形、体积等）、硬件与软件，都是特定设计的，冗余度很小。另外，由于嵌入式系统应用面广、需求各异，使得各种嵌入式系统的软硬件复杂度差异很大，行业难以被垄断。

嵌入式系统的硬件核心是嵌入式微处理器。嵌入式微处理器一般具备以下几个特点。

（1）性能、功能差异很大、覆盖面广。这是由于嵌入式系统应用特点决定的，各种嵌入式应用对处理器的要求差异非常大，需要有不同性能、功能的微处理器来满足。

（2）对实时多任务有很好的支持，能完成多任务并且有较短的中断响应时间，从而使内部的代码和实时内核的执行时间减少到最低限度。

（3）具有功能很强的存储区保护功能。对于多任务的应用，由于嵌入式系统的软件已经模块化，而为了避免在软件模块之间出现错误的交叉作用，需要有存储区保护功能，同时也有利于软件诊断。

（4）可扩展的处理器结构，工具链完善，以快速开发出满足应用的、不同性能的嵌入式微处理器。在这方面，ARM 处理器有很大的优势。

（5）低功耗。尤其是用于电池供电的便携式无线和移动设备中的嵌入式处理器，如需要功耗只有 mW 甚至 μW 级。

一般地，复杂的嵌入式系统的软件包括嵌入式操作系统和应用程序。对于小系统，应用程序可以没有操作系统而直接在处理器上运行。对于大系统来说，为了合理地调度和管理多任务、系统资源、系统函数，以及与专家库函数接口，用户需要选择与嵌入式系统相对应的开发平台，这样才能保证程序执行的实时性、可靠性，并减少开发时间，保障软件质量。

1.1.3　嵌入式系统的组成

作为一个"专用计算机系统"的嵌入式系统，同样也是由软件系统和硬件系统两大部分组成的。一般来说，硬件包括处理器/微处理器、存储器、I/O 外设器件、图形控制器等。软件部分包括操作系统软件（OS）（要求实时和多任务操作）和应用软件。有时设计人员会把这两种软件组合在一起。嵌入式系统使用的操作系统可能是相同的，但根据应用领域的不同，应用程序（应用软件）却可以千差万别。应用软件控制着系统的运作和行为，而操作系统则控制着应用程序与硬件的交互作用。

嵌入式系统有时还包括其他一些机械部分，如机电一体化装置、微机电系统、光学系统（如数码相机）等。它是为完成某种特定的功能而设计的，有时也称为嵌入式设备。

1. 嵌入式系统硬件部分

嵌入式系统的硬件结构如图 1.2 所示，硬件部分的核心部件就是嵌入式处理器。本书中主要介绍的 ARM 处理器就是一个典型的嵌入式处理器。

图 1.2 嵌入式系统硬件结构示意框图

现在全世界嵌入式处理器的型号已经超过 1000 种，流行的体系结构多达 30 多个，嵌入式处理器的寻址空间也从 64KB 到 4GB 不等，其处理速度可以从 0.1MIPS～2000MIPS。一般来说，可以把嵌入式处理器分成微处理器（Micro Processor Unit，MPU）、微控制器（Micro Controller Unit，MCU）、数字信号处理器（Digital Signal Processor，DSP）、片上系统（System on Chip，SoC）4 类。

嵌入式系统的存储器根据系统规模差异很大。通常 MCU 系统都使用 MCU 自带的 Flash 和 SRAM，代码固化在 Flash 中、可直接执行，无须外扩存储器。而 MPU 系统则需外扩 SDRAM 作为系统内存，外扩 NAND Flash 作为系统外存。程序平时保存在外存，需要运行时由 OS 调入到内存再执行。

嵌入式系统硬件部分除了嵌入式处理器和存储器外，还包括各种外设接口。也正是基于这些丰富的外围接口，才带来嵌入式系统越来越丰富的应用。现在的 ARM 微控制器内部的外设接口非常丰富，像 I^2C、SPI、UART 和 USB 等接口基本上都是"标准"配置。在设计系统的时候，通常只要把微控制器和相应接口的外部设备进行简单的物理连接，就可以实现外部接口扩展了。

嵌入式系统的硬件部分，随着高度集成化技术的发展，嵌入式处理器集成的外设越来越多、功能也越来越强，需要扩展的外部设备/接口电路变得越来越少了，整个硬件系统设计也就变得越来越简单了。比如很多 ARM 微控制器里面就已经集成了 Flash、SRAM 和很多通信接口，有的还内部集成了 DSP、LCD 控制器等。

2. 嵌入式系统软件部分

嵌入式系统软件一般来说是由嵌入式操作系统和应用软件两部分组成的。具体点说，嵌入式系统软件可以分成启动代码（Boot Loader）和板级支持包（Board Support

Package，BSP）、操作系统内核与驱动（Kernel & Driver）、文件系统与应用程序（File System & Application）等几部分。

Boot Loader 是嵌入式系统的启动代码，主要用来初始化处理器、传递内核启动参数给嵌入式操作系统内核，使得内核可以按照我们的参数要求启动。另外 Boot Loader 通常都具有搬运内核代码到 RAM 并跳转到内核代码地址运行的功能。板级支持包（BSP）则完成了不同硬件与操作系统接口的软件映射。

操作系统内核则主要有 4 个任务：进程管理、进程间通信与同步、内存管理及 I/O 资源管理。驱动程序也应该算是内核中的一个部分，主要提供给上层应用程序，通过处理器外设接口控制器和外部设备进行通信的一个媒介。

文件系统则可以让嵌入式软件工程师灵活方便地管理和使用系统资源，包括其他系统软件/中间件，如 GUI、网络协议栈等，都是按需选用的。应用程序是真正针对需求的，可能是嵌入式软件工程师完全自主开发的。

总的来说，嵌入式系统的硬件部分可以说是整个系统的基石，嵌入式系统的软件部分则是在这个基石上面建立起来的不同功能的大楼，对于任何一个需求明确的嵌入式系统来说，两者缺一不可。在对系统做了相对完整而细致的需求分析之后，通常采用软件和硬件同步进行的方式来开发，前期硬件系统的设计要比软件系统设计稍微提前，到了后期软件系统的开发工作量会比硬件系统的开发工作量大很多。

1.1.4　嵌入式系统的种类

根据分类标准的差异，嵌入式系统的分类方法也不同。本小节根据嵌入式系统的软件复杂程度，将嵌入式系统分为以下 3 类。

1. 无操作系统控制的嵌入式系统

无操作系统控制的嵌入式系统，其软件部分规模较小，通常是一个无限循环的前后台程序，无须额外的 CPU 和存储开销。这类嵌入式系统一般适用于结构简单、功能单一的嵌入式应用，如计算器、电子玩具、简单的仪器仪表或简单控制等。

2. 小型操作系统控制的嵌入式系统

小型操作系统控制的嵌入式系统，其软件部分由一个小型实时操作系统内核（RTOS）和一个小规模应用程序组成。小型实时操作系统内核的源代码一般不超过一万行，功能模块较少，一般只具有任务管理功能，不带文件系统和网络协议，没有图形用户界面等，无法为应用程序的开发提供一个完备的编程接口。这类嵌入式系统适用于人机接口简单、功能不太复杂的多任务应用，如基于 uC/OS-II 的 POS 机、UPS（Uninterruptible Power System，不间断电源）等。

3. 完整操作系统控制的嵌入式系统

完整操作系统控制的嵌入式系统，其软件部分的核心是一个功能齐全的嵌入式操作系统（如 Linux、VxWorks、Android 等），包含文件系统、网络协议、封装良好的 API 和 GUI，可靠性高，可运行多个数据处理功能较强的应用程序。这类嵌入式系统适用于需要良好人机交互或网络功能的复杂应用，如基于 Linux 或 Android 的机顶盒、智能电视和智能手机等。

1.1.5　嵌入式系统的调试方法

调试是嵌入式系统开发过程中必不可少的环节。在嵌入式系统的调试中，调试器（debugger）和被调试程序（debugee）通常运行在不同的机器上，调试器运行于宿主机，被调试程序运行于目标机。调试器通过某种方式可以控制被调试程序的运行方式，并能查看和修改目标机上的内存、寄存器以及被调试程序中的变量等。嵌入式系统的这种调试被称为交叉调试，具有以下特点。

（1）调试器和被调试程序运行在不同的机器。调试器运行在一般的 PC 或者工作站（即宿主机），被调试程序运行在实际的嵌入式设备上（即目标机）。而对于通用计算机应用系统，调试器和被调试程序通常运行在同一台计算机上，例如在 Windows 平台上使用 Visual C++等语言开发应用，调试器进程通过操作系统提供的接口来控制被调试程序。

（2）宿主机上的调试器通过某种通信方式与目标机上的被调试程序建立物理连接。常见的通信方式有串口、以太网口、JTAG 等。

（3）在目标机上一般有调试器的某种代理（Agent），这种代理可以是某种软件（如监视器），也可以是某种支持调试的硬件（如 JTAG），用于解释和执行目标机接收到的来自宿主机的各种命令（如设置断点、读内存、写内存等），并将结果返回给宿主机，配合宿主机调试器来调试目标机上的程序。

（4）目标机也可以是一种虚拟机。在这种情形下，调试器和被调试程序似乎运行在了同一台计算机。但是调试方式的本质没有变化，即被调试程序都是被下载到了目标机，对被调试程序的调试并不是直接通过宿主机操作系统的调试来完成，而是通过虚拟机代理的方式来完成。

交叉调试的方式一般分为以下几种。

1. 软件模拟器

软件模拟器是运行在宿主机上的纯软件工具，它通过模拟目标机的指令系统或目标机操作系统的系统调用，以此来达到在宿主机上运行并调试嵌入式应用程序的目的。软件模拟器分为两类：指令集模拟器和系统调用级模拟器。

1）指令集模拟器

指令集模拟器（Instruction Set Simulator，ISS）是在宿主机上模拟目标机的指令系统。它相当于在宿主机上建立了一台虚拟的目标机，该目标机的 CPU 型号与宿主机的 CPU 不同，例如宿主机的 CPU 是 Intel Pentium，虚拟目标机的 CPU 可能是 ARM。功能强大的指令集模拟器不仅可以模拟目标机的指令系统，还可以模拟目标机的外设，如串口、网口、键盘等。ARMulator 是目前常用的指令集模拟器。

ARMulator 是由 ARM 公司推出的面向集成开发环境 ADS（ARM Developer Suite）中提供的指令集模拟器。它与运行在通用计算机（通常是 x86 体系结构）上的调试器相连接，模拟 ARM 微处理器体系结构和指令集，提供了开发和调试 ARM 程序的软件仿真环境。嵌入式软件工程师无须 ARM 开发板，仅借助 ARMulator 即可对 ARM 源代码进行调试。ARMulator 通常用于仿真运行在 ARM 处理器的汇编语言和 C 语言程序，如键盘驱动程序、LCD 驱动程序等，适用于 ARM 硬件测试平台和小规模 ARM 应用程序的开发。

2）系统调用级模拟器

系统调用级模拟器是在宿主机上模拟目标机操作系统的系统调用。它相当于在宿主机上安装了目标机的操作系统，使得基于目标机操作系统的应用程序可以在宿主机上运行。目前常用的系统调用级模拟器有 Android 模拟器、IOS 模拟器等。

总而言之，软件模拟器可以在无须硬件支持的情况下，借助开发工具提供的虚拟平台进行软件开发和调试，使得嵌入式系统的软件和硬件的开发并行进行，提高嵌入式开发的效率，降低开发的成本。但使用软件模拟器调试，模拟环境与实际运行环境差别较大，被调试程序的执行时间同在目标机真实执行环境中的执行时间差别较大，实时性较差。而且除了常见的设备外，不能模拟目标机所有的外围设备，一般用于嵌入式开发的早期阶段。

2. ROM 监控器

如图 1.3 所示，在 ROM 监控器方式下，嵌入式系统的调试环境由宿主机端的调试器、目标机端的监控器（ROM Monitor）以及两者间的连接（包括物理连接和逻辑连接）构成。ARM 公司的 Angel 即属于此类调试方式，ARM 公司提供的各种调试工具包均支持基于 Angel 的调试方式。

图 1.3　ROM 监控器方式下的调试环境

ROM 监控器方式下，调试器大部分驻留在主机，余下的部分驻留在目标机作为调试代理。驻留在目标机的部分称为 ROM 监控器，是被固化在目标机的 ROM 中且目标机复位后首先被执行的一段程序。它对目标机进行一些必要的初始化，同时初始化自己的程序空间，然后通过指定的通信端口并遵循远程调试协议等待宿主机端调试器的命令，例如被调试程序的下载、目标机内存和寄存器的读/写、设置断点和单步执行被调试程序等，监控目标机上被调试程序的运行，与宿主机端的调试器一起完成对目标机上应用程序的调试。

综上所述，ROM 监控器调试方式简单方便，扩展性强，可以支持多种高级调试功能，如代码分析和系统分析等，而且成本低廉，不需要专门的硬件调试和仿真设备。但它本身要占用目标机的一部分资源（CPU、ROM 和通信资源等），且当 ROM 监控器占用目标机 CPU 时，应用程序无法响应外部中断，不便于调试有时间特性的应用程序。

3. ROM 仿真器

ROM 仿真器，又称 ROM Emulator，可以认为是一种用于替代目标机上的 ROM 芯片的设备。如图 1.4 所示，ROM 仿真器的外形是一个有 2 根电缆的盒子，一边通过 ROM 芯片的插座同目标机相连，另一边通过串口同宿主机相连。对于目标机上的 CPU，ROM 仿真器就像一个只读存储器芯片，这样目标机就可以不设置 ROM 芯片，而是利用 ROM 仿真器提供的 ROM 空间来代替。而对于宿主机上的调试器，ROM 仿真器上的 ROM 芯片的地址可以实时映射到目标机 ROM 的地址空间，从而仿真目标机的 ROM。

图 1.4　ROM 仿真器方式下的调试环境

实质上，ROM 仿真器是一种不完全的调试方式。虽然避免了每次修改程序后都必须重新烧写到目标机 ROM 中这一费时费力的操作，但 ROM 仿真器设备通常只是为目标机提供 ROM 芯片，并在目标机和宿主机间建立一条高速的通信通道，因此它经常与 ROM 监控器结合起来形成一种完备的调试方式。

4. 在线仿真器

在线仿真是最直接的仿真调试方法。在线仿真器（In-Circuit Emulator，ICE）是一种用于替代目标机上的 CPU 来模拟目标机上 CPU 行为的设备。它有自己的 CPU、RAM 和 ROM，可以执行目标机 CPU 的指令，不再依赖目标机的处理器和内存。

如图 1.5 所示，使用 ICE 调试前，要完成 ICE 和目标机的连接，通常先将目标机的 CPU 取下，然后将 ICE 的 CPU 引出线接到目标机的 CPU 插槽中。调试时，目标机的应用程序驻留在目标机的内存中，监控器即调试代理驻留在 ICE 的存储器中，使用 ICE 的 CPU 和存储器、目标机的输入/输出接口调试目标机内存中的应用程序。调试完成后，再使用目标板上的处理器和存储器运行应用程序。

图 1.5　在线仿真器方式下的调试环境

在线仿真器调试方法具有以下特点。

（1）在线仿真器能同时支持软件断点和硬件断点的设置。通常，软件断点只到指令级别，仅能指定目标机的被调试程序在取某一指令前停止运行。而在硬件断点方式下，多种事件的发生都可以使目标机的被调试程序在一个硬件断点上停止运行，这些事件包括内存读/写、I/O 读/写以及中断等。

（2）在线仿真器能设置各种复杂的断点和触发器。例如，可以指定目标机的被调试程序在"当变量 var 等于 80 且寄存器 R1 等于 1"时停止运行。

（3）在线仿真器能实时跟踪目标机的被调试程序的运行，并可实现选择性跟踪。在ICE 上有大量 RAM，专门用来存储执行过的每个指令周期的信息，使用户可以得知各个事件发生的精确次序。

（4）在线仿真器能在不中断目标机的被调试程序运行的情况下查看内存和变量，即可以实现非干扰的调试查询。

综上所述，在线仿真器是较为有效的嵌入式系统调试方式，尤其适合调试实时应用系统、硬件设备驱动程序以及对硬件进行功能测试。目前，在线仿真器一般用于低速和中速的嵌入式系统，例如，大多数 8 位 MCS-51 单片机仿真器。但是在 32 位高速嵌入式处理器领域，过高的时钟频率和复杂的芯片封装形式导致其对 ICE 的技术要求很高，价格也非常昂贵，因此在线仿真器使用较少。

5. 片上调试（On-Chip Debugging，OCD）

由于传统的 ICE 难以满足高速嵌入式系统，越来越多的嵌入式处理器（如 ARM 系列）借助于片上调试技术进行嵌入式系统的调试。

片上调试是内置于目标板 CPU 芯片内的调试模块提供的一种调试功能，可以把它看成是一种廉价的 ICE 功能，它的价格只有 ICE 的 20%，却提供了 80%的 ICE 功能。OCD

采用两级模式,即将 CPU 的工作模式分为正常模式和调试模式。在正常模式下,目标机的 CPU 从内存读取指令执行。如图 1.6 所示,在调试模式下,目标机的 CPU 从调试端口读取指令,通过调试端口可以控制目标机的 CPU 进入和退出调试模式。这样宿主机的调试器可以直接向目标机发送要执行的指令。通过这种形式读写目标机的内存和各种寄存器,控制目标被调试程序的运行以及完成各种复杂的调试功能。

图 1.6 片上调试方式下的调试环境

OCD 价格低廉,不占用目标机的资源,调试环境与程序最终运行环境基本一致,支持软硬件断点,可以精确计算程序的执行时间,提供实时跟踪和时序分析等功能。但是 OCD 也存在以下不足之处:调试的实时性不如 ICE 强;不支持非干扰的调试查询,即无法在不中断调试程序运行的情况下查看内存和变量;使用范围受限,即不支持没有 OCD 功能的 CPU。

现在比较常用的 OCD 实现有后台调试模式(Background Debugging Mode,BDM)、联合测试工作组(Joint Test Access Group,JTAG)和片上仿真器(On Chip Emulation,ONCE)等。其中,JTAG 是目前主流的 OCD 方式。

1)JTAG 标准

JTAG 是一种关于测试访问端口和边界扫描结构的国际标准,由联合测试工作组(JTAG)提出,于 1990 年被电气和电子工程师协会(Institute of Electrical and Electronics Engineers,IEEE)批准为 IEEE 1149.1 规范,也被称为 JTAG 标准或 JTAG 协议,用于芯片内部测试及对程序进行调试、下载。它在内部封装了专门的测试电路——测试访问端口(Test Access Port,TAP),通过专用的 JTAG 仿真器对内部节点进行测试。JTAG 是 JLink 在线调试时的一种模式。

由于 JTAG 是一个开放的协议,目前被全球各大电子企业广泛采用,已经成为电子行业内片上测试技术的一种标准。现在,大多数嵌入式处理器都支持 JTAG 标准,如 32 位 ARM 处理器,不论出自哪个半导体厂商,都采用兼容的 JTAG 接口。具有 JTAG 接口的芯片（如 ARM 处理器）都有若干个 JTAG 引脚。

JTAG 在线调试的另外一种模式是 SWD（Serial Wire Debug，串行线调试）。图 1.7 是 JTAG 和 SWD 标准的接口排列，SWD 是一种 JTAG 的简化接口，SWD 进一步减少了调试所占用的 MCU 引脚数。它只需要串行时钟线 SWCLK 和串行数据线 SWDIO 即可完成对嵌入式系统的调试。SWD 使用范围没有 JTAG 广泛，主流调试器上也是后来才加的 SWD 调试模式。

图 1.7　JTAG 和 SWD 接口定义

表 1.1 给出了 JTAG/SWD 调试接口的引脚描述，其中 JTAG 引脚定义包括 TDI 和 TDO 引脚，因此数据流从进入 CPU 核心就会形成一个很长的循环。

表 1.1　JTAG（IEEE 1149.1）/SWD 调试接口的引脚描述

引　　脚	描　　述
TCK/SWCLK	同步 JTAG/SWD 端口逻辑操作的时钟输入
TMS/SWDIO	JTAG 测试模式选择输入；SWD 数据输入/输出
TDI	输入测试数据流，在 TCK 的上升沿被采样
TDO	输出测试数据流，在 TCK 的下降沿被采样
TRST	低位有效的异步复位

2）基于 JTAG 的嵌入式调试环境

基于 JTAG 的嵌入式调试环境，由含有 CPU、JTAG 仿真器和宿主机 3 部分构成。

在基于 JTAG 的嵌入式调试环境中，目标机上含有 JTAG 接口模块的 CPU，通过 JTAG 仿真器与宿主机相连。只要目标机 CPU 的时钟系统正常，嵌入式开发者即可利用宿主机上嵌入式集成开发工具中的调试工具程序，通过 JTAG 接口使用独立目标机 CPU 指令系统的 JTAG 命令访问 CPU 的内部寄存器和挂载在 CPU 总线上的设备，如

Flash、RAM 和内置模块（如 GPIO、Timer 和 URAT 等）的寄存器，达到调试的目的。

基于 JTAG 的嵌入式调试，使用测试访问端口和边界扫描技术与目标机的 CPU 通信。与 ROM 监控器的调试方式相比，基于 JTAG 的嵌入式调试方式不仅功能强大，而且无须目标存储器，不占用目标机资源；与在线仿真器的调试方式相比，它成本非常低廉。因此，在宿主机上使用嵌入式集成开发工具配合 JTAG 仿真器进行的基于 JTAG 的嵌入式调试，已成为嵌入式系统目前最有效、使用最广泛的一种调试方式。

3）JTAG 仿真器

JTAG 仿真器又称 JTAG 适配器，是基于 JTAG 的嵌入式调试环境中不可或缺的环节。它一边通过 USB 接口与宿主机连接，一边通过 JTAG 接口与目标机的芯片（通常是 CPU）连接，将宿主机调试工具软件的调试命令解析成 JTAG 的信号时序（即协议转换），以设置 TAP（Test Access Port，测试存取端口）控制器的工作状态，控制对边界扫描寄存器的操作，完成对目标机的芯片的调试工作。

JTAG 仿真器不仅是嵌入式程序调试的重要工具，也是嵌入式软件固化（烧录）的工具。嵌入式软件固化是指将调试完毕的二进制可执行映像文件烧写到目标机的非易失性存储器中，这个工作往往需要借助专门的烧写设备和烧写软件来完成。对于不支持 JTAG 的 CPU（如 MCS-51 等），通常需要使用被称为"编程器"的硬件设备和宿主机上的烧写软件来完成嵌入式软件的固化工作。对于支持 JTAG 的 CPU（如 ARM 等），只需通过 JTAG 接口连接 JTAG 仿真器，借助宿主机的调试工具或烧写工具即可完成嵌入式软件的固化工作。

1.1.6　嵌入式系统的应用

近年来，随着物联网技术的发展，嵌入式系统在诸如工业自动化、国防、运输和航空航天领域等产业中得到了广泛的应用。

（1）消费类电子产品：嵌入式系统在消费类电子产品应用领域的发展最为迅速，需求量也最大。由嵌入式系统构成的消费类电子产品已经成为现实生活中必不可少的一部分。智能冰箱、流媒体电视等信息家电产品，以及大家熟悉的智能手机、PDA、电子词典、数码相机等都是具有不同处理能力和存储需求的嵌入式系统。

（2）智能仪器、仪表类：这类产品对于开发人员来说是必备工具，如网络分析仪、数字示波器、热成像仪等。通常这些嵌入式设备中都有一个应用处理器和一个运算处理器，可以完成一定的数据采集、分析、存储、打印、显示等功能。

（3）通信信息类：这些产品多数应用于通信机柜设备中，如路由器、交换机、家庭媒体网关以及远程监控系统等。

（4）过程控制类：主要指在工业控制领域中的应用，包括对生产过程中各种动作流程的控制，如流水线检测、金属加工控制、汽车电子等。

（5）航空航天：航空航天等领域中也需要大量的嵌入式系统，如火星探测器、火箭发射主控系统、卫星信号测控系统、飞机的控制系统、探月机器人等。

（6）生物医学系统：在医学保健行业取得的很多进步都归功于嵌入式系统的应用与发展。医院里导出都是嵌入式系统，如 X 光机的控制部件、EEG 和 ECG 设备、CT、超声波检测设备、核磁共振设备、结肠镜和内窥镜等。除此之外，嵌入式医疗设备和保健设备也在不断地发展，如家用的心电监测设备等。

1.2　嵌入式处理器

本小节通过介绍嵌入式处理器的分类，引出嵌入式微控制器（MCU）的概念。嵌入式处理器各有千秋，其应用范围也不尽相同。由于 MCU 价格低廉且功能优良，所以拥有的品种和数量最多，目前 MCU 占嵌入式系统约 70%的市场份额。本小节将重点介绍嵌入式微控制器（MCU）的发展历史及特点。

1.2.1　嵌入式处理器概述

嵌入式处理器是嵌入式系统的核心部件，是控制、辅助系统运行的硬件单元，其功耗、体积、成本、可靠性、速度、处理能力、电磁兼容性等方面均受到应用要求的制约。从目前仍在大规模应用的 8 位单片机，到广受青睐的 32 位、64 位嵌入式 CPU，以及未来发展方向之一的多核处理器，嵌入式处理器应用范围越来越广泛。目前全世界嵌入式处理器的品种总量已经超过 1000 种，流行体系结构包括 MCU、MPU 等 30 多个系列。鉴于嵌入式系统广阔的发展前景，很多半导体制造商都大规模生产嵌入式处理器，从单片机、DSP 到 FPGA（Field-Programmable Gate Array，现场可编程逻辑门阵列）有着各式各样的品种。处理器也从之前的单核向多核方向发展，速度越来越快，性能越来越强，价格也越来越低。

1.2.2　嵌入式处理器的分类

嵌入式系统应用面广，根据不同的应用场景和需求，嵌入式处理器主要分成以下几类。

1. 嵌入式微处理器

嵌入式微处理器（Micro-Processor Unit，MPU）是由通用计算机的 CPU 演变而来的。它在 CPU 的基础上，只保留与嵌入式应用功能紧密相关的硬件，去除其他不必要的部分，这样就能够以较低的功耗和资源满足嵌入式应用的特殊要求。目前 MPU 以 ARM Cortex-A、MIPS、X86 等内核为主，其工作主频一般都大于 500MHz，外扩大容量 SDRAM，运行于 Linux、Android、iOS 等完整的操作系统。与通用 CPU 相比，嵌入式微处理器具有体积小、重量轻、成本低、可靠性高等优点，显著特征是具有 32 位以上的处理能力和较高的性能。下面以微处理器 Am335X 为例介绍嵌入式微处理器的构成。Am335X 是 TI（德州仪器）基于 ARM Cortex-A8 内核设计的一款微处理器，该处理器增强了在图像、图形处理和诸如 PROFIBUS 等工业接口方面的性能。图 1.8 所示是 Am335X 的功能框图，该处理器有以下特点。

图 1.8　Am335X 功能框图

（1）采用 ARM Cortex-A8 内核，最高主频可达 720MHz。

（2）带 NEON 协处理器，二级高速缓存。

（3）带 24 位 LCD（Liquid Crystal Display，液晶显示器）控制器和触摸屏控制器，分辨率高达 2048×2048。

（4）带 2 个具有集成 PHY（physical layer）的 USB 2.0 高速 OTG（On The Go）。

（5）最多支持 6 个 UART（Universal Asynchronous Receiver/Transmitter，通用异步收发传输器）。

（6）集成 2 个工业用途千兆以太网 MAC（10/100/1000MHZ）。

（7）多达 2 个控制器局域网（CAN）端口，支持 CAN2.0 A 和 B。

（8）集成 2 个 PRU（Pseudo-Random Upstream，上行伪随机序列）模块。

（9）2 路多功能音频通道。

（10）多路 SPI（Serial Peripheral Interface，串行外设接口）、IIC（Inter-Integrated Circuit，集成电路总线）、定时器、PWM（Pulse Width Modulation）、DMA（Direct Memory Access，直接内存存取）、RTC（Real-Time Clock，实时时钟芯片）等常用外设。

（11）自带 SGX530 3D 图形加速引擎。

2. 嵌入式微控制器

嵌入式微控制器（Micro Controller Unit，MCU）是目前嵌入式系统行业应用的主流，它内部集成 ROM/Flash、EPROM、RAM、I/O、串行通信等各种必要功能和外设。和微处理器相比，无论是在品种数量还是生产厂商方面，微控制器都占上风。微控制器的最大特点是单片化、体积小，功耗和成本低，可靠性高。

目前 MCU 主要有 ARM Cortex-M、AVR、PIC、MSP430、MCS-51 等内核，其工作主频一般为 8～200MHz，内嵌 SRAM（几百字节至几百 K 字节），可运行 RTOS 或无操作系统（裸机）。MCU 朝着更高性能和更低功耗方向发展，一些新的技术正在应用到 MCU 中。物联网时代为 MCU 创造了大量新的应用机会，MCU 产品性能的提高也使得其应用范围更加广泛，市场更加多样化。本书后续章节将对 MCU 的分类、特点及各种外设做详细的介绍。

3. 嵌入式数字信号处理器

嵌入式数字信号处理器（Digital Signal Processor，DSP）是专门用于信号处理的处理器，它对系统结构和指令算法进行了特殊设计，具有极强的乘-累加（MAC）计算能力，同时具有很高的编译效率和指令执行速度，常用于音视频编解码、马达控制等。

DSP 的理论算法在 20 世纪 70 年代就已经出现，但是由于专门的 DSP 处理器还未出现，所以 DSP 理论算法只能通过 MPU 等分立元件实现。但是 MPU 存在一些缺点，例如，较低的处理速度无法满足 DSP 的算法要求；应用领域仅仅局限于一些尖端的高科技领域等。随着大规模集成电路技术的发展，1982 年世界上诞生了首枚 DSP 芯片，其运算速度比 MPU 快几十倍，在语音合成和编码解码器中得到了广泛应用。到 20 世纪 80 年代中期，随着 CMOS（Complementary Metal Oxide Semiconductor，互补金属氧化物半导体）技术的进步与发展，第二代基于 CMOS 工艺的 DSP 芯片应运而生，其存储容量和运算速度都得到很大提高，自此 DSP 芯片成为语音处理、图像硬件处理技术的基础。到 20 世纪 80 年代后期，DSP 的运算速度进一步提高，应用领域也扩大到了通信和计算机方面。20 世纪 90 年代后，DSP 发展到了第五代产品，集成度更高，使用范围也更加广阔。如图 1.9 所示展示了 DSP SMV320C6727B 器件的功能方框图。SMV320C6727B 是 TI（德州仪器）C67x 系列高性能 32/64 位浮点数字信号处理器的下一代产品。由图 1.9 可知，C6727B 主要包含以下模块。

图 1.9 C6727B DSP 功能方框图

（1）增强型 C67x+CPU：C67x+CPU 是 C671x DSP 上使用的 C67x CPU 的增强型版本。它与 C67x CPU 兼容，但是极大提升了每个时钟周期内的速度、代码密度和浮点性能。此 CPU 本身支持 32 位定点，32 位单精度浮点和 64 位双精度浮点算术运算；

（2）高效的存储器系统：此存储器控制器将大型片载 256K 字节 RAM 和 384K 字节 ROM 映射为统一程序和数据存储器；

（3）高性能纵横开关：一个高性能纵横开关被用作不同总线主控（CPU，dMAX，UHPI）与不同目标（外设和存储器）之间的中央集线器；

（4）用于实现灵活性和扩展的外部存储器接口（EMIF）：C6727B 上的外部存储器接口支持一个单组 SDRAM 和单组异步存储器。EMIF 数据宽度为 16 位宽。SDRAM 支持的存储器包括 x16 和 x32 SDRAM 器件，这些器件具有 1，2 或 4 组。C6727B 将 SDRAM 支持扩展至 256M 位和 512M 位器件；

（5）针对高速并行 I/O 的通用主机端口接口（UHPI）：UHPI 是一个并行接口，通过这个接口，一个外部主机 CPU 能够访问 DSP 上的存储器；

（6）多通道音频串口（McASP0，McASP1 和 McASP2）：多通道音频串口（McASP）与编解码器（CODEC），数模转换器（DAC），模数转换器（ADC）和其他器件无缝对接；

（7）集成电路间串行端口（I2C0，I2C1）：C6727B 包含 2 个集成电路间（I2C）串行端口。一个典型应用是，将一个 I2C 串行端口配置为一个受外部用户接口微控制器控制的端口；另外一个 I2C 端口可被 C6727B DSP 用来控制外部外设器件。这 2 个 I2C 串行端口与 SPI0 串行端口引脚复用；

（8）串行外设接口端口（SPI0，SPI1）：与 I2C 串行端口的情况一样，C6727B DSP 也包含 2 个串行外设接口（SPI）串行端口。这使得一个 SPI 端口可被配置为一个受控端口来控制 DSP，而另外一个 SPI 串行端口被 DSP 用来控制外设；

（9）实时中断定时器（RTI）：实时中断定时器模块包括 2 个 32 位计数器和预分频器对、2 个输入捕捉、具有自动升级功能的 4 个比较、针对增强型系统稳健耐用性的数字安全看门狗（可选）；

（10）时钟生成（PLL 和 OSC）：DSP 包含一个灵活的、软件设定的锁相环（PLL）时钟发生器。通过分割 PLL 输出，可生成 3 个不同的时钟域（SYSCLK1，SYSCLK2 和 SYSCLK3）。SYSCLK1 是 CPU，存储器控制和存储器使用的时钟。SYSCLK2 是外设子系统和 dMAX 使用的时钟。SYSCLK3 只由 EMIF 使用。

4. 片上系统

片上系统（System On Chip，SoC）是追求产品系统最大包容的集成器件，目前在嵌入式系统领域很受欢迎。SoC 最大的特点是成功实现了软硬件无缝结合，它可以直接在处理器芯片内嵌入操作系统的代码模块。将整个嵌入式系统集成到一块芯片中去，这一做法使得系统电路板变得很简洁，对于减小系统的体积和功耗，提高系统的可靠性和设计生产效率非常有利。

SoC 是把微处理器和某些特定应用外设结合在一起、为某些应用而定制的专用芯片。如 CC3220 嵌入式 Wi-Fi 芯片，就是一个专用于物联网应用的嵌入式 Wi-Fi SoC。SoC 有两个显著的特点：一是硬件规模大，通常基于 IP 核（Intellectual Property Core，知识产权核）的设计模式。所谓的 IP 核是指某一方提供的、形式为逻辑单元或芯片的可重用模块。IP 核通常已经通过了设计验证，设计人员以 IP 核为基础进行设计，可以缩短设计所需的周期。IP 核可以通过协议由一方提供给另一方，或由一方独自占有。IP 核的概念源于产品设计的专利证书和源代码的版权等。设计人员能够以 IP 核为基础进行专用集成电路或现场可编程逻辑门阵列的逻辑设计，以减少设计周期。二是软件比重大，需要进行软硬件协同设计。目前在对性能和功耗要求极高的终端芯片领域，SoC 已占据主导地位，SoC 芯片也在影视、网络及系统逻辑等应用领域中发挥重要作用。

图 1.10 为 Zynq-7000 SoC 的结构框图，它是业界首款 All Programmable SoC，也是同类产品市场的先锋。凭借高性能、低价格等优势，该产品成为如小型蜂窝基站、多摄像头驾驶员辅助系统、工业自动化机器视觉、医疗内窥镜和 4K 超高清电视应用领域的最佳选择。如图 1.10 所示，该芯片主要包含了处理系统（Processing System）、可编程逻辑、可

配置加密引擎等。处理系统又包含了应用程序处理器单元（APU）、存储器接口、I/O 外
设、互连等四个部分。

图 1.10　Zynq-7000 SoC 功能框图

应用处理器单元（Application Processor Unit）：位于处理系统里面的中心位置。应
用处理单元具有双 ARM Cortex-A9 核，还具有高速缓冲、DMA、定时器、中断控制、
浮点和 NEON 协处理，硬件加速器等功能和特点，是处理器的核心部分。Snoop Control
Unit（SCU）用来保持双核之间的数据 Cache 的一致性，即第一个 A9 处理器写存储
时，只是写在了缓存里，没有进主存，如果第二个 A9 读操作，涉及第一个 A9 写操作
的数据段，SCU 要保证第二个 A9 的缓存里是最新的数据。如果第二个 A9 写同样数据
段的数据，需要在第一个中体现出写的内容。SCU 的存在，才使得两个核成互相联系的
"双核"。

1.2.3　MCU 的发展和特点

微控制器（MCU）诞生于 20 世纪 70 年代末，早期被称为单片微型计算机，简称单
片机。它作为微型计算机的一个重要分支，应用广泛，发展迅速。从微控制器诞生至今，

已发展成为上百种系列的近千个机种。经过技术不断地进步和发展，根据总线或数据寄存器的宽度，MCU 历经 4 位、8 位、16 位、32 位等阶段，性能和片上外设资源也越来越强大和丰富，在控制方面优势十分明显。常见的 MCU 系列包括：MCS-51 系列（8 位）、AVR 系列（8～32 位）、MSP430 系列（16 位）、ARM Cortex-M 系列（32 位）。4 位 MCU 大部分应用在计算器、车用仪表、车用防盗装置、呼叫器、无线电话、CD 播放器、儿童玩具等；8 位 MCU 大部分应用在电表、马达控制器、电话录音机、CRT 显示器、键盘及 USB 等；16 位 MCU 大部分应用在移动电话、数码相机及摄录放影机等；32 位 MCU 大部分应用在工作站、ISDN 电话、激光打印机与彩色传真机等。目前，MCU 正朝着高性能和多品种方向发展，并且将进一步向着低功耗、小体积、大容量、高性能、低价格等方向发展。

下面分别介绍一下目前常用的 8 位、16 位和 32 位 MCU。

1. 8 位 MCU——MCS-51 系列

MCS-51 系列单片机是 Intel 20 世纪 70 年代的产品，发展至今已有很多变种。目前有很多半导体芯片公司生产基于 MCS-51 内核的单片机，普遍采用超大规模集成电路技术，把具有数据处理能力的中央处理器 CPU（MCS-51 内核）、随机存储器 RAM、程序存储器 ROM/Flash、多种 I/O 口和中断系统、定时器/计时器等功能集成到一块硅片上，构成一个小而完善的计算机系统。如图 1.11 所示，MCS-51 系列单片机的内部组成及其特点如下。

- 8 位 CPU；
- 片内带振荡器：频率范围为 1.2～12MHz；
- 片内通常带 128～256B 的数据存储器；
- 片内通常带 2～32KB 的程序存储器；
- 程序存储器的寻址空间为 64KB；
- 片外数据存储器的寻址空间为 64KB；
- 128 个用户位寻址空间；
- 多个特殊功能寄存器；
- 4 个 8 位并行 I/O 接口；
- 两个 16 位定时、计数器；
- 两个优先级别的五个中断源；
- 一个全双工的串行接口，可多机通信；
- 111 条指令，包含乘法指令和除法指令；
- 片内采用单总线结构；
- 有较强的位处理能力；
- 采用单一+5V 电源。

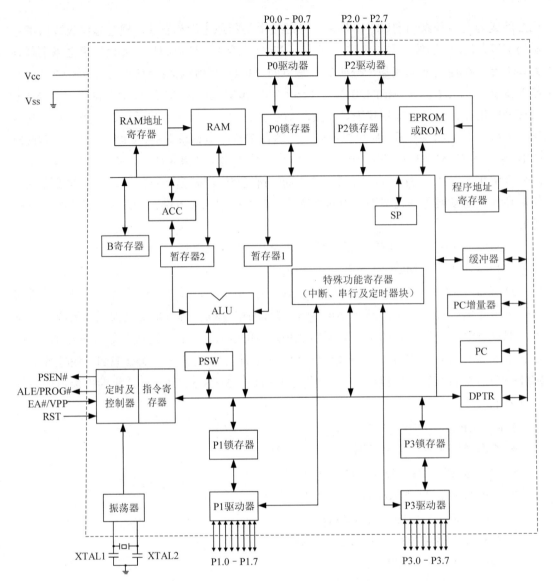

图 1.11　MCS-51 单片机内部结构框图

2. 16 位 MCU——MSP430

MSP430 系列单片机是美国德州仪器（TI）1996 年开始推向市场的一种 16 位超低功耗、具有精简指令集（RISC）的混合信号处理器（Mixed Signal Processor）。该系列单片机多应用于需要电池供电的便携式仪器仪表中。图 1.12 是 MSP430F169 结构框图，其功能部件和特点如下。

（1）60KB+256Byte 可低电压作动的 Flash 模块：可作为控制器韧体（Firmware）程序代码和数据的存取。2KB 随机存取内存（RAM），在 LPM4 待机模式下，储存在 RAM 内的数据仍可保持；

（2）多种工作时钟系统：内建一组内部基本 RC 振荡频率 DCO（Digitally-Controlled Oscillator），当外部电源供应给芯片工作电压为 3.6V 时，最大可运作到 8MHz，会随着芯片工作温度、电压而有所改变；

图 1.12 MSP430F169 结构框图

（3）计时模块提供一组看门狗定时器，系统当机时可由其将系统重置、一组基本型定时器、两组完整功能 16 位定时器有上数、上下数、连续、暂停计时模式可选；

（4）12 位 8 外部信道连续逼近式（SAR）模拟数字转换（Analog to Digital）模块，最大转换速度可达 200KHz，内建参考电压（1.5V、2.5V）、取样保持电路、自动扫描功能；

（5）2 组 12 位数字模拟转换（Digital to Analog）电压输出模块，两组 D/A 可由程控同步输出；

（6）一组模拟电压比较器：可直接将输出信号提供给计时模块抓取；

（7）7 组 I/O 端口 P0～P6，共 48 pin 脚可供输入/输出；

（8）数字传输周边模块提供两组 USART：可作为异步、同步传输、I2C 接口；

（9）硬件乘法器（Hardware Multiplier）：是外部周边模块，使用时只需将操作数放到特定缓存器内，即可在下一个机械周期将结果取回，运算过程无须处理器的参与。可做无符号相乘、有符号相乘、无符号相乘累加、有符号相乘累加四种模式；

（10）3 个内部 DMA（Direct Memory Access）控制器，无须处理器的介入可将数据在两个内存地址使用。

3. 32 位 MCU——MSP432

MSP432 系列属于低功耗、高性能的微控制器，它是 TI 的 MSP 低功耗微控制器系列中的 32 位 ARM Cortex-M4 内核产品。图 1.13 是 MSP432P401R 功能模块图。MSP432P401R 微控制器，具有超低功耗性能，具有 FPU 和 DSP 扩展功能。其主要特点如下。

● 带浮点单元和 DSP 加速功能的 48MHz 32 位 ARM Cortex M4F 内核；

● 功耗：95uA/MHz 工作功耗和 850nA RTC 待机操作功耗；

- 模拟：24 通道 14 位差动 1MSPS SAR ADC，两个比较器；
- 数字：高级加密标准（AES256） 加速器、CRC、DMA、32 位硬件乘法器；
- 存储器：256KB 闪存、64KB RAM；
- 计时器：4 个 16 位、2 个 32 位；
- 通信：多达 4 个 I2C、8 个 SPI、4 个 UART。

图 1.13　MSP432P401R 功能模块图

虽然 MCU 品种繁多、应用也不尽相同，但其主要功能是相似的。现代 MCU 的主要特点如下。

（1）集成度高。MCU 集成了一个微型计算机系统所需的资源，包括处理器、存储器、常用外设、电源管理、复位等。堪称"麻雀虽小、五脏齐全"。

（2）性能较高。目前很多 MCU 内核（如 ARM Cortex-M4）都是 32 位字长，且带浮点处理单元（FPU），工作主频超过 200MHz，相当于当时 Intel 80486 的计算能力。MCU 不仅适用于简单的逻辑控制，而且适用数字滤波、电机控制、音频处理等运算密集的应用。

（3）外设丰富。MCU 面向数据采集、控制类应用，一般都集成丰富的外设，包括定时器、UART、I²C、USB 等。MCU 功能强大、使用方便，通常单个芯片即可满足应用需求。

（4）低功耗。这是 MCU 相对于其他微处理器最具优势的特点。很多 MCU 可以做到 50～100uA/MHz 的运行功耗，在休眠模式耗电可低至微安级。MCU 具有多种电源管理和低功耗模式，通过与软件结合，可以获得最佳的功耗性能，大大增加了电池的续航能力。

（5）产品线广。每种 MCU 都有一个系列产品，存储器资源、外设种类、引脚数、封装形式等都有不同的选择，用户可根据自己的应用需求，选择最合适的 MCU 芯片，设计出性价比最好的产品。

1.3　习题

（1）什么是嵌入式系统？

（2）简述嵌入式系统的发展过程。

（3）从硬件系统来看，嵌入式系统由哪几部分组成？

（4）从软件系统来看，嵌入式系统由哪几部分组成？

（5）嵌入式系统有哪些特点？

（6）在嵌入式系统的开发过程中，调试嵌入式系统的主要有哪几种方法和手段？

（7）举出几个嵌入式系统应用的例子，通过查资料和独立思考，说明这些嵌入式系统产品主要由哪几部分组成，每个组成部分完成什么功能。

提示：数码相机、办公类产品、工业控制类产品的例子等。

（8）通过查阅资料，列举几个嵌入式 MPU、MCU 的具体型号，并说明其主要特征。

（9）通过查阅资料，你认为嵌入式系统的发展趋势如何？

（10）简述嵌入式微控制器的发展史。

第 2 章　ARM Cortex-M 处理器

嵌入式应用系统差异性很大，对处理器的要求也各不相同，但 ARM 处理器针对各种应用都有相应的系列产品，现已成为全球嵌入式领域应用最广泛的处理器。本章将对 ARM 处理器的架构、ARM Cortex-M 处理器内核功能以及 ARM Cortex-M4 处理器的工作模式、寄存器、异常等相关知识进行系统性介绍。

2.1　ARM 处理器概述

ARM（Advanced RISC Machine）既是对一类微处理器的统称，也是一个公司的名字，还是一类技术的名称。ARM 处理器采用 RISC（精简指令集）结构，RISC 处理器简化了处理器结构、减少了复杂功能的指令，同时支持处理器扩展。ARM 公司成立于 1991 年，是一家微处理器行业的知名企业，专门从事基于 RISC 技术芯片的设计开发，设计了大量高性能、价廉、低功耗的 RISC 处理器。作为知识产权（Intellectual Property，IP）供应商，ARM 公司不生产芯片，靠转让设计许可由合作伙伴来生产各具特色的芯片。目前，ARM 公司在世界范围内有 400 多个合作伙伴，其中包括 IBM、Intel、LG、ST、TI、Samsung 等几十家著名的半导体公司都使用 ARM 公司的授权，这保证了大量的开发工具和丰富的第三方资源，使得基于 ARM 处理器内核设计的产品可以很快投入市场。

目前 ARM 32 位体系结构被公认为业界领先的 32 位嵌入式 RISC 微处理器核，所有的 ARM 处理器都采用这一架构。ARM 体系结构具体有如下特点。

- 小体积、低功耗、低成本、高性能；
- 支持 Thumb（16bit）/ARM（32bit）双指令集，能很好地兼顾性能与代码密度；
- 大量使用寄存器，指令执行速度更快；
- 大多数数据操作都在寄存器中完成，更多单周期指令，便于指令流水线执行；
- 寻址方式灵活简单，执行效率高；
- 指令长度固定。

嵌入式处理器除 ARM 以外，常见的还有 PowerPC、MIPS 等，由于 ARM 处理器低成本、高性能、低功耗的优点，使得 ARM 处理器架构占据了市场主流。目前几乎所有生产处理器芯片的半导体公司，都购买授权使用了 ARM 处理器。

2.2　ARM 处理器架构

ARM 处理器经历了几代的发展，例如 ARM7、ARM9、ARM11、ARM Cortex 等型

号，但 ARM 处理器真正的版本是以体系结构（指令集架构）的版本号来区分的。接下来先介绍 ARM 体系结构版本，然后介绍主要的 ARM 处理器。

2.2.1　ARM 体系结构版本

为了对 ARM 处理器采用的技术进行区别，按照体系结构推出的先后次序定义版本，到目前为止，已经发布了 V1～V8 共 8 个版本。

1. V1 版

V1 版架构只在原型机 ARM1 出现过，它只有 26 位寻址空间（64MB），没有用于商业产品。V1 版架构基本指令有：基本的数据处理指令（无乘法）；基于字节、半字和字的 Load/Store 指令；转移指令：包括子程序的调用和链接指令；供操作系统使用的 SWI（Software Interrupt，软件中断指令）。

2. V2 版

V2 版架构对 V1 版进行了扩展，主要运用在 ARM2 和 ARM3 上。与 V1 版架构相比，V2 版架构主要增加了以下功能：乘法和乘法指令；支持协处理器的操作；快速中断模式；SWP（Swap Word，字数据交换指令）/SWPB（Swap Byte，字节数据交换指令）的存储器和寄存器交换指令。版本 V2 和它之后的版本 V2a 仍然只有 26 位寻址空间，现在已废弃不用。

3. V3 版

V3 版架构运用在 1990 年设计的第一个微处理器 ARM6 上。它作为 IP 核和独立的处理器具有片上高速缓存、MMU（Memory Management Unit，内存管理单元）和写缓冲的集成 CPU，并且引入了有符号和无符号数乘法和乘加指令。V3 版架构相对 V2 版有了如下改进：将寻址范围扩展到了 32 位（4GB）；当前程序状态信息从原来的 R15 程序计数寄存器移到当前程序状态寄存器（Current Program Status Register，CPSR）中，并增加了程序状态保存寄存器（Saved Program Status Register，SPSR）；增加了 2 个指令，MRS（Move PSR to register，程序状态寄存器到通用寄存器的数据传送指令）和 MSR（Move register to PSR，通用寄存器到程序状态寄存器的数据传送指令）访问新增的 CPSR 和 SPSR 寄存器；增加了两种处理器异常模式，使操作系统代码可以方便地使用数据访问终止异常、指令预取终止异常和未定义终止异常；增加了从异常处理返回的指令功能。

4. V4 版

V4 版架构是目前应用最广的 ARM 体系结构，ARM7、ARM8、ARM9 和 StrongARM 都采用该架构。V4 版架构不再强制要求与 26 位地址空间兼容，并明确了哪些指令会引起未定义指令异常。它对 V3 版进行了扩展，指令集中增加了以下功能：增加符号化和非符号化半字及符号化字节的存/取指令；处理器可工作在 Thumb 状态，增加了 16 位 Thumb 指令集；有了在 ARM/Thumb 状态之间切换的指令；完善了软件中断 SWI 指令的功能；增加了处理器管理模式（Supervisor mode，SVC）。

5. V5 版

ARM10 和 Xscale 都采用 V5 版架构。V5 版架构在 V4 版基础在增加了一些新的指令：带有链接和交换的转移 BLX（Branch with Link and exchange，带返回和状态切换的跳转指令）；计数前导零 CLZ（Count Leading Zeros）指令；BRK（break）中断指令；增加了数字信号处理的指令；改进了 ARM/Thumb 状态之间的切换效率；为协处理器增加更多可选择的指令。

6. V6 版

V6 版架构于 2001 年发布，并在 2002 年春季发布的 ARM11 处理器中使用。在降低耗电量的同时，还强化了图形处理性能。在 V5 版基础上增加了以下功能：增加了 SIMD（Single Instruction Multiple Data，单指令多数据）功能扩展，为包括音频/视频处理在内的应用系统提供优化功能；DSP（Digital Signal Processing，数字信号处理）指令扩充，增加高性能定点 DSP 功能；平均取指令和取数据延时减少，因 Cache 未命中造成的等待时间减少，总的内存管理性能提高了 30%；适应多处理器核的需要；支持混合端序，能够处理大端序和小端序混合的数据；异常处理和中断处理得以改进，实时任务处理能力增强。

7. V7 版

V7 版架构采用 Thumb-2 技术，它是在 ARM 的 Thumb 代码压缩技术的基础上发展起来的，并保持了对现存 ARM 解决方案完整的代码兼容性。Thumb-2 技术比纯 32 位代码节约了 31%的内存，减小了系统开销，同时比基于 Thumb 技术的解决方案高出 38%的性能。V7 版架构在 V6 版本的基础上主要增加了以下功能：32 位、16 位混合编码指令；增强了 SIMD、DSP 功能扩展，为 OS、音视频处理应用系统提供优化功能。ARM v7 架构还采用了 NEON 技术，将 DSP 和媒体处理能力提高了近四倍，并支持改良的浮点运算，满足下一代 3D 图形、游戏物理应用以及传统嵌入式应用的需求。此外，ARM v7 支持改良的运行环境，以迎合不断增加的 JIT（Just In Time）和 DAC（Digital-to-Analog Converter，数字模拟转换器）技术的使用。在命名技术上，基于 ARM v7 架构的处理器已经不再沿用过去的数字命名方式，而是以 Cortex 的命名。

8. V8 版

V8 版构架是 ARM 公司首款支持 64 位指令集的处理器架构，包括 64 位通用寄存器、SP（堆栈指针）和 PC（程序计数器）64 位数据处理和扩展的虚拟寻址。V8 版架构主要有两种执行状态。AArch64：64 位执行状态，包括该状态的异常模型、内存模型、程序员模型和指令集支持；AArch32：32 位执行状态，包括该状态的异常模型、内存模型、程序员模型和指令集支持。V8 版架构支持三个主要指令集。

（1）A32（或 ARM）：32 位固定长度指令集，通过不同架构变体增强，部分 32 位架构执行环境现在称为 AArch32；

（2）T32（Thumb）：是以 16 位固定长度指令集的形式引入的，随后在引入 Thumb-2 技术时增强为 16 位和 32 位混合长度指令集；

（3）A64：提供与 ARM 和 Thumb 指令集类似功能的 32 位固定长度指令集，它是一种 AArch64 指令集。

2.2.2　ARM 处理器

基于不同的内核架构版本，ARM 公司开发的众多系列的 ARM 处理器，目前应用比较广泛的是 ARM7、ARM9、ARM9E、ARM10E、ARM11、SecurCore、Xscale 和 Cortex 系列。其中 ARM7、ARM9、ARM9E、ARM10、ARM11 为 5 个通用处理器系列，每一个系列提供一套相对独特的性能来满足不同应用领域的需求。SecurCore 系列专门为安全性要求较高的应用而设计。

1. ARM7 系列

ARM7 系列是低功耗的 32 位 RISC 处理器，最适合用于对价位和功耗要求较高的消费类应用。ARM7 系列具有以下功能和特点：嵌入式 ICE-RT 逻辑；超低功耗；提供 0.9MIPS/MHz 的 3 级流水线和冯·诺依曼结构。ARM7 系列微处理器包括如下几个类型的核：ARM7TDMI、ARM7TDMI-S、带有高速缓存处理器宏单元的 ARM720T 和扩充了 Jazelle 的 ARM7EJ-S。该系列处理器提供 Thumb 16 位压缩指令集和 Embedded ICE 软件调试方式，适用于更大规模的 SoC 设计。

ARM7 系列广泛应用于多媒体和嵌入式设备，包括 Internet 设备、网络和调试解调器设备和移动电话、PDA 等无线设备。

2. ARM9 系列

ARM9 系列微处理器在高性能和低功耗特性方面有最佳的表现。ARM9 系列采用 5 级流水线，它的指令执行效率比 3 级流水线更高。ARM9 系列微处理器包含 ARM920T、ARM922T 和 ARM940T 三种类型，适用于不同的场合。ARM9 主要应用于先进的引擎管理、仪器仪表、安全系统、机顶盒、高端打印机、网络计算机和智能计算机等。

3. ARM10 系列

ARM10 系列具有以下特点：采用 6 级流水线；拥有 25MIPS/MHz 的运行速度；与同等 ARM9 器件相比，在相同的时钟速度下，性能提高 50%；增加全浮点操作。

该系列包括 ARM1020E 和 ARM1022E 处理器核，其核心在于使用向量浮点（Vector Floating Point，VFP）单元 VFP10 提供高性能的浮点解决方案，极大地提高了处理器的整型和浮点运算性能，可用于视频游戏机和高性能打印机等。

4. ARM11 处理器

ARM11 采用 ARM v6 体系结构，相对于 ARM10 系列有了很大提升：采用 8 级流水线；增强了指令的跳转预测；散热性能得到了提升；在保持低功耗的同时提供 350MHz 到 1GHz 的运行速度。ARM11 还引入用于媒体处理的 32 位 SIMD 指令，加快了对 MPEG4（Moving Pictures Experts Group）和音频的处理速度；引入用于提高操作系统上下文切换性能的物理标记高速缓存；改进了 Cache 的访问机制，减少了上下文切换的开销。ARM11 主要应用于智能手机、家庭、消费类行业和其他嵌入式应用领域。

5. SecurCore 系列

SecurCore 系列微处理器提供完善的 32 位 RISC 技术的安全解决方案。在系统安全方面具有如下特点：带有灵活的保护单元，以确保操作系统和应用数据的安全；采用软内核技术，防止外部对其进行扫描探测；可集成用户自己的安全特性和其他协处理器。SecurCore 系列包括 SecurCore SC100、SecurCore SC110、SecurCore SC200 和 SecurCore SC210 四种类型的处理核。

SecurCore 系列微处理器主要针对新兴的安全市场，以一种全新的安全处理器设计为智能卡和其他安全 IC 开发提供独特的 32 位系统设计，并具有特定反伪造方法，可有效制止盗版硬件或软件的出现。该系列处理器主要应用于一些安全性要求较高的应用产品及应用系统，如电子商务、电子政务、电子银行业务、网络和认证系统等领域。

6. Xscale

Intel Xscale 处理器是 Intel 主要推广的一款 ARM 处理器。它基于 ARMv5TE 体系结构的解决方案，是一款全性能、高性价比、低功耗的处理器。它支持 16 位的 Thumb 指令和 DSP 指令集，目前主要应用在数字移动电话、个人数字助理和网络产品等场合。

7. Cortex 处理器

ARM Cortex 处理器采用 ARM v7 体系结构。Cortex 系列包括"Cortex-A 系列""Cortex-R 系列""Cortex-M 系列"三个子系列。虽然都是属于 V7 版本架构的，但这三个子系列差别非常大，它们针对不同的目标市场。

Cortex-A 系列：应用处理器（Application Processor），追求高时钟频率、高性能、合理功耗，是用于复杂操作系统和用户应用程序的处理器，支持 ARM、Thumb 和 Thumb-2 指令集，且功能强大，可运行大型 OS。ARM Cortex-A 系列主要的处理器大体有：Cortex-A5 处理器、Cortex-A8 处理器、Cortex-A9 处理器、Cortex-A53 处理器等。

Cortex-R 系列：实时控制处理器（Real-time Controller），追求实时响应、合理性能、较低功耗；主要针对要求可靠性和实时响应的嵌入式系统。相比 Cortex-A 系列，少了对页表的支持，也就是说软件看到的地址都是物理地址，相对来说软件运行时间和中断响应速度都更加快速稳定，容易预测。目前很多应用都需要 Cortex-R 系列的关键特性，具体如下。

- 高性能：与高时钟频率相结合的快速处理能力；
- 实时：处理能力在所有场合都符合硬实时系统的限制，其中硬实时系统的限制是指在硬实时硬实时系统中，不仅要求任务响应要实时，而且要求在规定的时间内完成事件的处理；
- 安全：具有高容错能力的可靠且可信的系统；
- 经济实惠：相同价位下，可实现功耗和面积等方面的最佳性能。

Cortex-M 系列：微控制器（Micro-controller），追求最低成本、极低功耗。它是针对低成本应用优化的微控制器，可为超低功耗的嵌入式计算应用提供最佳解决方案。处理器比 Cortex-R 处理器更加精简，有更短的流水线、更简单的指令集、更少的运算单元和调试单元。

2.3 Cortex-M 处理器内核及功能介绍

如上所述，ARM 处理器分为经典 ARM 处理器系列和最新的 Cortex 处理器系列。Cortex-M 系列处理器主要是针对微控制器领域开发的，该领域应用既需要进行快速准确的中断管理，又需要将门数规模和功耗控制在最低。Cortex-M 系列处理器广泛应用在混合信号设备、智能传感器、汽车电子等领域。Cortex-M 处理器主要包括 Cortex-M0、Cortex-M1、Cortex-M3、Cortex-M4 和 Cortex-M7。这几款处理器具有不同性能和成本，下面分别介绍这几款处理器的主要特征。

1. Cortex-M0

Cortex-M0 处理器核心架构为 ARMv6-M，运算能力可以达到 0.9DMIPS/MHz。该处理器是目前市场上能耗最低、体积最小的 ARM 处理器，在不到 12K 门的面积内能耗仅有 85uW/MHz（0.085mW）。另外，Cortex-M0 处理器门数量少、代码占用空间小，这使得 MCU 开发人员能够以 8 位处理器的代价，获得 32 位处理器的性能。超低门数还使 Cortex-M0 处理器能够集成在模拟传感设备和 MCU 应用中，从而大大节约系统成本。

Cortex-M0 处理器的结构图如图 2.1 所示，图中各个模块的功能及相互之间的联系如下。

图 2.1　Cortex-M0 处理器结构图

- 处理器内核包括寄存器组、算术逻辑单元（ALU）、数据总线和控制逻辑。寄存器组包含 16 个 32 位寄存器，还有一些特殊功能寄存器。
- 嵌套向量中断控制器（Nested Vectored Interrupt Controller，NVIC）每次最多可以处理 32 个中断请求和一个不可屏蔽中断（NMI）输入。NVIC 比较正在执行中断和处于请求状态中断的优先级，然后自动执行高优先级中断。当需要处理一个中断时，NVIC 会和处理器进行通信，通知处理器执行正确的中断处理。
- 唤醒中断控制器（Wake-up Interrupt Controller，WIC）为可选的单元。在低功耗应用中，当关闭了处理器大部分模块后，微控制器会进入待机状态。此时，WIC 可以在 NVIC 和处理器处于休眠的情况下，执行中断屏蔽功能。当 WIC 检测到一个中断时，通知电源管理部分给系统上电，让 NVIC 和处理器内核执行剩下的中断处理。

- 调试子系统包括多个功能模块，用来处理调试控制、程序断点和数据监视点（Data Watchpoint）。当开发人员进行调试时，处理器内核会被置于暂停状态，这时开发人员可以检查当前处理器的状态。

- JTAG（Joint Test Action Group，联合测试行动小组）/串行线调试接口提供了通向总线系统和调试功能的入口。JTAG 是一个开放的协议，目前被全球各大电子企业广泛采用，已经成为电子行业片上系统调试技术的一种标准。串行线协议是扩展的一种协议，只需时钟线和数据线这两根线就可以实现与 JTAG 相同的调试功能。

- 内部总线系统、处理器内核的数据通路以及 AHB LITE 总线接口的宽度均为 32 位。AHB-Lite 是片上总线协议，已应用于多款 ARM 处理器。

Cortex-M0 处理器广泛应用于医疗器械、电子测量、照明、智能控制、游戏装置、紧凑型电源等系统中。

2. Cortex-M1

ARM Cortex-M1 处理器和 Cortex-M0 有相同的指令集，即 ARMv6-M 指令集架构。Cortex-M1 处理器是首款为 FPGA（Field-Programmable Gate Array，现场可编程门阵列）实现而设计的 ARM 处理器，它面向所有主要 FPGA 设备并包括对领先的 FPGA 综合工具的支持，允许设计者根据自己的实际需求选择最佳实现。Cortex-M1 处理器使 OEM（Original Equipment Manufacturer，原始设备制造商）能够合理地利用软件来节约大量成本。

Cortex-M1 处理器结构如图 2.2 所示，图中各个模块功能及相互之间的联系如下。

图 2.2　Cortex-M1 处理器结构图

- Cortex-M1 存储器利用 FPGA 上的存储器块实现了紧耦合内存（Tightly Coupled Memory，TCM），TCM 是一种高速缓存，被直接集成在 CPU 芯片中。Cortex-M1

拥有 ITCM（Instruction TCM）和 DTCM（Data TCM）两种高速缓存。

- Cortex-M1 使用业界标准 AMBA（Advanced Microcontroller Bus Architecture）总线连接周边设备，其内核直接连接到 AMBA 总线，使用 CoreConsole 集成开发平台。

Cortex-M1 目前广泛应用于消费电子、汽车电子、工业、电信、航空航天等领域，可以方便地设计个人媒体播放器、无线设备、数码相机、医疗设备等。

3. Cortex-M3

Cortex-M3 处理器采用 ARMv7-M 架构，它包括 16 位 Thumb 指令集和基本的 32 位 Thumb-2 指令集架构。Cortex-M3 是一款针对低功耗微控制器设计的处理器，面积小且性能强，具有硬件除法器和乘加指令（MAC）；支持全面的调试和跟踪功能，使软件开发者可以快速地开发应用；门数目少，中断延迟短，集成了嵌套向量中断控制器（NVIC），调试成本低。这些优点使 Cortex-M3 处理器广泛应用于要求具有快速中断响应能力的嵌入式应用中。

Cortex-M3 处理器结构如图 2.3 所示，图中各个模块的功能及相互之间的联系如下。

图 2.3　Cortex-M3 处理器结构图

- Cortex-M3 内核集成嵌套向量中断控制器 NVIC，内核中还包括一个适用于传统 Thumb 与新型 Thumb-2 指令的译码器、一个支持硬件乘法与除法的先进 ALU（算术逻辑单元）、逻辑控制以及用于连接处理器其他部件的接口。
- FPB（Flash Patch and Breakpoint，Flash 转换和断点单元）用于实现断点操作。产生一个断点，从而使处理器进入调试模式。
- DWT（数据观察点和触发单元）包含比较器，可以配置成在发生比较匹配时，产生一个观察点调试事件，用它来调用调试模式。
- ITM（指令跟踪宏单元）可以产生时间戳数据包并插入跟踪数据流中，用于帮助调试器求出各事件的发生时间。DWT 产生的跟踪数据包通过 ITM 输出。

- TPIU（跟踪端口的接口单元）ITM、DWT 和 ETM 的跟踪数据都在 TPIU 处汇聚。TPIU 用于把这些跟踪数据格式化并输出到片外，以供跟踪端口分析仪等设备接收使用。

- EMT（Emdedded Macrocell Trace，嵌入式跟踪宏单元）和 MPU（Memory Protection Unit，存储器保护单元）是可选择的。

4. Cortex-M4

ARM Cortex-M4 处理器采用 ARMv7-M 架构，是一个 32 位处理器内核，其内部的数据通路宽度、寄存器位数、以及存储器接口都是 32 位长度。Cortex-M4 使用 32 位 Thumb-2 指令集，避免了 ARM7 中的 ARM（32bit）和 Thumb（16bit）混合使用的麻烦。Cortex-M4 处理器有适用于数字信号控制市场的多种高效信号处理功能，还拥有独立的指令总线和数据总线，可以并行执行取指令操作和数据访问操作。另外，Cortex-M4 还提供多种调试手段，用于在硬件水平上支持调试操作，如指令断点，数据观察点等，有利于开发人员的开发工作。

Cortex-M4 的整体结构如图 2.4 所示，图中各个模块之间的功能和联系如下。

图 2.4　Cortex-M4 处理器结构框图

Cortex-M4 处理器内核是在 Cortex-M3 内核基础上发展起来的，其性能比 Cortex-M3 提高了 20%，除继承了 Cortex-M3 的所有功能，还增加了如下功能：增加了高精度 MAC，在算法计算时性能更高；增加了浮点单元 FPU；增加了具有 SIMD 功能的 DSP 指令。这些功能使得 Cortex-M4 拥有了类 DSP 的功能，例如 Cortex-M4 可以利用 FPU 单元，比 Cortex-M3 更快地进行 MP3 解码。相对于 Cortex-M3 处理器内核，Cortex-M4 内核集成的 NVIC 性能更高。

- 内存保护单元（MPU）是 Cortex-M4 中用于内存保护的可选组件。Cortex-M4 处理器可以在 MPU 执行"特权/访问"规则，或者执行独立的进程。MPU 具有如下功能：①保护区；②重叠保护区域，提升区域优先级（7 表示最高优先级；0 表示最低优先级）；③访问权限；④将存储器属性输出至系统。

- Cortex-M4 的浮点运算单元（FPU）也是可选的，集成 FPU 的 Cortex-M4 定义为 Cortex-M4F。

目前 Cortex-M4 处理器广泛应用于电动机控制、汽车、电源管理、嵌入式音频和工业自动化市场等领域。

5. Cortex-M7

Cortex-M7 是 ARM 最新的 Cortex-M 系列处理器，它拥有整个 Cortex-M 系列处理器中最高的计算性能和 DSP 处理能力，主要面向高端嵌入式市场，可以让厂商以低成本满足高性能的嵌入式应用需求。ARM Cortex-M7 处理器采用 ARMv7-M 架构，拥有 32 位指令集，超标量 6 级流水线加分支预测的设计使得 CPU 的吞吐率更高。

Cortex-M7 的整体结构如图 2.5 所示，图中各个模块之间的功能和联系如下。

图 2.5　Cortex-M7 处理器结构框图

- Cortex-M7 处理器采用 64 位 AXI 总线和 AHB 总线进行数据的交流。
- ECC（Error Correction Code）单元可以实现错误检查和纠正，它是可选的，在指令缓存、数据缓存、指令 TCM 和数据 TCM 单元中都可以选择 ECC，来提高它们的错误识别、更正的能力。
- 调试单元包括可选的 JTAG 和串行线调试，最多可以有 8 个断点和 4 个观察点，另外，还包含 ITM 和 ETM（嵌入式追踪宏单元），可以记录处理器行为并发送给外部调试器。

Cortex-M7 具有业界领先的高性能和灵活的系统接口，这使得它非常适用于各种领域，如汽车、工业自动化、医疗设备、先进的电机控制以及物联网等。

2.4　ARM Cortex-M4 编程模型

本书的编程实验均以 ARM Cortex-M4 处理器为例，本节首先介绍 Cortex-M4 的基本编程模型。

2.4.1　处理器的工作模式和特权级别

ARM Cortex-M4 处理器有 2 种操作状态，支持 2 个模式和 2 个特权等级。

2 种操作状态分别是调试状态和 Thumb 状态。

（1）调试状态：当处理器由于触发断点等原因被暂停后，进入调试状态并停止指令执行。

（2）Thumb 状态：若处理器在执行程序代码（Thumb 指令），则会处于此状态。

由于 Cortex-M 处理器不支持 ARM 指令集，所以 ARM 状态不存在。

2 个处理器模式分别是线程模式（thread mode）和处理模式（handler mode）。

（1）线程模式：用于执行应用程序软件。当复位时，处理器进入线程模式。

（2）处理模式：处理异常时处理器工作于处理模式，完成异常处理后返回线程模式。

2 个特权等级分别是软件特权级别与非特权级别。

（1）软件非特权级别（也称为用户级别），主要有以下特点。

① 有限访问 MSR 和 MRS 指令，并且不能使用 CPS（Control Performance Standard）指令；

② 可以访问系统定时器、NVIC 或者系统控制块；

③ 有对存储器或外设的限制访问。

（2）软件特权级别：非特权状态可以使用 SVC（Supervisor Calls）指令产生一个系统调用把控制权转移到特权状态。只有特权状态可以在线程模式下通过写控制寄存器来改变状态执行的特权等级。

根据以上对 Cortex-M4 处理器模式和特权等级的描述，二者之间的关系可以概括成图 2.6 所示，即当处理器处于处理模式时，软件执行总是在特权级别；当处理器处于线程模式时，控制寄存器在两种特权等级下均可以控制软件执行。

图 2.6　Cortex-M4 处理器工作模式与特权等级的关系

2.4.2　ARM Cortex-M4 寄存器

寄存器是 CPU（Central Processing Unit，中央处理器）内有限存储容量的高速存储部件，用来暂时存放参与运算的数据和运算结果。

ARM Cortex-M4 有 7 种 32 位主要寄存器，如图 2.7 所示，包括 4 种通用寄存器和 3 种特殊功能寄存器，分别是 R0～R12 32 位通用寄存器，R13 堆栈指针寄存器，R14 链接寄存器，R15 程序计数寄存器，程序状态寄存器、中断屏蔽寄存器和控制寄存器。下面分别对这几种寄存器进行详细介绍。

图 2.7　Cortex-M4 寄存器

1．通用寄存器

1）32 位通用寄存器 R0～R12

Cortex-M4 共有 13 个 32 位通用寄存器 R0～R12。其中，R0～R7 为低组寄存器（Low Register），所有访问通用寄存器的指令都可以访问；R8～R12 为高组寄存器（High Register），所有 32 位通用寄存器指令都可以访问，但是所有的 16 位指令都不能访问。

2）堆栈指针寄存器

堆栈指针寄存器 R13，用于访问堆栈。它包括两个物理寄存器，分别是主堆栈指针（Main Stack Pointer，MSP）寄存器和进程堆栈指针（Process Stack Pointer，PSP）寄存器，系统可以同时支持这两个堆栈寄存器。因为控制寄存器 CONTROL 的一个重要的作用就是用于选择堆栈指针，这两个堆栈寄存器就取决于控制寄存器 CONTROL[1]中的值，当 CONTROL[1]为 1 时选择 PSP；当 CONTROL[1]为 0 时选择 MSP。在操作系统中，MSP 用于内核以及系统异常中断代码的堆栈指针，PSP 用于用户任务的应用堆栈指针。这样即使用户程序错误导致堆栈崩溃，也可将其隔离在内核之外，不至于引起内核崩溃。

3）链接寄存器 R14

链接寄存器（LR）在执行分支（B）和链接（BL）指令或带有交换分支（BX）和链接指令（BLX）时，PC 的返回地址自动保存进 LR。例如，在子程序调用时用于保存子程序的返回地址。LR 也用于异常返回，但是在这里保存的是返回后的状态，不是返回的地址，异常返回是通过硬件自动出栈弹出之前压入的 PC 完成的。

4）程序计数寄存器 R15

程序计数寄存器（PC）R15，指向当前程序执行指令的地址程序，可以直接对寄存器进行操作，从而改变程序流程。若用 BL 指令来进行跳转，会更新 LR 和 PC 寄存器。用 MOV（move，数据传送）指令来操作 PC 实现跳转时，不更新 LR。由于 Cortex-M4 内部采用指令流水线技术，所以读 PC 时返回值是当前指令的地址+4。

2．特殊功能寄存器

特殊功能寄存器分为程序状态寄存器 xPSR、中断屏蔽寄存器和控制寄存器 CONTROL 3 类，下面分别对这 3 类寄存器进行介绍。

1）xPSR 程序状态寄存器

系统级的处理器状态可分为 3 种：应用状态寄存器（APSR）、中断状态寄存器（IPSR）、执行状态寄存器（EPSR）。这 3 种处理器状态组合起来构成一个 32 位的寄存器，统称 xPSR。xPSR 寄存器组成部分如表 2.1 所示，表 2.1 中对应的 xPSR 寄存器各位功能如表 2.2 所示。

表 2.1　xPSR 寄存器组成部分

名称	位														
	31	30	29	28	27	26：25	24	23：20	19：16	15：10	9	8	7	6	5	4：0
APSR	N	Z	C	V	Q											
IPSR												例外标号
EPSR						ICI/IT		T		ICI/IT						

表 2.2　xPSR 寄存器各位功能

位	名　　称	定　　义
31	N	负数或小于标志：1 表示结果为负数或小于 0；0 表示结果为正数或大于 0
30	Z	零标志：1 表示结果为 0；0 表示结果为非 0
29	C	进位/借位标志：1 表示进位或借位；0 表示没有进位或借位
28	V	溢出标志：1 表示溢出；0 表示没有溢出
27	Q	饱和标志：1 表示已饱和；0 表示没有饱和
26：25 15：10	IT	If-Then 位，是 If-Then 指令的执行状态位，包括 If-Then 模块的指令数目和其执行条件
24	T	用于指示处理器当前是 ARM 状态还是 Thumb 状态
15：12	ICI	可中断-可继续的指令位，如果在执行 LDM 或 STM 操作时产生一次中断，则 LDM 或 STM 操作暂停，该位来保存该操作中下一个寄存器操作数的编号，在中断响应之后，处理器返回由改为指向的寄存器并回复操作
8：0	ISR	异常的编号

2）中断屏蔽寄存器

中断屏蔽寄存器分为 3 组，分别是 PRIMASK、FAULTMASK 和 BASEPRI。

PRIMASK 为片上外设总中断开关，该寄存器只有位 0 有效。当该位为 0 时，响应所有外设中断；当该位为 1 时，屏蔽所有片上外设中断。

FAULTMASK 寄存器管理系统错误的总开关，该寄存器只有最低位（第 0 位）有效。当该位为 0 时，响应所有的异常；当该位为 1 时，屏蔽所有的异常。

BASEPRI 寄存器用来屏蔽优先级等于和小于某一个中断数值的寄存器。

3 组中断屏蔽寄存器的功能描述如表 2.3 所示。

表 2.3　3 组中断屏蔽寄存器的功能描述

名　　字	功　能　描　述
PRIMASK	是只有单一比特的寄存器。在它被置 1 后，就关掉所有可屏蔽的异常，只剩下 NMI 和硬 fault 可以响应。它的默认值是 0，表示没有关中断
FAULTMASK	是只有 1 个位的寄存器。当它置 1 时，只有 NMI 才能响应，它的默认值也是 0，表示没有关异常
BASEPRI	这个寄存器最多有 9 位（由表达优先级的位数决定）。它定义了被屏蔽优先级的阈值。当它被设成某个值后，所有优先级号大于等于此值的中断都被关（优先级号越大，优先级越低）。但若被设成 0，则不关闭任何中断，0 也是默认值

3）控制寄存器

控制寄存器 CONTROL 是一个可读写寄存器，它有两个作用，分别是用于定义处理器特权级别和用于选择堆栈指针，如表 2.4 所示。

表 2.4　控制寄存器

位	功　　能
CONTROL[1]	堆栈指针选择，0 表示选择主堆栈指针（MSP），1 表示选择进程堆栈指针（PSP）
CONTROL[0]	0 表示特权级，1 表示用户级

CONTROL[0]：用于定义处理器特权级别。异常情况下，处理器总是处于特权模式，CONTROL[0]位总是为 0；在线程模式情况下（非异常情况），处理器可以工作在特权级，也可以工作在用户级，该位可为 0 或 1。特权级下所有的资源都可以访问，而用户级下被限制的资源不能访问，比如 MPU 被限制的资源不能访问。

CONTROL[1]：用于选择堆栈指针。CONTROL[1]为 0 时，只使用 MSP，此时用户程序和异常共享同一个堆栈，处理器复位后默认的也是该模式；CONTROL[1]为 1 时，用户应用程序使用 PSP，而中断仍然使用 MSP。这种双堆栈机制适合在带有 OS 的环境下使用，只要 OS 内核在特权级下执行，而用户应用程序在用户模式下执行，就可以很好地将代码隔离，互不影响。

2.4.3 ARM Cortex-M4 异常处理

1. 异常的类型

当程序正常执行时发生暂时停止的现象称为异常。在处理异常之前，当前处理器的状态必须保留，当异常处理完成之后，当前程序可以继续执行。处理器允许多个异常同时发生，它们将会按固定的优先级进行处理。

ARM Cortex-M4 处理器的异常架构具有多种特性，支持多个系统异常和外部中断。表 2.5 所列为系统异常类型。表 2.6 所列为外设中断类型。如这两个表格所示，编号 0～15 是 16 种系统异常，编号 16～255 为 240 种外设中断。通常芯片设计者可自由设计片上外设，片上外设中断一般都不会用到全部的 240 种外设中断。如表 2.5 所示，多数异常都具有可编程的优先级，极少数系统异常则具有固定的优先级。

表 2.5　异常类型

编　号	类　　型	优　先　级	描　　述
0	—	—	没有异常
1	复位	−3（最高）	复位
2	NMI	−2	不可屏蔽中断（来自外部 NMI 输入脚）
3	硬故障	−1	当故障优先级或者可配置的故障处理程序被禁止而无法激活时，所有类型故障都会以硬故障的方式激活
4	存储器管理	可编程	MPU 不匹配，包括访问冲突和不匹配
5	总线故障	可编程	预取值故障、存储器访问故障和其他地址/存储器相关的故障
6	用法故障	可编程	由于程序错误导致的异常，通常是使用一条无效指令，或都是非法的状态转换
7～10	保留	—	保留
11	SVCall	可编程	执行 SVC 指令的系统服务调用
12	调试监视器	可编程	调试监视器（断点，数据观察点，或外部调试请求）
13	保留	—	保留
14	PendSV	可编程	系统服务的可触发（Pendable）请求
15	SysTick	可编程	系统节拍定时器

表 2.6　外设中断类型

编　　号	类　　型	优　先　级	描　　述
16	IRQ # 0	可编程	外设中断 # 0
17	IRQ # 1	可编程	外设中断 # 1
…	…	…	…
255	IRQ # 239	可编程	外设中断 # 239

根据表 2.5 可知 ARM Cortex-M4 支持以下几种系统异常方式。

（1）系统复位：当复位信号产生时，在指令中所有处理器的操作将被终止。当复位信号结束时，执行将从向量表中的复位入口地址重新开始，线程模式下重新启动作为特权执行，并拥有一个固定的优先级−3。

（2）非屏蔽中断（NMI）：非屏蔽中断（NMI）能够通过外设或由软件触发标志位，是复位之外的最高优先级异常，永久启用并拥有一个固定的优先级−2。NMI 不能被其他异常屏蔽或阻止激活，也不能被复位以外的异常抢占。

（3）硬件故障：硬件故障是处理器件发生错误，或者不能被其他任何异常机制管理的异常。硬件故障拥有一个固定的优先级−1，这意味着它们比任何可配置优先级的异常有更高的优先级。

（4）内存管理故障：内存管理故障是内存保护单元发生故障而产生的异常。对于指令和数据内存，MPU 或固定的内存保护限制导致了该故障的发生。此故障用来取消 Execution node（XN）内存区域访问的指令。

（5）总线故障：总线故障是内存系统总线上检测到的错误，由于指令或数据存储器发生了与内存相关的错误而产生的。

（6）使用故障：使用故障是由于指令执行故障而产生的。它包括指令未定义、非法的未对齐访问、指令执行时的无效状态、异常返回出错，核心配置要报告这些故障时，内存访问字和半字的未对齐地址和除以零操作这两个操作也会导致使用故障。

（7）SVCall（软件中断）：SVCall 是由 SVC 指令触发的异常。在 OS 环境中，应用程序可以使用 SVC 指令来访问 OS 内核函数和设备驱动程序。

（8）PendSV（系统服务请求）：PendSV 是系统级服务的中断驱动请求。在 OS 环境中，当没有其他异常活跃时，可使用 PendSV 进行模式切换。

（9）系统定时器：系统定时器异常是当系统定时器到达零时产生的，软件也可以生成系统定时器异常。在 OS 环境中，处理器可以使用该异常作为系统时钟。

（10）中断（IRQ）：中断或中断请求 IRQ，由外围设备或者通过软件请求产生的异常。在系统中，外设使用中断与处理器通信。

2. 异常优先级

当上述某个异常发生时，Cortex-M4 首先检查其是否被屏蔽。如果未被屏蔽，继续判断是否能够被立即响应，如果不能立即被响应，则该异常被挂起等待响应。对于 Cortex-M4 异常是否被屏蔽以及在未掩蔽的情况下何时可以响应，是由异常优先级（Priority）决定的。

Cortex-M4 支持 3 个固定的高优先级和多达 256 级的可编程优先级，并且支持 128 级抢占。复位、NMI 和硬件故障这 3 个系统异常的优先级是固定的，并且是负数，它们的优先级高于所有其他异常。其他异常的优先级则都是可编程的，范围为 0～255。优先级的数值越小，优先级越高。更高优先级的异常可以抢占低优先级的异常实现异常/中断嵌套。

1）Cortex-M4 异常优先级的分组

Cortex-M4 支持 256 个可编程优先级和 128 个抢占级，为了使抢占级能变得更可控，Cortex-M4 将异常优先级进一步细分为抢占优先级和子优先级。

（1）抢占优先级，又称为组优先级、主优先级或者占先优先级，顾名思义，它决定了抢占行为。例如，当 CPU 正在响应某异常 L 时，如果来了抢占优先级更高的异常 H，则 H 可以抢占 L。通过抢占优先级，Cortex-M4 支持中断嵌套，使得高抢占优先级异常可以中断低抢占优先级异常的处理，从而使得关键任务的响应延时更短。

（2）子优先级，又称次优先级，它处理抢占优先级有相同的异常时的情况：当抢占优先级相同的异常有不止一个被挂起时，就最先响应子优先级最高的异常。当两个异常的抢占优先级和子优先级都相同时，比较它们的硬件优先级（即中断编号），具有较小中断编号的异常具有更高的优先级。

2）Cortex-M4 异常优先级的设置

Cortex-M4 异常优先级的设置步骤如下。

（1）确定 Cortex-M4 芯片实际用来表示异常优先级的位数。虽然 Cortex-M4 原理上支持 256 级可编程和 128 级可抢占的异常，但在应用中绝大多数 Cortex-M4 芯片制造商都会精简设计，裁掉表达优先级的几个低端有效位，使得芯片实际支持较少的优先级数，如 8 级、16 级、32 级等。

（2）划分优先级分组，即规定在优先级分组位段中抢占优先级占多少位，子优先级占多少位。这一步骤通常由开发人员通过编程设置 NVIC 中的寄存器 AIRCR（Application Interrupt and Reset Control Register，应用程序中断及复位控制寄存器）中相关的位段来完成。

（3）为某个异常设置异常优先级，这一步骤也是由开发人员通过编程设置 NVIC 中的寄存器完成的。

3．异常的进入与返回

1）异常进入

（1）入栈：当处理器发生异常时，首先自动依次把 8 个寄存器（xPSR、PC、LR、R12、R3、R2、R1、R0）压入栈。在自动入栈的过程中，如图 2.8 所示，栈地址为 N，把寄存器写入栈的时间顺序并不是与写入空间相对应的，但机器会保证正确的寄存器被保存到正确的位置。

图 2.8　内部入栈示意图

（2）取向量：通过异常类型号在中断向量表中取出发生中断的中断源对应的中断向量，然后在服务程序的入口处预取指，处理器将取指与取数据分别通过总线进行控制，使入栈与取指这两项工作能同时进行，以便快速进入中断。

（3）更新寄存器：入栈和取向量操作完成之后，在执行服务程序之前，还必须更新一系列寄存器。

SP（Stack Pointer，堆栈指针）：在入栈后会把堆栈指针（PSP 或 MSP）更新到新的位置。在执行服务例程时，将由 MSP 负责对堆栈的访问。

xPSR：更新 IPSR 位段（处于 PSR 的最低部分）的值为新响应的异常编号。

PC：在取向量完成后，PC 将指向服务例程的入口地址。

LR：在出入 ISR 时，LR 的值将得到重新诠释，这种特殊的值称为"EXC_RETURN"。在异常进入时由系统计算并赋予 LR，并在异常返回时使用它。

以上是在响应异常时通用寄存器及特殊功能寄存器的变化。另外在 NVIC 中，也会更新若干个相关寄存器。

2）异常返回

当异常服务程序最后一条指令进入异常时，LR 的值加载到 PC 中，该操作指示中断服务结束。在从异常返回时处理器将执行下列操作之一。

（1）如果激活异常的优先级比所有被压栈（等待处理）的异常的优先级都高，则处理器会末尾连锁到一个激活异常。末尾连锁机制能够在两个中断之间没有多余的状态保存和恢复指令的情况下实现异常处理，最大限度节省中断响应时间。

（2）如果没有激活异常，或者如果被压栈的异常的最高优先级比激活异常的最高优先级要高，则处理器返回到上一个被压栈的中断服务程序。

（3）如果没有激活的中断或被压栈的异常，则处理器返回线程模式。

在启动了中断返回序列后，将执行下面的过程。

（1）出栈：先前压入栈中的寄存器在这里恢复。内部的出栈顺序与入栈时的相对应，堆栈指针的值也改回先前的值。

（2）更新 NVIC：伴随着异常的返回，它的活动位也被硬件清除。对于外部中断，倘若中断输入再次被置为有效，悬起位也将再次置位，新一次的中断响应序列也可随之再次开始。

（3）异常返回值：异常返回值存放在 LR 中。这是一个高 28 位全为 1 的值，只有[3：0]

的值有特殊含义，如表 2.7 所示。当异常服务例程把这个值送往 PC 时，就会启动处理器的中断返回序列。因为 LR 的值是由 ARM Cortex-M4 自动设置的，所以只要没有特殊需求，就不要改动它。

表 2.7　异常返回值各位的含义

位　　段	含　　义
[31：4]	异常返回值的标识，必须全为 1
3	0 表示返回后进入处理器模式，1 表示返回后进入线程模式
2	0 表示从主堆栈中做出栈操作，返回后使用 MSP；1 表示从进程堆中做出栈操作，返回使用 PSP
1	保留，必须为 0
0	0 表示返回 ARM 状态，1 表示返回 Thumb 状态。ARM Cortex-M4 中必须为 1

根据表 2.7，异常返回的情况如下。

如果 EXC_RETURN=0xFFFFFFF1，返回处理模式，并使用主堆栈 MSP；

如果 EXC_RETURN=0xFFFFFFF9，返回线程模式，并使用主堆栈 MSP；

如果 EXC_RETURN=0xFFFFFFFD，返回处理模式，并使用线程堆栈 PSP。

4. 异常发生时，Cortex-M4 工作模式的转换

线程模式是执行普通代码的工作模式，而处理模式是处理异常中断的工作模式。异常发生时，Cortex-M4 处理器工作模式的转换如图 2.9 所示。由图 2.9 可知，ARM Cortex-M4 处理器在复位时自动进入特权级的线程模式，此时如果有异常发生，将自动进入特权级的处理模式，处理完异常中断后返回特权级线程模式继续向下执行程序。用户程序可以通过修改控制寄存器 CONTROL 的最低位由 0 变 1，将特权线程模式切换到用户级线程模式。在用户级线程模式下如果发生异常中断，则处理器切换到特权级处理模式，处理完异常中断，再返回原来用户级线程模式被终止的下一条指令继续执行用户程序。

图 2.9　Cortex-M4 工作模式的转换

5. 异常的处理机制

ARM Cortex-M4 中断直接由向量表载入 ISR 的入口地址给 PC 指针，而无须查表载入跳转指令再实现跳转。中断触发时自动保存现场，自动压栈，中断服务程序退出时自动退栈，恢复现场。获取向量与保存现场同时进行，最大限度节省中断响应时间，一般使用的技术为 tail-chainning（末尾连锁）机制。

末尾连锁能够在两个中断之间没有多余的状态保存和恢复指令的情况下实现异常处理。当内核正在处理一个中断 1 时，另外一个同级或低级的中断 2 触发，则其处于挂起状态等待前一中断 1 处理完毕。中断 1 处理完毕时，按正常流程需要恢复中断现场，将寄存器出栈，再响应中断 2，重新将现场寄存器进行入栈操作。整个出栈/入栈需要 30 多个周期。

ARM Cortex-M4 的末尾连锁机制如图 2.10 所示。末尾连锁机制简化了中间重复工作，无须重新出栈/入栈，仅进行新的中断取向量工作，将切换简化为 6 个周期，实现了中断延迟的优化。

图 2.10　ARM Cortex-M4 的末尾连锁机制

2.5　习题

（1）简述 ARM 处理器的特点。

（2）ARM 体系结构的版本各有什么特点？

（3）主要的 ARM 处理器有哪些？

（4）说明 AMR Cortex 系列处理器的特点和应用领域。

（5）简述 Cortex-M 处理器的模式和状态，各有什么特点？

（6）Cortex-M4 处理器的主要寄存器有哪些？

（7）简述 Cortex-M4 处理器异常优先级。

（8）Cortex-M4 的异常类型以及异常对应的工作模式和状态转换是怎么样的过程？

（9）查阅资料，列举几个使用 ARM 处理器的 MPU、MCU 芯片型号，并简要说明其特征和应用领域。

（10）查阅资料，结合自己的理解，谈谈 ARM 处理器有哪几个比较成功和失败的型号。

第3章 ARM 指令系统

ARM 处理器的低功耗、高性能特性，主要归功于它拥有一套高效的指令集架构（ISA）。本章将介绍 ARM v7 架构指令系统，包括 ARM 指令的指令格式和条件码、ARM 指令的寻址方式，并详细描述了 ARM v7 架构的指令集。通过学习本章内容，读者可对这些 ARM 指令系统有基本的了解和认识，并能理解、编写简单的 ARM 汇编程序。

3.1 指令格式

1. ARM 指令的基本格式

ARM 指令的基本格式如下。

```
<opcode>{<cond>}{S}  <Rd>,<Rn>,{<Op2>}
```

其中，< >内的项是必需的，{ }内的项是可选的。例如，<opcode>是指令助记符，是必需的；而{<cond>}为指令执行条件，是可选的，如果不写，则默认为无条件执行。上述指令格式中的 opcode、cond 与 S 之间没有分隔符，S 与 Rd 之间用空格隔开。格式中各项的含义如表 3.1 所示。

表 3.1 指令格式说明

项 目	含 义	备 注
opcode	指令的操作码	指令助记符，如 LDR，STR 等
cond	条件域，满足条件才执行指令	可不加条件即省略条件
S	指令执行时是否更新 CPSR	可省略
Rd	目标寄存器	Rd 为任意通用寄存器
Rn	第一个操作数	Rn 为任意通用寄存器
Op2	第二个操作数	可为，#immed_8r、寄存器 Rm 及任意移位的寄存器
;	注释符号	后面可任意加注释

灵活使用 ARM 指令集的第二个操作数 Op2 能够提高代码效率。关于表 3.1 中第二个操作数有 3 种形式，分别是#immed_8r、寄存器 Rm 和寄存器移位方式。下面对这 3 种形式进行说明。

1）#immed_8r——常数表达式

该常数必须对应 8 位位图，即一个 8 位的常数通过循环右移偶数位得到的 32 位常数。例如：1010 0000 0000 0000 0000 0000 0001 0110 是非法的 8 位位图，原因是这个 32

位常数可以通过将 1011 0101 循环右移得到，但不能通过循环右移偶数位得到；1011 0000 0000 0000 0000 0000 0001 0110 也是非法的 8 位位图，原因是 1 0110 1011 有 9 位。0000 0100 1000 0000 0000 0000 0000 0000 是合法的 8 位位图，这个 32 常数是由 8 位常数 0x12 循环右移 10 位得到的，如图 3.1 所示。

图 3.1　循环右移 10 位得到的 8 位位图

2）循寄存器 Rm

在寄存器方式下，操作数即为寄存器的数值。例如指令：

```
SUB   R1,R1,R2    ; R1-R2→R1
MOV   PC,R0       ; PC=R0,程序跳转到指定地址
```

3）寄存器 Rm 移位

将寄存器的移位结果作为操作数，Rm 值保持不变。例如指令：

```
ADD R1,R1,R1,LSL#3    ; R1=R1+R1*8=9R1,
SUB R1,R1,R2,LSR#2    ; R2 逻辑右移 2 位,最后结果是 R1=R1-（R2/4）
```

上述例子涉及 ARM 指令集中操作数的结合律，操作数是右结合的。

2．汇编语言的一般格式

一个完整的 ARM 汇编由两部分组成：声明和实际代码段。

1）声明

在一个程序之前先要进行声明。

（1）声明代码段：用 AREA 指令定义一个段，说明所定义段的相关属性（段的名字和段的属性等）。

（2）声明 ARM 指令：用 CODE 来声明程序为 ARM 指令。

（3）声明程序入口：用 ENTRY 指令标识程序的入口点。

在程序完成后要用 END 指令声明程序结束。每一个汇编程序段都必须有一条 END 指令，指示代码段的结束。

2）段

（1）在 ARM 汇编语言程序中，以程序段为单位组织代码。段是相对独立的指令或数据序列，具有特定的名称。

（2）段的分类。

代码段：代码段的内容为执行代码。

数据段：数据段存放代码运行时需要用到的数据。

一个汇编程序至少有一个代码段。如果程序较长时，可以分割为多个代码段和数据段。多个段在程序编译连接时最终形成一个可执行的映像文件。

（3）段具有以下的属性：READONLY 和 READWRITE。

并且 ARM 汇编程序使用"；"进行注释，标号要顶格写。下面是一段 ARM 指令编码示例。

```
        AREA    ARMex,CODE,READONLY  ; 代码块命名为 ARMex
        ENTRY                        ; 声明程序入口
start
        MOV     r0,#10               ; 设置参数
        MOV     r1,#3
        ADD     r0,r0,r1             ; r0 = r0 + r1
stop
        MOV     r0,#0x18             ;
        LDR     r1,=0x20026          ;
        SVC     #0x123456            ;
        END                          ; 程序结束
```

3.2　条件码

如 3.1 节所述 ARM 指令的基本格式为<opcode>{<cond>}{S}　<Rd>，<Rn>，{<Op2>}，其中{<cond>}表示一个可选的条件码。使用条件码"cond"可以实现高效的逻辑操作，提高代码效率。只有在 CPSR 中条件码对应的标志满足指定条件时，带条件码的指令才被执行，否则指令被忽略。

条件码位于 ARM 指令的最高 4 位[31：28]。条件码共有 16 种，但是只有 15 种可以使用，第 16 种（1111）为系统保留暂不使用。如表 3.2 所示，每种条件码可用两个字符表示，这两个字符可以添加在指令助记符的后面和指令同时使用。例如，跳转指令 B 可以加上后缀 EQ 变为 BEQ，表示"相等则跳转"，即当 CPSR 中的 Z 标志值位时发生跳转。

表 3.2　指令的条件码

条　件　码	助记符后缀	标　　志	含　　义
0000	EQ	Z 置位	相等
0001	NE	Z 清零	不相等
0010	CS	C 置位	无符号数大于或等于
0011	CC	C 清零	无符号数小于
0100	MI	N 置位	负数

续表

条 件 码	助记符后缀	标　　志	含　　义
0101	PL	N 清零	正数或零
0110	VS	V 置位	溢出
0111	VC	V 清零	未溢出
1000	HI	C 置位 Z 清零	无符号数大于
1001	LS	C 清零 Z 置位	无符号数小于或等于
1010	GE	N 等于 V	带符号数大于或等于
1011	LT	N 不等于 V	带符号数小于
1100	GT	Z 清零且（N 等于 V）	带符号数大于
1101	LE	Z 置位或（N 不等于 V）	带符号数小于或等于
1110	AL	忽略	无条件执行

经过上面章节的介绍，我们对 ARM 汇编语言有了基础的了解和认识，图 3.2 是一个 C 语言代码和对应的汇编代码的转换示例。

图 3.2　C 语言代码转换为汇编代码

3.3　ARM 指令的寻址方式

寻址方式就是根据指令中给出的地址信息来寻找物理地址的方式。目前 ARM 指令系统支持如下 8 种基本的寻址方式。

1. 立即寻址

立即寻址也叫作立即数寻址，这是一种特殊的寻址方式。立即寻址方式的目的是将操作数紧跟在操作码后面，与操作码一起放在指令代码段中。在程序运行时，程序直接调用该操作数，而不需要到其他地址单元中去取相应的操作数。上述写在指令中的操作数也称作立即数。以十进制表示的立即数，要以"#"为前缀；以十六进制表示的立即数，要求在"#"后加"0x"或"&"。例如指令：

```
ADD     R1,R0,#1        ; R0←R0+1 即寄存器 R0 的内容加 1,把结果放回到 R1 中
MOV     R0,#0xFF00       ; 将立即数 0xFF00 放入寄存器 R0
```

2. 寄存器寻址

寄存器寻址指的是操作数的值在寄存器中，指令中的地址码字段给出的是寄存器编号，指令执行时直接取出寄存器值来操作。寄存器寻址是各类微处理器经常采用的一种执行效率较高的寻址方式。例如指令：

```
ADD  R0,R1,R2    ; 将寄存器 R1 和 R2 的内容相加,结果存放在寄存器 R0 中
MOV  R1,R2       ; 将 R2 的值存入 R1,该指令的具体操作过程如图 3.3 所示
```

需要注意的是写操作数的顺序，第 1 个是结果寄存器，接着是第 1 操作数寄存器，最后是第 2 操作数寄存器。

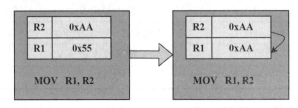

图 3.3　指令 MOV R1，R2 示例图

3. 寄存器移位寻址

寄存器移位寻址的操作数是由寄存器做相应移位而得到的，移位的方式在指令中以助记符的形式给出，而移位的位数可用立即数或寄存器寻址方式表示。寄存器移位寻址是 ARM 指令集特有的寻址方式，当第 2 个操作数是寄存器移位方式时，第 2 个寄存器操作数在与第 1 个操作数结合之前，选择进行移位操作。例如指令：

```
MOV   R0,R2,LSL#3     ; R2 的值左移 3 位,结果放入 R0,即 R0=R2*8
ANDS  R1,R1,R2,LSL R3 ; R2 值左移 R3 位,然后和 R1 相"与"操作,结果放入 R1
MOV   R0,#0xFF000     ; 将立即数 0xFF000 装入 R0 寄存器,该指令的具体操作步骤如图 3.4
                      ; 所示
```

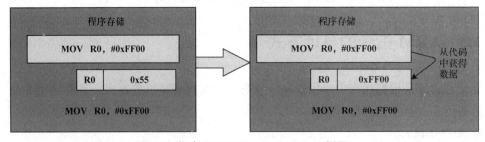

图 3.4　指令 MOV R0，#0xFF000 示例图

4. 寄存器间接寻址

寄存器间接寻址指令中的地址码给出的是一个通用寄存器的编号，所需的操作数保存在存储器指定地址的存储单元中，即寄存器是操作数的地址指针。用于间接寻址的寄存器必须用[ ]括起来。例如指令：

```
STR  R0,[R1] ; 将 R0 的值传送到以 R1 的值作为地址的存储器中
LDR  R1,[R2] ; 将以 R2 的值作为地址的寄存器中的数据传送到 R1 中,该指令的具体操作步骤如
             ; 图 3.5 所示
```

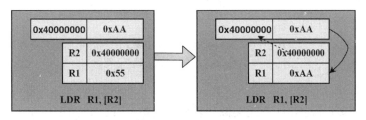

图 3.5　指令 LDR R1，[R2]示例图

5. 基址寻址

基址寻址方式就是将寄存器（该寄存器一般称作基址寄存器）的内容与指令中给出的地址偏移量相加，从而得到操作数的有效地址。基址寻址方式常用于访问基地址附近的地址单元，如查表、数组操作、功能部件寄存器访问等。寄存器间接寻址是偏移量为 0 的基址加偏移寻址。采用基址寻址方式的指令有以下几种常见的形式。

用基址访问同在一个存储区域的某一存储单元的内容。例如指令：

```
LDR  R0,[R1,#4]    ; R0←[R1+4],把基址 R1 的内容加上位移量 4 后所指向的存储单元的
                   ; 内容送到寄存器 R0 中
LDR  R2,[R3,#0x0C] ; 读取 R3+0x0C 地址上的存储单元的内容,放入 R2,其具体操作过程如
                   ; 图 3.6 所示
```

图 3.6　指令 LDR R2，[R3，#0x0C]示例图

改变基址寄存器指向下一个传达的地址对数据块传送非常有用。可采用带自动变址的前变址寻址。例如指令：

```
LDR  R0,[R1,#4]!  ; R0←[R1+4],R1←R1+4
```

"！"符号表明指令在完成数据传送后应该更新基址寄存器。ARM 的这种自动变址不消耗额外时间。这条指令是将寄存器 R1 的内容加上位移量 4 形成操作数的有效地址，从该地址取的操作数存入寄存器 R0 中，然后将 R1 的内容自增 4 字节。

另外一种基址加偏移寻址称为后变址寻址。基址不带偏移作为传送的地址，传送后自动变址。例如指令：

```
LDR  R0,[R1],#4   ; R0←[R1],R1←R1+4
```

这里没有"！"符号，只使用立即数偏移作为基址寄存器的修改量。这条指令是将寄存器 R1 的内容作为操作数的有效地址，从该地址取得操作数存入寄存器 R0 中，然后将 R1 的内容自增 4 字节。

指令指定一个基址寄存器，再指定另一个寄存器（变址），其值作为位移与基址相加

形成存储器地址。例如指令：

```
LDR    R0,[R1,R2]     ; R0 ←[R1+R2],将 R1 和 R2 的内容相加得到操作数的地址,再将此
                       ; 地址单元的内容存入寄存器 R0 中
```

6. 相对寻址

相对寻址和基址变址寻址方式类似，以程序计数器 PC 的当前值作为基地址，指令中的地址标号作为偏移量，将两者相加之后得到操作数的有效地址。以下程序段中的跳转指令采用了相对寻址：

```
       BL   SUBR1     ; 调用到 SUBR1 子程序
       BEQ  LOOP      ; 条件跳转到 LOOP 标号处
       ...
LOOP   MOV  R6,#1
       ...
SUBR1  ...
```

7. 多寄存器寻址

多寄存器寻址可以实现一条指令完成多个寄存器值的传送，允许一条指令传送 16 个寄存器的任何子集或所有寄存器。

例如指令：

```
LDMIA   R0,{R1,R2,R3,R4}     ; R1←[R0]
                             ; R2←[R0+4]
                             ; R3←[R0+8]
                             ; R4←[R0+12]
```

该条指令的后缀 IA 即表示在每次执行完加载/存储操作之后，R0 按字长度（即 4 字节）增加。因此指令可以将连续多个存储单元的值传送到 R1～R4 中。

指令 LDR　R1!，{R2- R4，R6}的具体操作过程如图 3.7 所示：

图 3.7　指令 LDR　R1!，{R2- R4，R6}示例图

8. 堆栈寻址

堆栈（STACK）是一种十分常用的数据结构，按照先进后出（First In Last Out，FILO）的方式工作。堆栈使用一个叫作堆栈指针的专用寄存器指示当前操作位置，堆栈指针总是指向栈顶。存储器堆栈可分为如下两种方式，其示意图如图 3.8 所示。

（1）向上生长：当堆栈由低地址向高地址生成时，称为递增堆栈（Ascending Stack）；

（2）向下生长：当堆栈由高地址向低地址生成时，称为递减堆栈（Descending Stack）。

图 3.8　堆栈寻址

当堆栈指针指向最后压入堆栈的数据时，称为满堆栈（Full Stack），而当堆栈指针指向下一个将要放入数据的空位置时，称为空堆栈（Empty Stack），二者的示意图如图 3.9 所示。

图 3.9　满堆栈和空堆栈

这样就有 4 种类型的堆栈来表示递增、递减、满和空堆栈的各种组合。ARM 处理器支持所有这 4 种类型的堆栈工作方式，具体如下。

（1）满递增堆栈（Full Ascending Stack，FA）：堆栈指针指向最后压入的数据，且由低地址向高地址生成；

（2）满递减堆栈（Full Descending Stack，FD）：堆栈指针指向最后压入的数据，且由高地址向低地址生成；

（3）空递增堆栈（Empty Ascending Stack，EA）：堆栈指针指向下一个将要放入数据的空位置，且由低地址向高地址生成；

（4）空递减堆栈（Empty Descending Stack，ED）：堆栈指针指向下一个将要放入数据的空位置，且由高地址向低地址生成。

在 ARM 指令中，数据的进栈和出栈通过 Load/Store 指令实现，指令 STM 向堆栈写数据项，指令 LDM 从堆栈读数据项。结合堆栈的 4 种类型，相应的进栈和出栈指令有如下几对：

- STMFA（进栈），LDMFA（出栈）；
- STMFD（进栈），LDMFD（出栈）；
- STMEA（进栈），LDMEA（出栈）；
- STMED（进栈），LDMED（出栈）。

进栈和出栈指令必须成对使用，例如采用 STMFA 进栈则必须采用 LDMFA 出栈，其余进栈和出栈指令类似。

例如指令：

```
STMFD  SP!,{R1 - R7,LR}        ; 将 R1～R7.LR 入栈,满递减堆栈
LDMFD  SP!,{R1 - R7,LR}        ; 数据出栈，放入 R1～R7.LR,满递减堆栈
```

3.4　ARM v7 架构指令集——Thumb-2 指令集

随着 ARM 架构的不断改进，其指令集也不断丰富。对于 V5 版本以前的处理器内核，支持 ARM 和 Thumb 两种指令集。这两种指令集在同一个程序中可以兼容，但必须在不同的程序段中，即 ARM 程序段只能使用 ARM 指令，而 Thumb 程序段只能使用 Thumb 指令，两种指令跳转时需要进行一次切换。ARM 指令是一种 32 位的指令，所有指令汇编成 32 位代码；而 Thumb 指令是一种 16 位指令，所有指令汇编成 16 位代码。因此 Thumb 指令可以大大节约存储空间。

在 ARM v7 版本的处理器内核中，不再使用 ARM 指令集，使用的是改进的 Thumb 指令集，称为 Thumb-2 指令集。Thumb-2 指令集是一种兼容 16 位和 32 位指令的指令集，其兼容性体现在以下两个方面。

（1）在书写指令时不需要分析这条指令是 32 位指令还是 16 位指令，汇编器会自动按照最简化的原则汇编。例如下列语句：

```
ADD  R1,R2
ADD  R1,#0x8000
ADD  R1,R2,#0x8000
```

```
ADD  R1,R1,R2
```

第 1 条语句和第 4 条语句汇编器自动汇编成 16 位代码，而第 2 条和第 3 条汇编成 32 位代码。一般有立即数的语句会汇编成 32 位代码。

（2）编译环境提供了一种方法，由编程人员指定是哪一种代码格式。如果在指令后面加后缀 ".N" 则指定是 16 位代码格式（Narrow），如果在指令后面加后缀 ".W" 则指定是 32 位代码格式（Wide）。例如下列语句：

```
ADD.W    R1,R2
ADD.W    R1,R1,R2
ADD.N    R1,R1,R2
```

前 2 条语句会汇编成 32 位代码，而第 3 条语句则汇编成 16 位代码。

注意：".W" 只适用于原来是 16 位代码的指令上，如果原来是 32 位代码，那么使用 ".W" 就没有意义了；而 ".N" 不能把 32 位代码变成 16 位代码。

下面分类叙述 Thumb-2 指令集。

3.4.1　存储器访问指令

数据传送分为两种：存储和加载。将数据从寄存器到存储器的传送叫作存储，将数据从存储器到寄存器的传送叫作加载。存储器的访问指令如表 3.3 所示。

表 3.3　存储器的访问指令

助　记　符	16 位	32 位	指　令　说　明	标　志　位
LDM，STM	Y	Y	加载、存储寄存器组	—
LDR，STR	Y	Y	加载、存储单个寄存器，使用立即数偏移和寄存器偏移	—
LDR	Y	Y	加载单个寄存器，使用 PC 关联地址方法	—
LDRT，STRT	Y	Y	加载、存储单个寄存器，无特权访问	—
LEREX STREX CLEREX	N	Y	加载寄存器，标注互斥地址访问状态 检测互斥地址访问状态，存储寄存器 专用清除指令	—
PUSH，POP	Y	Y	寄存器入栈和出栈	—

注：N 表示不支持这种代码，Y 表示支持这种代码。以上所有指令都不影响标志位。

1. 寄存器组加载/存储指令 LDM 和 STM

寄存器组加载/存储指令 LDM 和 STM 用于在寄存器和存储器之间进行成组的数据传送。其中 LDM 用于把存储器中的成组数据加载到寄存器中去，STM 用于把多个寄存器中的数据存储到存储器中去，只使用一个寄存器做基址。

指令格式：

```
LDM/STM{条件} {类型} 基址寄存器 {!},寄存器列表
```

其中，{类型}为以下几种情况。

```
IA  每次传送后地址加 1；
IB  每次传送前地址加 1；
DA  每次传送后地址减 1；
DB  每次传送前地址减 1；
FD  满递减堆栈；
ED  空递减堆栈；
FA  满递增堆栈；
EA  空递增堆栈
```

{!}为可选后缀。若选用该后缀。则当数据传送完毕之后，将最后的地址写入基址寄存器，否则基址寄存器的内容不改变。

寄存器列表可以是从 R0～R15 的任意组合。

指令示例：

```
STMFD R13!,{R0,R4-R12,LR}    ; 将寄存器列表中的寄存器（R0,R4～R12、LR）存入堆栈,
                             ; "!"符号表明指令在完成数据传送后将结果写回到基址寄存器
                             ; R13 中
STMIA R3!,{R0,R4-R12,LR}     ; 将寄存器 R0,R4～R12 以及 LR 的值存储到由 R3 指示的
                             ; 存储区域
LDMDB R5!,{R0-R4}            ; 多寄存器 R0～R4 加载,"!"符号表明指令在完成传送后将
                             ; 结果写回到基址寄存器 R5 中
LDMIA R1!,{R0,R4-R12}        ; 将由 R1 指示的内存数据加载到寄存器 R0,R4～R7 中
```

2. 加载/存储单个寄存器指令 LDR 和 STR

加载/存储单个寄存器指令 LDR 和 STR 用于在寄存器和存储器之间进行字、半字以及字节传送。LDR 用于把存储器中的 32 位数据加载到寄存器，STR 用于把寄存器中的 32 位数据存储到存储器中。

指令格式：

```
LDR/STR{条件}{T},目标地址，<地址>
```

其中：{T}是可选后缀：B、H、SB 和 SH。H 表示半字传送，B 表示字节传送，S 表示有符号操作，SB 表示带符号字节传送，SH 表示带符号半字传送。SB 和 SH 不可用于 STR 指令。例如 LDRB 用于把存储器中的 8 位数据字节加载到寄存器中，STRB 用于把寄存器中低字节存储到存储器中；LDRH 用于把存储器中的半字加载到寄存器中；STRH 用于把寄存器中的低半字存储到存储器中；<地址>指的是地址偏移量。

LDR/STR 指令寻址非常灵活，由两部分组成：一部分是一个基址寄存器，它可以是任一个通用寄存器；另一部分是地址偏移量。地址偏移量通常有 3 种形式：立即数偏移、寄存器偏移、寄存器及移位常数，在 3.3 节中有详细介绍，这里不再赘述。

指令举例：

```
LDR    R2,[R5]          ; 将 R5 指向地址的字数据存入 R2
LDR    R1,[R0,#0x12]    ; 将 R0+0x12 地址处的数据读出,保存到 R1 中
STR    R1,[R0,#0x04]    ; 将 R1 的数据存储到 R0+0x04 地址
```

```
LDRB    R3,[R2],#1          ; 将 R2 指向地址的字节数据存入 R3,R2＝R2+1
STRB    R6,[R7]            ; 将 R7 指向地址的字节数据存入 R6
LDRH    R6,[R2],#2          ; 将 R2 指向地址的半字数据存入 R6,高 16 位用 0 扩展
                           ; 读出后，R2＝R2+2
STRH    R1,[R2,#2]          ; 将 R1 的半字数据保存到 R2+2 地址中,只修改低 2 字节数
                           ; 据,R2＝R2+2
LDRSB   R1,[R0,R3]          ; 将 R0+R3 地址上的字节数据存入 R1，高 24 位用符号扩展
```

3. 使用 PC 关联方法，加载单个寄存器指令 LDR

这条指令也有 H、B、SH 和 SB 选项，使用方法与上述相同。使用 PC 关联方法，加载单个寄存器指令 LDR 用于在寄存器和存储器之间进行无符号数据的传送。地址表达式的基址是 PC（以语句标号的方式或以 PC 偏移的方式）。

根据字加载及偏移方式的不同，指令格式如下。

```
LDR     Rd,<地址>                 ; 字加载
LDRD    Rd,Rd2,<地址>             ; 双字加载
LDR     Rd,[PC,#立即数]            ; 字加载,使用 PC,立即数偏移
LDRD    Rd,Rd2,[PC,#立即数]        ; 双字加载,使用 PC,立即数偏移
```

说明：Rd、Rd2 为目标寄存器，两者不同，Rd2 不可以是 SP（Stack Pointer，堆栈指针）或 PC。

PC 的偏移量受到限制，字、半字和字节地址范围在−4095～+4095 字节；双字地址范围在−1020～+l020 字节。

立即数——PC 偏移的立即数受到限制，范围和以上语句标号相同。

指令举例如下。

```
LDRD   R7,R5,START4         ; 加载 R7,R5,双字加载
LDR    R4,[PC,#0x80]        ; 从（PC+0x80）存储地址处取出数据,加载到寄存器 R4 中
```

4. 无特权访问，加载/存储单个寄存器指令 LDRT/STRT

无特权访问，加载/存储单个寄存器指令 LDRT/STRT 和以上介绍的立即数偏移的加载/存储指令 LDR/STR 只有一点不同，就是在指令助记符后加了一个 T 后缀，其余完全相同，包括 B、H、SB、SH 的使用方法，以及立即数偏移的前索引和后索引等。因此使用中可以完全按照立即数偏移的加载/存储指令的方法。

指令格式：

```
LDRT/STRT   Rd,[Rb,#立即数]
```

T 后缀的含义是：指令在特权模式下对存储器的访问，将被存储器看成是用户模式（无特权）的访问。这条指令在特权模式下不享有特权。

5. 互斥访问指令 LDREX 和指令 STREX，互斥清除指令 CLREX

互斥访问总是成对出现，每个 LDREX 语句后面总是跟随一个 STREX 语句。互斥访问可以使用 B 和 H 后缀，即可以实现半字和字节访问，但不可以实现带符号数据的存储和加载，也就是不可以使用 SH 和 SB。

指令格式:

```
LDREX    Rd,[Rb,#立即数]
STREX    Rt,Rd,[Rb,#立即数]
```

说明:

```
Rd 作为目标和源寄存器,不能是 SP 和 PC;
Rt 记录指令执行结果,既不能是 Rd 和 Rb,也不能是 PC 或 SP;
```

立即数范围限制在 0~1020 字节。

互斥访问主要用在多任务多线程环境中,但在单线程的环境中应用较少,用来防止中断处理程序在打断主程序时出现意外。互斥访问主要是让多个任务无冲突地共享一个资源。在使用指令 LDREX 访问某一地址后,这个地址所在的一个区域便被标注为处于互斥状态。对于后面出现的访问这个区域的 STREX 语句,处理器会按照规则检测。如果认为不发生冲突,则允许实现这次存储,并在 Rt 寄存器中返回 0;如果认为可能发生冲突,则拒绝执行这条指令,并在 Rt 寄存器中返回 1。如果内核没有处于互斥状态,则不能执行指令 STREX,这时 Rt 将返回 1。

与互斥访问相关的指令除 LDREX 和 STREX 之外,还有一个互斥清除指令 CLREX。

指令格式:

```
CLREX
```

互斥清除指令用来清除由指令 LDREX 标注的互斥状态,在执行这条指令以后,内核不再处于互斥状态,后面的指令 STREX 不能正确执行,Rt 将返回 1。

6. 入栈指令 PUSH 和出栈指令 POP

这两条指令可以对寄存器组实现操作,是以 SP 为基址的加载和存储指令,称为堆栈指令。这两条堆栈指令是常用的指令,堆栈指针 SP 是隐含的地址基址,堆是满栈递减堆栈,堆栈向下增长,堆栈指针总是指向最后入栈的数据。使用入栈指令 PUSH 时,每传送一个数据,堆栈指针就自动减 4;使用出栈指针 POP 时,每传送一个数据,堆栈指针就自动加 4,属于后索引形式。指令执行完后,堆栈指针的指向已经变化。

指令格式:

```
PUSH    {寄存器列表}
POP     {寄存器列表}
```

其中:寄存器列表——PUSH 指令列表中不能包括 SP 和 PC;POP 指令列表中不能包括 SP,如果包括了 LR 就不能包括 PC。寄存器列表使用括号{ },寄存器分割使用逗号。寄存器在列表中是从小到大排列的,在栈区中序号较小的寄存器排在地址较低的位置。

入栈指令和出栈指令应用举例:

```
PUSH    {R0,R5}        ; 把 R0,R5 顺序入栈
POP     {R2-R4,PC}     ; 把 PC,R4,R3,R2 顺序出栈
PUSH    {R0,R1,PC}     ; 错误,入栈指令不得包含 PC
```

3.4.2　通用数据处理指令

数据处理指令是所有微处理器中最基本的指令，用于在寄存器和存储器之间进行数据的双向传输，数据处理指令见表 3.4。

表 3.4　数据处理指令

助　记　符	16 位	32 位	指 令 说 明	标　志　位
ADD、ADC、SUB、SBC、RSB、SUBW、ADDW	Y	Y	加法指令 减法指令 宽加法与宽减法	N，Z，C，V
CLZ	N	Y	计算前导零个数指令	—
AND、ORR、EOR、BIC、ORN	Y	Y	逻辑操作指令	N，Z，C
ASR、LSL、LSR、ROR、RRX	Y	Y	移位操作指令	N，Z，C
CMN、CMP	Y	Y	比较指令	N，Z，C，V
MOV、MVN、MOVT、MOVW	Y	Y	数据传输指令	N，Z，C
REV、REV16、REVSH、RBIT	Y	Y	字节交换指令	—
TEQ、TST	Y	Y	测试指令	N，Z，C

1. 加法指令与减法指令

两个操作对象相加使用指令 ADD，两个操作对象相减使用指令 SUB；两个操作对象带进位加使用指令 ADC，两个操作对象带借位减使用指令 SBC；两个操作对象反减使用指令 RSB；包含 12 位立即数的加法操作使用指令 ADDW，包含 12 位立即数的减法操作使用指令 SUBW。

指令格式：

```
<op1>{S} Rd,Rn,<operand2>
<op2>{S} Rd,Rn,#立即数
```

其中：

op1 指的是 ADD/SUB/ADC/SBC/RSB；

op2 指的是 ADD/SUB/ADDW/SUBW；

Rd——目标寄存器，保存操作结果；

Rn——通用源寄存器，只有 ADD 或 SUB 才可以有条件使用 SP；

立即数——无符号数值，范围限制在 0～4095 字节。

这些指令会刷新程序状态寄存器的条件标志，包括 N、Z、V 和 C。

指令 RSB 是反减指令，"SUB Rd，Rn，Rm"结果是 Rd=Rn-Rm；而"RSB Rd，Rn，Rm"结果是 Rd=Rm-Rn。

加、减法指令举例：

```
ADD       R5,R9,R0              ; 加法,R5←R9+R0
ADDS      R1,R1,#1             ; R1←R1+1SUB
R4,R1,R0                       ; 减法,R4←R1-R0
SUBS      R0, R0,#1            ; R0←R0-1
SUBS      R2, R1,R2            ; R2←R1-R2
```

```
RSB     R3,R1,#0xFF00         ; R3=0xFF00-R1
RSBS    R1,R2,R2,LSL #2       ; R1=（R2<<2）-R2=R2×3
RSBS    R5,R2,#0x80           ; 反减法 R5=0x80-R2,S 是刷新程序状态寄存器的标志
```

2. 计算前导零个数指令 CLZ

使用该指令计算寄存器中前导零的个数，并把结果存储起来。

指令格式：

```
CLZ    Rd,Rs
```

其中：

Rs——通用寄存器。不可以使用 SP 或 PC。

Rd——目标寄存器，保存操作结果，即前导零个数，不可使用 SP 或 PC。

3. 逻辑操作指令

两个操作对象"相与"使用指令 AND；两个操作对象"相或"使用指令 ORR；两个操作对象"与或"使用指令 EOR；对寄存器按位清 0 使用指令 BIC；对寄存器进行"非或"使用指令 ORN，即先对第 2 操作对象进行"非"操作，然后和第 1 操作对象进行"或"操作。

指令格式：

```
OP{条件}{S} 目的寄存器,操作数 1,操作数 2
```

其中：OP 可为 AND、ORR、EOR、BIC 或 ORN；

　　　{S}是可选后缀。

　　　逻辑操作指令举例：

```
AND     R8,R4,#0x80           ; R4 与 0x80,结果放在 R8 中
ANDS    R0,R0,#0x01           ; R0=R0 与 0x01,取出最低位数据
ORR     R6,#0x40              ; R6 或 0x40,结果放在 R6 中
ORR     R0,R0,#0x0F           ; 将 R0 的低 4 位置 1
ORR     R3,R1,R3,LSL #8       ; 数据移入 R3 低 8 位中
EOR     R9,R6,R5              ; R6 和 R5 与或,结果放在 R9 中
EOR     R1,R1,#0x0F           ; 将 R1 的低 4 位取反
EORS    R0,R5,#0x01           ; 将 R5 和 0x01 进行逻辑异或,
                              ; 结果保存到 R0,并影响标志位
AND     R5,R6                 ; R5 与 R6,结果放在 R5 中
BIC     R1,R1,#0x0F           ; 将 R1 的低 4 位清零,其他位不变 BIC R1,R2,R3
                              ; 将 R3 的反码和 R2 相逻辑"与",结果保存到 R1 中
ORN     R6,R7,R14             ; 把 R14 先求非,然后或 R7,结果放在 R6 中
```

4. 移位操作指令

移位操作指令主要有以下几种，操作方式分别如图 3.10 所示。

（1）LSL：逻辑左移（Logical Shift Left），寄存器中字的低端空出的有效位补 0。

（2）LSR：逻辑右移（Logical Shift Right），寄存器中字的高端空出的有效位补 0。

（3）ASR：算术右移（Arithmetic Shift Right），算术移位的对象是带符号数，在移位过程中必须保持操作数的符号位不变。若源操作数为正，则字的高端空出的有效位补 0；

若源操作数为负数，则字的高端空出的有效位补 1。

（4）ROR：循环右移（Rotate Right），从字的最低端移出的有效位依次填入空出字的高端有效位。

（5）RRX：扩展为 1 的循环右移（Rotate Right Extended），按操作数所指定的数量向右循环移位，空位（位[1]）用原来 C 标志位填充。

图 3.10　移位操作过程

指令格式如下。

```
<op>  Rd,{Rn},Rs/#n
```

其中：

op 指的是 LSL/LSR/ASR/ROR/RRX；

Rd 是指目标寄存器；

Rn 是指移位寄存器；

Rs 是指移位长度寄存器，其数值时 Rn 移位的位数,范围是 0～255；

n 是指移位长度，ASR、LSR 和 ROR 是 1～31，LSL 是 0～31。

5．比较操作指令

两个操作对象的比较操作使用指令 CMP，两个操作对象的取反比较操作使用指令 CMN。

CMP 指令的格式如下。

```
CMP/CMN{条件} 操作数 1,操作数 2
```

CMP 指令用于把一个寄存器的内容和另一个寄存器的内容或立即数进行比较，同时更新 CPSR（Current Program Status Register，程序状态寄存器）中条件标志位的值。CMP 和 SUB 不同的是该指令进行一次减法运算但不存储结果，只是刷新了状态寄存器的条件标志位。标志位表示的是操作数 1 与操作数 2 的关系（大、小、相等）。例如，当操作数

1 大于操作数 2 时，则此后带有 GT 后缀的指令将可以执行。

CMN 指令用于把一个寄存器的内容和另一个寄存器的内容或立即数取反后进行比较，同时更新 CPSR 中条件标志位的值。该指令实际完成操作数 1 和操作数 2 相加，并根据结果更改条件标志位。CMN 和 ADD 不同的是没有保留结果，只是刷新了状态寄存器的条件标志位。

指令示例如下。

```
CMP  R1,R0        ; 将寄存器 R1 的值与寄存器 R0 的值相减,并根据结果设置 CPSR 的标志位
CMP  R1,#100      ; 将寄存器 R1 的值与立即数 100 相减,并根据结果设置 CPSR 的标志位
CMN  R1,R0        ; 将寄存器 R1 的值与寄存器 R0 的值相加,并根据结果设置 CPSR 的标志位
CMN  R1,#100      ; 将寄存器 R1 的值与立即数 100 相加,并根据结果设置 CPSR 的标志位
```

6. 数据传送指令 MOV、MVN、MOVT 和 MOVW

这是一组只有两个操作对象的指令，把第 2 操作对象内容传送到第 1 操作对象使用指令 MOV；把第 2 操作对象内容的"非"传送到第 1 操作对象使用指令 MVN；把 16 位立即数放到寄存器的低 16 位使用指令 MOVW，高 16 位清 0；把 16 位立即数放到寄存器的高 16 位使用指令 MOVT，低 16 位不影响。

指令格式如下。

```
op{条件}{S} 目的寄存器,源操作数
```

其中，op 指的是 MOV、MVN、MOVT 或 MOVW；{S}是可选后缀，表示指令执行时是否更新 CPSR。若指定 S，将根据结果更新条件码标志 N、Z 和 C 到状态寄存器的条件标志位，标志 V 不受影响。

数据传送指令应用举例：

```
MOV   R1,R0           ; 将寄存器 R0 的值传送到寄存器 R1
MOV   R1,R0, LSL#3    ; 将寄存器 R0 的值左移 3 位后送到寄存器 R1
MOV   R7,PC           ; 当前 PC+4,传送到 R7
MOVW  R7,#0xFF28      ; 把 0xFF28 传送到 R7 的低 16 位,高 16 位清 0
MOVT  R3,#0xF123      ; 把 0xF123 传送到 R3 的高 16 位,低 16 位不影响
MVN   R0,#0           ; 将立即数 0 取反传送到寄存器 R0 中, 完成后 R0=-1
                      ; 或 R0=0xFFFFFFFF
MVN   R4,R6           ; R6 求非, 然后传送到 R4
MOVS  R10,R8,LSL#2    ; R8 逻辑左移 2 位,传送到 R10,条件标志位刷新
```

7. 字节交换指令 REV、REV16.REVSH、RBIT

这些指令用来在一个 32 位的字内实现字节交换，交换的结果使源字的大端或小端的格式发生变化。一个 32 位的字在大端和小端之间转换使用指令 REV；一个 16 位的半字在大端和小端之间转换使用指令 REV16；把 16 位的带符号半字转换成相反格式的 32 位带符号字使用指令 REVSH；位翻转使用指令 RBIT。

指令格式：

```
REV/1REV16/REVSH/RBIT    目标寄存器,源寄存器
```

这些指令可以在大端和小端之间对数据进行转换，有时也称为翻转。如图 3.11 所示，指令 REV 可以把 32 位大端字转换成小端字，反之把 32 位小端字转换成大端字也可

以。指令 REV16 可以把 16 位的半字由大端转换成小端或由小端转换成大端。

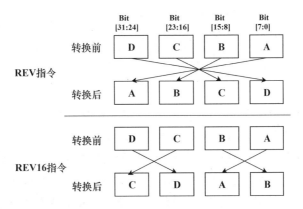

图 3.11　字节交换指令图解

如图 3.12 所示，指令 REVSH 可以把一个带符号的 16 位半字转换成 32 位带符号的字，同时也实现大端或小端的转换。但是，只有符号在 A 字节时才能实现这个转换。

图 3.12　REVSH 指令既交换又扩展

如图 3.13 所示，指令 RBIT 把被转换的数据翻转 180 度，位的排列顺序不变。比如：一个 32 位数据 0x2000 0001，翻转完成之后成为 0x8000 0004。

图 3.13　RBIT 指令图解

字节交换指令举例，其中 R5 中数据是 0x0A0B0504。

```
REV.W      3,R5     ; 对 R5 实现 32 位转换,结果是 R3=0x04050BOA
REV16.N  R7,R5     ; 对 R5 实现 16 位转换,结果是 R7=0x0B0A0405
REVSHS   R0,R5     ; 把 R5 低 16 位带符号交换扩展,结果 R0=0x00000405,刷新标志
RBIT       R4,R5     ; 翻转 R5,结果写入寄存器 R4,R4=0x20A0D050
```

8. 测试指令

TST 指令用于把一个寄存器的内容和另一个寄存器的内容或立即数进行按位的"与"运算，不保存运算结果但会根据运算结果更新 CPSR 中条件标志位的值。操作数 1 是要测试的数据，操作数 2 是一个位掩码。该指令一般用来检测是否设置了特定的位。

TEQ 指令用于把一个寄存器的内容和另一个寄存器的内容或立即数进行按位的"异或"运算，不保存运算结果但会根据运算结果更新 CPSR 中条件标志位值。该指令通常用于比较操作数 1 和操作数 2 是否相等。

指令格式：

```
TST/TEQ{条件}操作数 1,操作数 2
```

指令示例：

```
TST  R1,#0xFFE    ; 将寄存器 R1 的值与立即数 0xFFE 按位"与"
TEQ  R1,R2         ; 将寄存器 R1 的值与寄存器 R2 的值按位"异或"
```

3.4.3　乘法和除法指令

乘法和除法指令也是比较重要的运算指令，早期的 Thumb 指令集中没有乘法和除法指令，因此使用很不方便。Thumb-2 指令集增加了乘、除法指令，见表 3.5。

表 3.5　乘法和除法指令

助　记　符	16 位	32 位	指 令 说 明	标志位
MLA，MUL，MLS	Y	Y	乘法指令	N，Z
SDIV，UDIV	N	Y	除法指令	—
SMLAL，SMULL，UMLAL，UMULL	N	Y	长乘法指令	—

1. 乘法指令

32 位乘法运算使用乘法指令 MUL；32 位乘加运算使用乘法指令 MLA；32 位乘减运算使用乘减指令 MLS。

指令格式：

```
MUL {条件} {S} 目的寄存器,操作数 1,操作数 2
MLA/MLS {条件} {S} 目的寄存器,操作数 1,操作数 2,操作数 3
```

其中，操作数 1 和操作数 2 均为 32 位的带符号数或无符号数。

MUL 指令完成操作数 1 与操作数 2 的乘法运算，并把结果的低 32 位放置到目的寄存

器中；MLA 指令完成将操作数 1 与操作数 2 的乘法运算，再将乘积加操作数 3，并把结果的低 32 位放置到目的寄存器中；MLS 指令完成将操作数 1 与操作数 2 的乘法运算，然后第 3 操作数减去该乘法运算的乘积，并将结果的最低有效 32 位放在目的寄存器中。

指令示例：

```
MUL  R0,R1,R2      ; R0=R1*R2
MLA  R0,R1,R2,R3   ; R0=R1*R2+R3
MLS  R4,R5,R6,R7   ; R4=R7-(R5*R6)
```

2. 除法指令

无符号除法运算使用 UDIV 指令；带符号除法运算使用 SDIV 指令。

指令格式：

```
SDIV/UDIV    Rd,Rm,Rs
SDIV/UDIV    Rd,Rm
```

其中：Rd——目标寄存器，也可存放被除数；

　　　Rm——存放被除数的寄存；

　　　Rs——存放除数的寄存器。

这是 2 条 32 位运算指令，结果是一个 32 位的数据，存储在目标寄存器中。如果不能被整除，余数将丢失。

除法指令应用举例：

```
SDIV  R0,R5,R7     ; 带符号除法,R0=R5/R7
UDIV  R8,R2,R3     ; 无符号除法,R8=R2/R3
```

3. 长乘法指令

64 位无符号乘法运算，使用长乘法指令 UMULL；64 位无符号长乘加运算，使用长乘加指令 UMLAL；64 位带符号长乘法运算，使用长乘法指令 SMULL；64 位带符号长乘加运算，使用长乘加指令 SMLAL。

指令格式：

```
OP {条件} {S}  目的寄存器低字节,目的寄存器高字节,操作数 1,操作数 2
```

其中，OP 指的是 SMULL、SMLAL、UMULL 或 UMLAL。

SMULL 指令将两个操作数解释为带符号的补码整数。该指令将这两个整数相乘，并把结果的低 32 位放置到目的寄存器低字节中，结果的高 32 位放置到目的寄存器高字节中。

SMLAL 指令将两个操作数解释为带符号的补码整数。该指令将这两个整数相乘，并把乘积累加到目的寄存器中的 64 位带符号的补码整数上，得到结果的低 32 位放置到目的寄存器低字节中，结果的高 32 位放置到目的寄存器高字节中。

UMULL 指令将两个操作数解释为无符号整数。该指令将这两个整数相乘，并把结果的低 32 位放置到目的寄存器低字节中，结果的高 32 位放置到目的寄存器高字节中。

UMLAL 指令将两个操作数解释为无符号整数。该指令将这两个整数相乘，并把乘积累加到目的寄存器中的 64 位无符号整数上，得到结果的低 32 位放置到目的寄存器低字节中，结果的高 32 位放置到目的寄存器高字节中。

指令举例：

```
UMULL  R0,R3,R4,R5  ; R0=(R4*R5)的低32位,R3=(R4*R5)的高32位
SMLAL  R0,R1,R2,R3  ; R0=(R2*R3)的低32位+R0,R1=(R2*R3)的高32位+R1
SMULL  R0,R1,R2,R3  ; R0=(R2*R3)的低32位,R1=(R2*R3)的高32位
UMLAL  R0,R1,R2,R3  ; R0=(R2*R3)的低32位+R0,R1=(R2*R3)的高32位+R1
```

3.4.4　分支和分支控制指令

分支和分支控制指令如表 3.6 所示。这些指令应用在分支、子程序调用和返回、条件分支等场合。

表 3.6　分支和分支控制指令

助　记　符	16 位	32 位	指令说明	标　志　位
B, BL, BX, BLX	Y	Y	分支指令	—
CBZ，CBNZ	Y	Y	比较分支指令	—
IT	Y	Y	IF-THEN 条件指令	—
TBB，TBH	N	Y	查表分支	—

下面详细解释这些指令。

1. 分支指令

程序简单跳转使用分支指令 B 和 BX，在需要保存跳转处地址时，使用分支链接指令 BL 和 BLX。

指令格式：

```
B/BL    Label
BX/BLX  Rm
```

其中：Label 是目标地址；Rm 是含有转移地址的寄存器。

分支指令 B 使得程序跳转到给定的目标地址；分支指令 BX 使得程序跳转到由 Rm 指定的地址处，这两条指令都是简单的跳转指令。指令 BL 和 BLX 除引导程序跳转外，还把下一条语句的地址记录在链接寄存器 LR 中，以便程序返回使用。

例如指令：

```
B      WAITA   ; 跳转到 WAITA 标号处
BL     DELAY   ; 调用子程序 DELAY
```

2. 比较分支指令

比较结果为 0 的跳转使用指令 CBZ，比较结果非 0 的跳转使用指令 CBNZ。

指令格式：

```
CBZ/CBNZ    Rn,Label
```

其中：Rn 是比较寄存器，只能是低位寄存器 R0～R7。这是两条不可以使用条件后缀的指令。这些指令不会改变条件标志位，但是可以判断是否需要跳转。这些指令只能向后跳转，不能向前跳转，跳转的范围限制在 4～130 字节内。

指令示例：

```
CBZ    R5,START6  ; 如果 R5 等于 0,跳转到 START6 处
CBNZ   R0,START6  ; 如果 R0 不等于 0,跳转到 START6 处
```

3. 条件分支指令

条件分支指令只有一条即 IT，是 IF-THEN 的简写。指令 IT 必须和一个条件后缀组成一条语句，随后跟随的语句由条件是否成立决定是否执行。如果本条语句的条件成立，则执行随后被标注 T 的语句；如果本条语句的条件不成立，则执行随后被标注 E 的语句。如图 3.14 所示，每条 IT 语句最多可以跟随 4 条被执行的语句，每条语句的标注符号 T 和 E 紧随 IT，不适用有其他符号或空格。需要注意的是，指令本身已经有一个 T，这个 T 标注了随后的第 1 条语句是否条件成立。

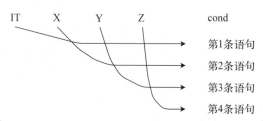

图 3.14　使用 T 或 E 两种符号标注，最多 4 条语句

指令格式：

```
IT{x}        S
IT{x}{y}     S
IT{x}{y}{z} S
```

其中：S 表示条件后缀；x、y 和 z 依次表示第 2 条、第 3 条和第 4 条语句的标注，都是可选的，都有 T 和 E 两种，T 表示条件成立执行第 2 条语句，E 表示条件不成立执行第 2 条语句。

指令示例：

```
CMP     R5,R0      ; 比较 R5 和 R0,产生条件
ITTEE   EQ         ; IT 指令本身的 T 标注了第 1 条语句条件是否成立,后面又紧跟 3
                   ; 个后缀 T、E、E,标注了后 3 条语句条件是否成立
MOVEQ   R5,#0x40   ; 第 1 条相等(EQ)执行
ADDEQ   R5,R0      ; 第 2 条相等(EQ)执行
MOVNE   R5,#0x80   ; 第 3 条不相等(NE)执行
ADDNE   R5,R0      ; 第 4 条不相等(NE)执行
```

4. 查表分支

查表分支也是 Thumb-2 新增加的指令。以字节为单位查表跳转使用指令 TBB，以半字为单位查表跳转使令 TBH。

指令格式：

```
TBB    [Rn,Rm]
TBH    [Rn,Rm,LSL#1]
```

其中：Rn 指的是基址寄存器，存放跳转表的基址；Rm 指的是索引寄存器，存放的是跳转表中数据相对基址的偏移量。这两条指令不可使用条件后缀。

指令 TBB 需要由 8 位的字节组成的数据表，每个字节都是基址的一个偏移量。而指令 TBH 需要的数据表是由 16 位半字组成，每个半字都是基址的一个偏移量。程序按照这些偏移量进行跳转。

查表分支指令应用举例如下。

```
       ...       ...
       ADR       R5,DATA Table          ; 把表的地址(基址)给 R5
       TBB       [R5,R1]                ; 查表跳转到 R5+R1
       Case0     NOP                    ; 事件 0 程序段开始,NOP 指令是事件 0 的程序段
       Case1     NOP                    ; 事件 1 程序段开始,NOP 指令是事件 1 的程序段
       Case2     NOP                    ; 事件 2 程序段开始,NOP 指令是事件 2 的程序段
       ...       ...                    ; 省略部分
DATA_ Table DCB 0                       ; 事件 0 程序段开始地址和 TBB 指令的偏移量
       DCB       ((Case1- Case0)/2)     ; 事件 1 程序段开始地址和 TBB 指令的偏移量
       DCB       ((Case2- Case0)/2)     ; 事件 2 程序段开始地址和 TBB 指令的偏移量
       ...       ...                    ; 省略部分
```

以上程序是标准的查表跳转指令的应用方法。对于每个事件，程序段的长度并没有限制，但是字节表定义的数据最大偏移 255 个语句。因此如果表格比较大，程序语句比较多，请选用查表指令 TBH。

3.4.5 饱和运算指令 SSAT 和 USAT

1. 饱和的概念

饱和的概念来自信号放大过程。例如三极管的饱和和导通，放大器的饱和和放大等。一个弱信号从放大器的输入端输入，如果放大器正常工作，从放大器输出端输出的信号就会得到放大，放大的倍数是可以设置的。

2. 饱和指令

饱和运算指令分为两种，一种是带符号的饱和运算指令即 SSAT；另一种是无符号的饱和运算指令即 USAT。饱和运算指令多用于信号处理，当信号被放大后，可能使它的幅值超出允许输出的范围。如果只是简单的清除，则常常会严重破坏信号的波形，饱和运算的作用是把被运算的数据保持在某一范围内，使数据不超过这一范围，大于或小于这个范围的数据被削平，只是使信号产生削顶失真。

指令格式：

```
SSAT/USAT    Rd,#立即数,Rn
SSAT/USAT    Rd,#立即数,Rn,移位,#S
```

其中：Rd 是指目标寄存器。

　　　　　Rn 是存储要求计算饱和值得源寄存器。

　　　　　#立即数是指在 SSAT 指令中，范围在 1～32；在 USAT 指令中，范围在 0～
　　　　　31；

　　　　　移位#S 是指只包括 ASR #S 运算和 LSL #S 运算。在 ASR #S 运算中，S 在 1～
　　　　　31；在 LSL #S 运算中，S 在 0～31。

指令举例：

```
MOV    R0,#0x100        ; 给 R0 赋初值
USAT   R1,#2,R0         ; 无符号饱和运算,取 2 位饱和值,R1=0x3
SSAT   R1,#2,R0         ; 带符号饱和运算,取 2 位饱和值,R1=0x1
```

3.4.6　位段操作指令

　　Thumb-2 指令集中增加了一些位段操作指令，如表 3.7 所示，这些指令极大地丰富了
指令的功能，提供了更方便的位操作方法。

表 3.7　位段操作指令

助　记　符	16 位	32 位	指　令　说　明	标　志　位
BFC，BFI	N	Y	位段清零和位段插入	—
SBFX，UBFX	N	Y	位段提取指令	—
SXTB，SXTH，UXTB，UXTH	Y	Y	扩展指令	—

　　1. 位段清零指令 BFC 和位段插入指令 BFI

　　将一个 32 位数据中的指定位段清 0，使用位段清零指令 BFC；将某一位段插入一个
32 位数据的指定位置，使用位段插入指令 BFI。

指令格式：

```
BFC    Rd,#lsb,#width
BFI    Rd,Rn,#lsb,#width
```

其中：

　　Rd 指目标寄存器；

　　Rn 是指源寄存器；

　　# lsb 指的是指定位域的最低位的位置，范围在 0～31；

　　# width 指的是指定位域的宽度（位数），最小是 1，最大是 32-lab。

指令示例：

```
【1】MOV    R0,0x1234FFFF   ; 给 R0 赋初值
    BFC    R0,#4,#10       ; 将 R0 从第 4 位开始的 10 位清 0,结果是 R0=0x1234C00F
【2】MOV    R0,0x12345678   ; 给 R0 赋初值
    MOV    R1,0xAABBCCDD   ; 给 R0 赋初值
    BFI.W  R1,R0,#8,#16    ; 将寄存器 R0 的后 16 位的位域插入 R1 第 8 位及之后,结果
                          ; R1=0xAA5678DD
```

2. 位段提取指令 SBFX 和 UBFX

从 32 位数据中提取指定位段，无符号扩展使用指令 UBFX，带符号扩展使用指令 SBFX。

指令格式：

```
SBFX/UBFX    Rd,Rn,#lsb,#width
```

其中：

Rd 指的是目标寄存器；

Rn 指的是源寄存器；

lsb 指的是指定位域最低位的位置，范围在 0~31；

width 指的是指定位域的宽度（位数），最小是 1，最大是 32-lsb。

使用指令 UBFX 时，从 Rn 中 lsb 的位置开始向高位方向提取一个宽度为 width 的位段，并把这个位段存放在 Rd 从[0]位开始的位置，位段前全部填充 0，成为一个 32 位的数据。使用指令 SBFX 时，含义和上述相同，不同的是位段前填充符号。例如如下指令。

```
【1】  MOV    R0,0x5678ABCD      ; 给 R0 赋初值
      UBFX.W R1,R0,#12,#16      ; 从 R0 的第 12 位开始提取宽度为 16 的位段,存放在 R1
                               　从[0]开始的位置,位段前全置 0,结果 R0=0x0000678A
【2】  MOV    R0,0x5678ABCD      ; 给 R0 赋初值
      SBFX.W R1,R0,#8,#4        ; 从 R0 的第 8 位开始提取宽度为 4 的位段,存放在 R1
                               　从[0]开始的位置,位段前填充符号,结果 R0=0x0000678A
```

3. 字扩展指令

无符号地将一个字节扩展到 32 位使用指令 UXTB；带符号地将一个字节扩展到 32 位使用指令 SXTB；无符号地将一个半字扩展到 32 位使用指令 UXTH；带符号地将一个半字扩展到 32 位使用指令 SXTH。

指令格式：

```
SXTB/SXTH/UXTB/UXTFI    {Rd},Rm,ROR#n
SXTB/SXTH/UXTB/UXTH      Rd,Rm
SXTB/SXTH/UXTB/UXTH      Rm.ROR#n
```

其中：

Rd 指的是目标寄存器；

Rn 指的是源寄存器；

#n 只能是 0、8.16 和 24。

这些指令将一个字或者半字扩展到 32 位，扩展后可以把这些字节或者半字作为一个字使用。

指令示例：

```
SXTH R4,R6,ROR#16       ; R6 循环右移 16 位,得到 R6 的半字,带符号的将 R6 的半字
                        ; 扩为 32 位,并将结果写入 R4
UXTB R3,R10             ; 提取 R10 中低字节的值并将扩展到 32 位,将结果写入 R3
```

3.4.7 杂项指令

除了上述章节介绍的指令之外，Thumb-2 指令中还有一些杂项指令，例如中断相关指令等，见表 3.8。

表 3.8 杂项指令

助 记 符	16 位	32 位	指 令 说 明	标 志 位
BKPT	Y	N	断点指令	—
CPSID，CPSIE	Y	N	异常屏蔽开关	—
DMB DSB	N	Y	数据存储器隔离 数据同步隔离	—
ISB	N	Y	指令同步隔离	—
MRS，MSR	N	Y	特殊功能寄存器读写指令	—
NOP，SEV	Y	Y	空指令和发送事件	—
SVC	Y	N	系统调用	—
WFE，WFI	Y	Y	等待事件和等待中断	—

1. 断点指令 BKPT

断点指令 BKPT 可以引起处理器进入调试状态。进入调试状态后，调试工具可以了解系统当前的状态。

指令格式：

```
BKPT#立即数
```

其中立即数范围在 0～255。

指令示例：

```
BKPT #0x3    ; 断点的立即数值设置为 0x3,调试器可以以通过 PC 提取到这个立即
             ; 数,进入调试状态后,调试工具可以了解系统当前的状态
```

2. 异常屏蔽开关指令

使用指令 CPSID 置位特殊功能寄存器中的屏蔽位，进而屏蔽规定的异常中断。该指令对 PRIMASK 选项将屏蔽所有可设置优先级的异常，对 FAULTMASK 选项不但屏蔽所有可设置优先级的异常，还将屏蔽 Hard Fault 异常。使用指令 CPSIE 清零特殊功能寄存器，此操作的结果是撤销原来设置的屏蔽。

指令格式：

```
CPSIE/CPSID   i/f
```

其中：i 指定特殊功能寄存器是 PRIMASK 寄存器；f 指定特殊功能寄存器是 FAULTMASK 寄存器。

这两条指令只能在特权模式下使用。在用户模式下使用时，指令的执行对程序没有任何影响。此外，这两条指令不能用在 IT（IF-THEN）指令块中。

指令示例:

```
CPSID i    ; 禁用中断和可配置的故障处理程序 (设置 PRIMASK)
CPSID f    ; 禁用中断和所有故障处理程序 (设置 FAULTMASK)
CPSIE i    ; 启用中断和可配置的故障处理程序 (清除 PRIMASK)
CPSIE f    ; 启用中断和故障处理程序 (清除 FAULTMASK)
```

3. 数据存储器隔离指令

数据存储器隔离使用指令 DMB,数据同步隔离使用指令 DSB。

指令格式:

```
DMB/DSB
```

DMB/DSB 指令在多架构、多任务的环境中比较常用,在带缓冲的数据存储器访问中尤其重要。

指令 DMB 实现数据存储器隔离,这条指令可以保证只有在它前面的所有数据存储器访问都执行完成后,才允许它后面的存储器访问指令开始执行。DMB 指令有栅栏的作用,阻挡后面的存储器访问指令,允许没有执行完的存储器访问指令继续执行,同时允许后面非存储器访问指令流过。

指令 DSB 是数据同步指令,这条指令可以保证只有它前面的存储器访问都执行完毕后,才执行后面的指令。它的栅栏更严密,只允许没有执行完的存储器访问指令流过。

指令示例:

```
DMB    ; 数据存储器隔离
DSB    ; 数据同步隔离
```

4. 同步隔离指令 ISB

ISB 指令可以保证它前面所有的指令都执行完毕后,才执行它后面的指令。因此这条指令方法常称为清洗流水线。

指令格式:

```
ISB
```

指令示例:

```
ISB    ; 指令同步隔离
```

5. 特殊功能寄存器读/写指令

把特殊功能寄存器内容读到通用寄存器使用指令 MRS,把通用寄存器内容写到特殊功能寄存器使用指令 MSR。

指令格式:

```
MRS    Rd,spec_reg
MSR    spec_reg,Rn
```

其中 Rd 指的是目标寄存器;Rn 是源寄存器;spec_reg 是特殊功能寄存器,包括:APSR,IPSR,EPSR,IEPSR,IAPSR,EPASR,PSR,MSP,PSP,PRIMASK,BASEPRI,

BASEPRI_MAX，FAULTMASK，CONTROL。

　　这两条指令用来访问特殊功能寄存器。在特权模式下，可以访问所有特殊功能寄存器；在用户模式下，只能访问程序状态寄存器 PSR。

　　指令示例：

```
MRS R0, PRIMASK   ; 读取寄存器 PRIMASK 的值并将其写入 R0
MSR CONTROL,R1    ; 读取 R1 的值并将其写入 CONTROL 寄存器
```

　　6. 空指令、发送事件

　　NOP 是一条空语句，SEV 用来发送事件。

　　指令格式：

```
NOP/SEV
```

　　空语句 NOP 并不实现任何动作，只起到填充作用，在汇编时将会被代替成 ARM 中的空操作，比如可能为"MOV R0，R0"指令等。另外，NOP 还可用于软件延时。

　　发送事件指令 SEV 用在多核处理器中。使用指令 SEV 可以在事件发生时，在唤醒当前处理器的同时给其他处理器发送唤醒信号，其他处理器被同步唤醒。

　　7. 系统调用指令 SVC

　　指令格式：

```
SVC   #立即数
```

其中#立即数是一个 8 位的表达式，范围在 0～255。

　　执行这条指令会引起一次异常中断。一般在操作系统的环境下应用，后面的立即数是系统调用的代号。

　　指令示例：

```
SVC  #02      ; 就是调用 2 号系统服务,在系统异常中断后,为用户提供 2 号服务功
             ; 能,比如打印机驱动功能
```

　　8. 等待事件和等待中断指令

　　等待事件使用指令 WFE，等待中断使用指令 WFI。

　　指令格式：

```
WFE/WFI
```

　　指令 WFI 等待一次中断发生，如果不发生中断，程序不向下执行。指令 WFE 则等待一次事件发生，如果该事件不发生，程序不向下执行。执行这条指令后，系统检测事件标志寄存器，如果事件标志是 1，则说明事件已经发生，WFE 指令清除标志返回；如果事件标志是 0，则等待下列事件发生：

- 一次异常发生，且这个异常没有被屏蔽；
- 一次异常已经进入悬挂状态；
- 一次调试请求发生，且系统已经位能调试；
- 一次事件信号，由外部接口触发或由其他处理器通过指令 SEV 触发。

直到发生上述事件，指令 WFE 才清除事件标志返回。

指令示例：

```
WFE        ; 等待事件
WFI        ; 等待中断
```

3.5 ARM 汇编程序设计

汇编程序是直接使用汇编语言（处理器指令）来编写的程序。使用汇编器（不是编译器）可把汇编程序"翻译"成可执行的机器二进制指令代码。不同于高级语言用的编译器，汇编器的功能相对简单很多。本节将简单介绍 ARM 汇编程序的基本格式和规范。

3.5.1 ARM 汇编语言格式规范

汇编语言的编写规范取决于所用的汇编器，不同的汇编器对汇编程序的格式规范有所不同。这里仅列举一些 ARM 汇编语言的基本规范要求。

（1）所有的标号必须顶格写。

如图 3.15 所示，左边是正确写法，右边是错误写法。

图 3.15　ARM 汇编语言编写规范-标号

（2）所有的指令均不能顶个书写，指令前面应该有空格，一般用 Tab 键。

如图 3.16 所示，左边是正确写法，右边是错误写法。

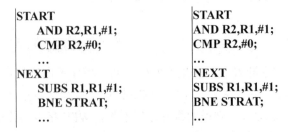

图 3.16　ARM 汇编语言编写规范-指令

（3）ARM 汇编器对标识符的大小写敏感，因此书写标志及指令时，大小写要一致，在 ARM 汇编程序中，指令、寄存器名可以全部为大写，也可以全部为小写，但是不能大小写混合使用。

如图 3.17 所示，左边是正确写法，右边是错误写法。

```
START                         Start
    AND R2,R1,#1;                 And R2,R1,#1;
    CMP R2,#0;                    Cmp R2,#0;
    …                            …
NEXT                          Next
    SUBS R1,R1,#1;                SUBs R1,R1,#1;
    BNE STRAT;                    BNE Start;
    …                            …
```

图 3.17　ARM 汇编语言编写规范-大小写

（4）使用注释时，注释内容由“；”开始一直到此行结束，注释可以顶格写。

（5）定义变量、常量时，其标识符必须顶格书写，否则编译器报错。

（6）函数名需要顶格写。

3.5.2　ARM 汇编语言编写格式示例

下面举一个简单的 ARM 汇编程序例子，旨在帮助初级开发者了解如何使用汇编语言编写汇编代码。在创建完汇编程序文件 test.s 后，在文件中编写以下代码。

```
;文件名：test.s
;功能：实现两个寄存器相加

AREA Reset, DATA, READONLY    ; Reset 为默认的入口地址
    DCD 0X12345678            ; 参加从 0x80000000 开始运行，并将之后的 4 字节内容分给了
                              ; 堆栈指针
                              ; 此处定义 0x12345678 主要是为了方便观察
    DCD Reset_Handler         ; 定义一个标号,作为后面的输出
    AREA Example1, CODE, READONLY  ; 声明从此处到 END 为一个代码段
    ENTRY                     ; 标志程序入口
    CODE32                    ; 声明 32 位 ARM 指令
Start
    MOV R1,#1                 ; 将立即数 1 存入寄存器 1
    MOV R2,#2                 ; 将立即数 2 存入寄存器 2
    ADD R3,R1,R2              ; 将两个寄存器的数据相加存入寄存器 3
    END                       ; 程序结束
```

开发者可以参考上面的程序，根据自己的需要、使用 ARM 指令集完成更为复杂的汇编程序设计。

3.6　习题

（1）ARM v7 架构使用的指令集有哪些特点？

（2）ARM 处理器支持几种基本寻址方式？举例并分别说明。

（3）何谓 ARM 指令的条件码？默认的条件码是什么？举例说明 ARM 指令的条件码对指令执行的影响。

（4）解释说明以下指令的含义。

```
① SUB   R0,R1,#256
② MCR   P3,3,R0,C4,C5,6
③ MLAS  R0,R1,R2,R3
```

（5）试比较 TST 与 ANDS，CMP 与 SUBS，MOV 与 MVN 的区别。

（6）解释 B 指令、BL 指令与 BX 指令的功能差别，并举例说明其使用方法。

（7）简述 ARM 指令集中第 2 个操作数（operand2）的三种形式。

（8）解释"满堆栈""空堆栈""递增堆栈"和"递减堆栈"。ARM 指令系统中是如何支持的？

（9）指出下列指令是否正确，若不正确请说明原因。

```
① MOVS  R1,101
② MVN   R1,#0x10F
③ STMDA R11,{R2-R8}!
④ ADD   R0!,R2,#4
⑤ LDR   R4,[R5]!
⑥ MRS   PC,CPSR
⑦ LDMFDS R0!,{R5-R8,R2}
⑧ ADD   R3,[R3],R7
⑨ LDR   R11,[R15,R8]!
```

（10）试根据以下要求写出相应的汇编语言指令。

1）把 BX 寄存器和 DX 寄存器的内容相加,结果存入 DX 寄存器中。

2）用寄存器 BX 和位移量 0B2H 的寄存器相对寻址方式把存储器中的一个字和(CX)相加，并把结果送回存储器中。

3）用位移量为 0524H 的直接寻址方式把存储器中的一个字与数 2A59H 相加，并把结果送回存储单元中。

4）把数 0B5H 与（AL）相加，并把结果送回 AL 中。

（11）已知 RAM 内 0x0300 处连续存放某班 60 名学生成绩（百分制），试用汇编语言完成以下功能：

1）求出平均成绩，并存入 0x400 处。

2）将成绩分成 A（>89）、B（80～89）、C（70～79）、D（60～69）和 E（0～59）5个等级，并计算每一等级内的学生个数，并将其一次存放到 0x0410～0x0414 处。

（12）已知 ARM 内有一块连续存放的数据，起始地址为 0x0332，数据块大小为 50。试用汇编语言实现块内数据降序排列。

（13）已知 RAM 内 0x0600 处存放有一个 16 位无符号数，试用汇编语言编程实现将其二进制数转换成十进制数，并将该十进制数转换成相应的 ASCII 码。

（14）编写一个程序，把从键盘输入的一个小写字母用大写字母显示出来。

第4章　系统控制

前 2 章分别介绍了 ARM 处理器及其指令系统。ARM 处理器只是微控制器（MCU）的一部分，一个完整、具体的 MCU 还包含其他很多部分，如系统控制、电源管理、外设接口等。本章将介绍微控制器的系统控制部分。系统控制是保障 MCU 正常启动、工作所需的一些最基本的配置，包括复位控制、电源控制、非屏蔽中断操作、时钟控制和电源控制。只有系统控制被正确配置后，MCU 系统才能正常启动、执行代码。

4.1　功能组件

系统控制功能组件一般包括几个系统必备的构件和一组控制寄存器，通常包含的功能组件包括：
- 复位控制
- 时钟控制
- 电源/功耗控制
- 中断控制
- DMA 控制

每种功能都由其特定的寄存器进行控制，寄存器中没有用到的位为保留位，用于将来的功能扩展需要。

4.1.1　复位控制

在嵌入式系统电子设备的运行中，当出现程序跑飞的情况或程序跳转时，可用手动或自动的方法发信号给硬件特定接口，使软件恢复到特定的程序段运行，这一操作就是复位（Reset）。在此过程中，手动或自动发给硬件特定接口的信号就是复位信号，系统复位的流程如图 4.1 所示。

1. 复位源

不同的嵌入式系统有不同的复位源，常见的复位源如表 4.1 所示。按照复位源的不同可以将复位分为系统复位、电源复位。每种复位方式都需要执行特定的复位序列以达到复位目的。

图 4.1　系统复位过程

表 4.1　复位源

	复　位　源	内　核　复　位	调试接口复位	片上外设复位
系统复位	外部复位	是	是	是
	看门狗复位	是	仅引脚配置	是
	软件复位	是	仅引脚配置	否
电源复位	上电复位	是	仅引脚配置	是
	掉电复位	是	仅引脚配置	是

　　不管是系统复位还是电源复位都会将全部寄存器复位为复位值。如图 4.2 所示，除了外部复位引脚，一般系统还存在多个复位源，它们分别是内部看门狗复位、通过 NVIC（嵌套向量中断控制器）产生的软件复位、上电/掉电复位、低电压检测电路产生的复位信号。所有的这些复位源都被引入复位控制器，复位控制器根据不同的复位源产生不同的复位动作。ARM 处理器内置复位控制器，其作用是确定复位原因、同步复位模块，并且复位相应片内的逻辑模块，如 ARM 嵌入式处理器模块、系统接口单元模块和通信处理器模块等。

图 4.2　复位电路简图

2. 系统复位

只要发生以下事件之一，就会产生系统复位。

1）外部复位（$\overline{RESET}$ 引脚低电平）

如果应用程序仅使用内部上电复位（POR）电路，那么 $\overline{RESET}$ 输入端必须通过一个可选的上拉电阻（1～100kΩ）连接到电源（VDD），如图 4.3 所示。

图 4.3　$\overline{RST}$ 的基本配置

复位引脚 $\overline{RESET}$ 内部集成了弱上拉电阻 R_{PU}，既可以作为开漏输入也可作为开漏输出。当作为开漏输入时，在复位引脚上宽度最小为 500ns 的低电平脉冲即可产生一个外部复位。对于复位的检测是异步进行的，即使 MCU 处于停机（Halt）模式，MCU 也有可能进入复位状态。复位引脚作为开漏输出时用于对外部设备进行复位。无论内部复位源是什么，一旦复位，内部复位电路都会在复位引脚输出一个脉宽至少为 20us 的复位脉冲。当没有外部复位发生时，内部弱上拉电阻可保证复位引脚处于高电平。

2）看门狗复位

看门狗定时器（Watch Dog Timer，WDT）与 MCU 构成一个复位电路，这个电路一般有一个输入端和一个输出端，输入端用于"喂狗"，输出端接到 MCU 的复位端。MCU 正常工作的时候，每隔一端时间输出一个信号到"喂狗"端，使得看门狗计数器清零，如果超过规定的时间不喂狗，WDT 就会溢出并输出一个复位信号到 MCU，使得 MCU 复位，以防止 MCU 死机。

看门狗复位可对意外的程序跑偏进行拯救。看门狗计数发生溢出时仅将程序计数器清零，而不是像上电复位那样，将所有的寄存器都要清零。另外，在看门狗计数器发生溢出时，可以事先设定程序下一步的去向，避免溢出时程序运行的不确定性，增加程序的可靠性。

3）软件复位

外部复位、看门狗复位等严格来讲都是 MCU 被动的复位，即外部的触发条件让 MCU 完成对系统的复位操作。而软件复位则是通过软件触发让 MCU 自己对自己进行复位，软件复位是一种通过执行某个指令来触发 MCU 复位的系统复位。软件复位的用处也是显而易见的，比如在远程代码升级时，代码在升级之后，一般也会再次触发复位让芯片重新执行新的用户代码。软件复位也给调试器仿真器的厂家提供了便利，使得在调试接口的 RESET 引脚不接的情况下，即不使用外部复位也能正常对芯片进行调试和下载。

　　软件复位功能强大，通过软件复位可以复位某个特定的外设或者复位整个微控制器，包括内核在内的整个微控制器，均可以通过设置中断和复位控制寄存器的相应位实现复位。

　　3. 电源复位

　　1）上电复位（POR）

　　芯片上电瞬间 RST 端电位与 VCC 相同，随着充电电流的减少，RST 端电位逐渐下降。只要 VCC 的上升时间不超过 1ms，振荡器的建立时间不超过 10ms，这个时间常数足以保证完成上电复位操作，上电复位如图 4.4 所示。

图 4.4　外部上电复位

　　2）掉电复位（BOR）

　　如果嵌入式系统在运行过程中电源电压突然发生跌落，会导致程序运行的不确定，所以此时需要将硬件板复位，使其处于一个确定的状态。当电压跌落到一定的阈值以下时内部的掉电复位控制器中的条件检测位（BOR）就会被置为 1，表示将执行掉电复位程序。

　　掉电复位微控制器执行如下过程。

　　（1）当 VDD 降至低到一定的阈值以下，内部掉电复位条件位 BOR 将被置为 1。

　　（2）如果 BOR 条件位被置位，内部复位有效。

　　（3）内部复位有效后，复位开始，微控制器获取并加载初始堆栈指针、初始程序计数器以及由程序计数器指定的第 1 条指令后开始执行。

　　掉电复位的效果等同于一次有效的外部 $\overline{RESET}$ 输入，和外部 $\overline{RESET}$ 复位不同的是，该复位状态寄存器将会保持有效，直到 VDD 恢复到正常运行时的电压级别。

4.1.2　时钟控制

　　时钟系统是 MCU 的脉搏，就像人的心跳一样，其重要性不言而喻。与 MCS-51 系列单片机为内核的嵌入式设计时期相比，当前嵌入式硬件的时钟系统比较复杂，不再能够用一个系统时钟满足所有需求。硬件板上电路的时钟越快，功耗越大，且其抗电磁干扰能力也会减弱，所以不可能一味地提高时钟频率来满足各种设备的需求。因此较为复杂的 MCU 一般都采取多时钟源的方法来解决上述问题，图 4.5 展现的是 Cortex-M4 系统的时钟树，从左至右，相关时钟依次为：输入时钟、系统时钟和由系统时钟分频得到的其他时钟。

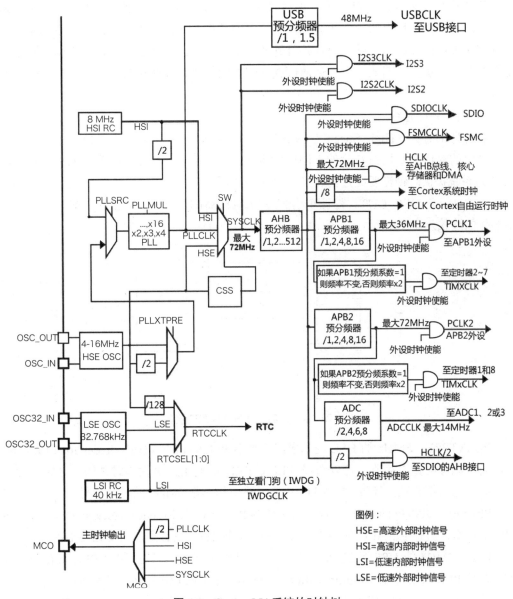

图 4.5　Cortex-M4 系统的时钟树

1. 输入时钟

Cortex-M4 的输入时钟可以来自不同的时钟源。

从时钟源频率来分，可以分为高速时钟和低速时钟，如高速外部时钟（High Speed External clock signal，HSE）和高速内部时钟（High Speed Internal clock signal，HSI）都属于高速时钟，低速外部时钟（Low Speed External clock signal，LSE）和低速内部时钟（Low Speed Internal clock signal，LSI）都属于低速时钟。

从芯片角度来分，可以分为片内时钟和片外时钟。片内时钟和片外时钟特性大体相同，片内时钟由芯片内部 RC 振荡器产生，具有起振较快的优点，因此在系统刚刚启动的时候默认采用内部高速时钟。而片外时钟通常由外部晶体振荡器输入，在精度和稳定性上都具有较大的优势。因此，上电后通过软件配置的方式将系统时钟转而采用高速外部时钟信号。

1）高速外部时钟

高速外部时钟（High Speed External clock signal，HSE）通常以外部晶体作为时钟源，常用的晶体频率根据芯片的不同而发生变化。下面以 8MHz 为例，对图 4.5 中使用 HSE 为系统提供时钟需要经过的转换部件作一介绍。

OSC_IN 和 OSC_OUT：这两个引脚是为连接 8MHz 的晶体准备的，图 4.6 给出了外部晶体的连接示意图。

图 4.6　外部晶体与处理器连接

PLLXTPRE：8MHz 的 HSE 遇到多路选择器 PLLXTPRE（HSE divder for PLL entry）时，通过编程配置寄存器，可以选择 PLLXTPRE 的输出：对输入时钟的二分频或者不分频。如果选择不分频，经过 PLLXTPRE 后，输出仍然是 8MHz 的时钟信号。

PLLSRC：8MHz 的 HSE 遇到多路选择器 PLLSRC（PLL entry clock source）时，通过配置寄存器，选择 PLLSRC 的输出是高速外部时钟 HSE 或者高速内部始终 HIS。

PLL：8MHz 的 HSE 经过 PLL 后，输出时钟 PLLCLK。通过配置 PLL 寄存器，选择倍频系数 PLLMUL（PLL multiplication factor），决定 PLLCLK 的输出频率。为使 PLL 工作在最大频率，倍频系数通常选择为 9，使 8MHz 的 HSE 变成了 72MHz 的 PLLCLK。

SW：SW 的输出就是系统时钟 SYSCLK.，可以通过配置寄存器选择 SW 的输出为 PLLCLK、HSE 或者 HIS，通常选择 PLLCLK 作为系统时钟的输入。

2）高速内部时钟

高速内部时钟（High Speed Internal clock signal，HSI）由芯片内 RC 电阻、电容时钟振荡器产生，常见频率参数有 5MHz，8MHz 等，虽然不稳定，但是它的启动时间比 HSE 晶体振荡器短。然而，即使在校准之后它的时钟频率精度仍较差，Cortex-M4 从上电开始即采用 HIS 作为初始的系统时钟。

3）低速外部时钟

低速外部时钟（Low Speed External clock signal，LSE）通常以外部晶振作为时钟源，晶体一般选择一个低速外部晶体或陶瓷谐振器，常见频率参数有 32.768kHz，11.0592kHz 等，它为实时时钟或者其他定时功能提供一个低功耗且精确的时钟源。

4）低速内部时钟

低速内部时钟（Low Speed Internal clock signal，LSI）由片内 RC 电阻、电容时钟振荡器产生，LSI RC 担当一个低功耗时钟源的角色，常见频率参数有 10kHz、32.768kHz、128kHz 等，可以提供给实时时钟模块和看门狗模块。

2. 系统时钟

从上可知，系统时钟 SYSCLK 由多路选择器 SW 根据用户设置来选择 PLLCLK、HSE 或者 HIS 中的一路作为输出而得，SYSCLK 是片上大部分部件的时钟来源。

为了让用户能够实时检测系统时钟是否运行正常，Cortex-M4 系列的微控制器专门提供了引脚 MCO（Main Clock Output）。用户可以通过软件编程的方式，选择 SYSCLK、PLLCLK、HSE 或者 HIS 中的一路在 MCO 上输出以供检测。

3. 系统时钟分频得到的其他时钟

系统时钟 SYSCLK 经过 AHB 预分频器输出到片上的各个部件如下。

HCLK：HCLK 是高速总线 AHB 时钟，AHB 主要用于高性能模块，如 CPU、DMA 和 DSP 等之间的连接。HCLK 由系统时钟 SYSCLK 经 AHB 预分频器后直接得到，它为 Cortex-M4 内核、存储器、和 DMA 提供时钟信号，是 Cortex-M4 内核的运行时钟，CPU 主频就是这个时钟信号。

FCLK：Cortex-M4 内核的"自由运行"时钟，同样由系统时钟 SYSCLK 经过 AHB 预分频器分频后直接得到，并且与 HCLK 互相同步。所谓的"自由"是因为它不来自 HCLK，因此，在 HCLK 停止时，FCLK 仍能继续运行。这样做的好处是：即使在 Cortex-M4 内核睡眠时，系统也能采样到中断，并且跟踪休眠事件。

PCLK1：外设时钟，由系统时钟 SYSCLK 经过 AHB 预分频器，再经过 APB1 预分频器分频后得到。PCLK1 的主要作用是为挂载在 APB1 总线上的时钟提供时钟信号。如果需要使用挂载在 APB1 总线上的外设，首先需要开启 PLCK1 时钟。

PLCK2 的原理和 PCLK1 的原理一致，只是挂载的设备不同而已。在遇到具体的应用时，需要看用户将设备挂载在那条总线上，就开启相应总线上的时钟即可。

以上这几个时钟最为常用，也是 Cortex-M4 系统设备使用最多的时钟，如果读者对其余时钟感兴趣，可以查看相关资料。

最后，为什么 Cortex-M4 系列时钟系统会如此复杂呢？因为有时钟倍频、分频和一系列的外设时钟开关。首先，倍频是考虑到系统电磁兼容性，如果直接外接一个高频率晶振，过高的振荡频率会给制作电路板带来困难；其次，分频是因为各个片上外设的工作频率不尽相同，既有高速外设也有低速外设，需要把高速外设和低速外设分开管理，如同PC 中的北桥和南桥一样；最后，每个外设都配备了时钟开关，当使用某个外设时，一定要打开该外设的时钟，不使用某个外设时，可把这个外设的时钟关闭，从而降低芯片的整体功耗。

4.1.3　电源/功耗控制

微控制器在正常运行模式下，可以通过关闭 APB 和 AHB 上使用的外设时钟、关闭系统 PLL，来降低它的整体功耗。如果想要得到更低的功耗，就要借助低功耗模式了。

现今诸多的 MCU 提供了低功耗模式，而且更为重要的是它们支持不止一种低功耗模式。在系统或电源复位后，系统处于运行状态，HCLK 为 CPU 提供时钟，内核执行程序代码。当 CPU 不再需要运行时，可以利用多个低功耗模式来节省功耗。例如，等待某个外部事件时，用户需要根据最低电源消耗、最快启动时间和可用的唤醒源等条件，选定一个最佳的低功耗模式。

微控制器的低功耗模式有睡眠模式、停机模式、待机模式。三大低功耗模式使得微处理器在高性能和低功耗之间取得了很好的平衡。如果使用得当，无论是睡眠模式、停机模式、待机模式，都会明显地降低微处理器的功率消耗，同时性能保持在一个较高的水平上，非常适于手持设备的应用。

1. 睡眠模式

睡眠模式下，Cortex 的内核停止工作，但外设还在继续工作。当系统执行了 WFE 或WFI 指令，会停止 CPU 时钟，终止代码执行。

睡眠模式下芯片的外设仍能保持正常工作，直至某个外设产生事件或者中断请求，内核才会被唤醒，从而退出睡眠模式。

如果关闭了除需要唤醒内核的外设时钟以外的其他外设时钟，以及 PLL 后，进入睡眠模式，睡眠电流将会极其微弱，处在微安数量级甚至纳安数量级。

2. 停机模式

停机模式是在 Cortex-M3 睡眠模式的基础上结合了外设时钟的一种控制机制。在停机模式下，供电区域内的所有时钟都被停止，包括所有的外设时钟、PLL、HSE 和 HSI 都被关闭，内核和外设均停止工作，仅保存 SRAM 和寄存器的内容。进入停机模式一般需要预先将电源控制寄存器中的相应位清零，设置完这些位的值以后，当再次遇到 WFE 或WFI 指令，就会进入停机模式。

与睡眠模式一样，停机模式也可以通过事件或中断唤醒。然而停机模式下，除了外部中断线，所有设备的时钟都被禁止了，可以通过任意一个外部中断/事件控制（EXTI）信号唤醒 MCU。EXTI 信号可以是外部的 I/O 口引脚、RTC 闹钟、USB 唤醒信号。

微处理器一旦进入停机模式，其电流消耗将会从运行模式的毫安级别降到微安级。

3. 待机模式

待机模式可以达到最低的电能消耗。在该模式下，不仅 PLL、HSI 的 RC 振荡器和 HSE 晶体振荡器被关闭，内核和外设都停止工作，而且内部的电压调压器也被关闭，SRAM 和寄存器的内容无法保存，仅后备寄存器和待机电路保持供电。

如果用户将电源控制寄存器中的相应位置位，当遇到 WFE 或 WFI 指令，系统就进入了待机模式。退出待机模式的条件是 $\overline{RESET}$ 引脚上的外部复位信号或者 RTC 的闹钟事件，根据待机模式的定义，可以看到待机模式唤醒相当于得到一个硬件复位的效果。

一旦进入待机模式，电流将会从运行模式的毫安级别降到微安级，比停机模式的电路更加微弱。

4.1.4　嵌套向量中断控制器

嵌套向量中断控制器（Nested Vectored Interrupt Controller， NVIC），控制着整个芯片中断相关的功能，它跟内核紧密耦合。但是各个芯片厂商在设计芯片的时候会对内核里面的 NVIC 进行裁剪，所以说各大厂商的 NVIC 都是 ARM 公司 NVIC 的一个子集。本节介绍嵌套式向量化中断控制器（NVIC）及其寄存器。不同厂商的 NVIC 支持的内容有所差异，但是大体都包括了下面几项功能。

- 支持异常中断。
- 支持可编程异常优先级。
- 中断响应时处理器状态的自动保存。
- 中断返回时处理器状态的自动恢复。
- 支持嵌套和向量中断。

1. 中断基本概念

中断是计算机系统中一个非常重要的概念，现在计算机技术毫不例外的都要采用中断技术。计算机在执行程序的过程中，当出现了某个特殊事件时，CPU 会终止当前程序的执行，转而去执行该事件的处理程序（中断服务程序），待中断服务程序执行完毕，在返回断点继续执行原来的程序，这个过程称为中断。

1）中断源

能引发中断的事件称为中断源。通常一个微控制器系统上，中断源可以是由微处理器异常引发的系统异常中断，也可以由外设引发的外部中断。系统异常中断因素包括非屏蔽中断、存储器管理、总线故障等，外部中断因素包括定时器溢出、串口收到数据等。在系统运行时，很多时候由于系统异常中断的出现，系统必须强制响应。因此，从用户的角度来看，只对外部中断进行编程操作。

每个中断源都有它对应的中断标志位，一旦该中断发生，它的中断标志位就会被置位，中断被响应之后，中断标志位被清除，那么它所对应的中断便再不会被再次响应。

2）中断屏蔽

在微控制器中，程序员可以通过设置相应的中断屏蔽位，禁止 CPU 响应某个中断，从而实现中断屏蔽。一个中断源能否被响应，一般由总"中断允许控制位"和该中断自身的"中断允许控制位"共同决定，这两个中断控制位中的任何一个被关闭，该中断就无法被响应。

3）中断处理

中断的处理过程可以分为中断响应、执行中断服务程序和中断返回，一般来说中断响应和中断返回由硬件自动完成，而中断服务程序是用户根据需求编写，在中断发生时被执行，以实现对中断的具体操作和处理。

（1）中断响应。当某个中断请求产生后，CPU 进行识别并根据中断屏蔽位判断该中断是否被屏蔽。若该中断请求已被屏蔽，仅将中断寄存器中的标志位置位，CPU 不做任何响应，继续执行当前程序；若该中断请求未被屏蔽，不仅中断寄存器中该中断的标志位将置位，CPU 还执行以下步骤响应中断。

保护现场：保护现场是为了在中断处理完成后，可以返回断点处继续执行下去而必须做的操作，微处理器系统保护现场通常是通过将 CPU 寄存器的值进栈实现的。

查找中断服务程序地址：中断发生后，CPU 根据中断向量表准确地找到这个中断对应的处理程序。中断向量表是中断系统非常重要的概念，它是一块存储区域，通常位于存储器的零地址处，在这块区域上按中断号从小到大依次存放着所有中断处理程序的入口地址。当某个中断产生且经判断其未被屏蔽后，CPU 会根据识别到的中断号到中断向量表中找到该中断号所在的表项，取出该中断服务程序的入口地址，然后跳转到该地址执行。表 4.2 给出了 Cortex-M4 的中断向量表，可供参考。

表 4.2　Cortex-M4 中断向量表

中断向量号	类　　型	优　先　级	优先级属性	描　　　述
1	复位中断	−3（最高）	固定	复位中断服务程序入口
2	非可屏蔽中断	−2	固定	非可屏蔽中断服务入口
3	硬件错误	−1	固定	出错中断服务入口
4	内存管理错误	0	可变	内存管理异常或非法存取总线时发生
5	总线错误	1	可变	AHB 总线错误中断
6	用户程序错误	2	可变	应用程序错误中断
7~10	保留	N/A	保留	保留
11	系统服务跳转	3	可变	系统服务跳转时使用
12	调试跟踪	4	可变	断点，查看断点。外部调试跟踪
13	保留	N/A	保留	保留
14	系统挂起服务	5	可变	可挂起的系统服务中断请求

续表

中断向量号	类　　型	优　先　级	优先级属性	描　　　　述
15	系统节拍时钟	6	可变	系统节拍时钟中断服务
16~255	中断向量#0~#239	7~246	可变	0~239 号外部中断入口

（2）执行中断服务程序。每个中断都有自己的对应的中断服务程序，用来处理中断，CPU 响应中断后转而执行对应的中断服务程序，通常中断服务程序又称为中断服务函数，由用户根据具体的应用使用汇编语言或 C 语言编写，用来实现对中断真正的处理操作。

（3）中断返回。CPU 执行中断服务程序完毕后，通过恢复现场，即 CPU 关键寄存器出栈实现中断返回，从断点处继续执行源程序。

4）中断优先级

微处理器系统中往往不止一个中断，如果有多个同时发生的中断或嵌套发生的中断，CPU 又该如何处理？这就引入了优先级的概念。微处理器系统中中断源众多，它们有轻重缓急之分，按不同的优先次序将中断分级就是中断优先级。通常，中断的优先级是根据中断实时性、重要性、软件处理的方便性预先设定的。当同时有多个中断请求产生时，CPU 会优先响应优先级较高的中断请求，由此可见，优先级是中断响应次序的重要标准。

5）中断嵌套

中断优先级不仅用于并发中断，还用于嵌套中断。中断嵌套是指当系统正在执行一个中断服务时，又有新的中断事件发生而产生了新的中断请求。此刻，CPU 如何处理取决于两个中断的优先级。当新发生的中断的优先级高于正在处理的中断时，CPU 可以终止执行优先级低的当前中断处理程序，转去执行新发生的、优先级较高的中断，处理完毕后才返回原来的中断处理程序继续执行。

通俗地讲，中断嵌套就是更高一级的中断"加塞"。当 CPU 在处理中断时，又接收了更紧急的另一件"急件"，转而处理更高一级中断的行为。

上述中断嵌套其实只有在系统具有抢占优先级和子优先级的划分时才会发生。抢占优先级标识了一个中断的抢占式优先响应能力的高低，抢占优先级决定了是否会有中断嵌套的发生。例如，一个具有高抢占优先级的中断会打断当前正在执行的中断服务程序，转而去执行高抢占优先级中断对应的中断服务程序。如果两个中断的抢占优先级相同，那么还可以使用子优先级区分它们的优先级别，子优先级又称从优先级，仅在抢占优先级相同的情况下，如果有中断正在被处理，那么高子优先级的中断只好等待正在被响应的低子优先级中断处理结束后才能得到响应。

2. 中断原理

了解完中断最基本的概念，我们知道了大部分中断与外设相关。下面来介绍Cortex-M4 微处理器的外部事件引起中断的机理，表 4.3 列出了部分和中断相关的寄存器。

表 4.3　中断相关寄存器

寄 存 器	缩 写	作 用
上升沿触发选择寄存器	EXTI_RTSR	与下降沿触发寄存器共同控制边沿检测电路的信号触发
下降沿触发选择寄存器	EXTI_FTSR	与上升沿触发寄存器共同控制边沿检测电路的信号触发
软件中断事件寄存器	EXTI_SWIER	标志是否有软件中断产生,每个软中断对应一个控制位
中断屏蔽寄存器	EXTI_IMR	是否屏蔽中断,每个中断对应一个屏蔽控制位
挂起请求寄存器	EXTI_PR	暂时挂起一些未屏蔽的中断请求,每个请求对应一个控制位
事件屏蔽寄存器	EXTI_EMR	屏蔽外部产生的事件,每种事件对应一个控制位

图 4.7 中上方虚线给出了一个中断请求信号产生的全过程。从图上可以看到,中断请求信号最终被 NVIC 控制器接收和处理。

图 4.7　Cortex-M4 中断请求过程

编号 1 是中断请求信号输入线,通常微处理器有多根的外部中断/事件输入线,这些输入线的输入信号可以通过寄存器设置为任意一个 GPIO 信号,也可以是一些外设的事件的信号,输入线上输入的信号为上面提到的中断源信号。

编号 2 是一个边沿检测电路,它会根据上升沿触发选择寄存器(EXTI_RTSR)和下降沿触发选择寄存器(EXTI_FTSR)的对应位控制信号触发。边沿检测电路以输入线作为信号输入端,如果检测到有边沿跳变,就输出有效信号 1 给编号 3 电路,否则输出无效信号 0。而 EXTI_RTSR 和 EXTI_FTSR 两个寄存器可以控制需要检测哪些类型的电平跳变过程,可以是只有上升沿触发、只有下降沿触发或者上升沿和下降沿都触发。

编号 3 电路是一个或门电路,其中一个输入来自编号 2 电路,另外一个输入来自软件中断事件寄存器（EXTI_SWIER），EXTI_SWIER 允许我们通过程序控制就可以启动中断事件线，这在某些地方非常有用。或门的作用就是有"1"就为 1，所以这两个输入有一个信号为 1 就可以输出 1 给编号 4 和编号 6 电路。

编号 4 电路是一个与门电路，其中一个输入来自于编号 3 电路的输出信号，另外一个输入来自中断屏蔽寄存器（EXTI_IMR）。与门电路要求输入都为 1 才输出 1，导致的结果是，如果中断屏蔽寄存器 EXTI_IMR 设置为 0 时，不管编号 3 电路的输出信号是 1 还是 0，最终编号 4 电路输出的信号都为 0；如果 EXTI_IMR 设置为 1 时，最终编号 4 电路输出的信号才由编号 3 电路的输出信号决定，这样我们可以简单控制 EXTI_IMR 来实现是否产生中断的目的，这就是前面提到的总中断允许控制位。

编号 4 电路的输出信号会被保存到挂起寄存器（EXTI_PR）内，如果确定编号 4 电路输出为 1 就会把挂起寄存器对应位置 1，挂起该中断请求。

编号 5 是将挂起寄存器内容输出到 NVIC 内，等待中断控制寄存器 NVIC 的裁决，从而实现系统中断事件控制。当信号到达 NVIC 内就会根据中断优先级选择较高优先级的中断进行执行中断服务函数，在此期间就可能会发生我们前面提及的中断嵌套。

下面虚线指示的电路流程是一个产生事件的线路，最终输出一个脉冲信号。产生事件线路在编号 3 之后与中断线路有所不同，在编号 3 之前和中断电路共用一套线路，由于产生事件非本节重点，仅做简单的介绍。

编号 6 电路是一个与门，它一个输入来自编号 3 电路，另外一个输入来自事件屏蔽寄存器（EXTI_EMR）。如果事件屏蔽寄存器 EXTI_EMR 设置为 0 时，那不管编号 3 电路的输出信号是 1 还是 0，最终编号 6 电路输出的信号都为 0；如果事件屏蔽寄存器 EXTI_EMR 设置为 1 时，最终编号 6 电路的输出信号才由编号 3 电路的输出信号决定，这样就可以使得用户通过简单地控制事件屏蔽寄存器 EXTI_EMR 来实现是否产生事件的目的。

编号 7 是一个脉冲发生器电路，当它的输入端，即编号 6 电路的输出端是一个有效信号 1 时，脉冲发生器电路就会产生一个脉冲。编号 8 是一个脉冲信号，这就是事件产生线路最终的产物，这个脉冲信号可以给其他外设电路使用，比如定时器 TIM、模拟数字转换器 ADC 等。

3. 中断配置

在使用 NVIC 之前需要做以下几件事情。首先需要建立中断向量表，并在中断向量表中为将要使用的中断源设置好中断向量；其次系统需要分配栈空间并初始化；接下来需要在 NVIC 寄存器中设置该中断源的优先级；完成中断源的优先级设置后需要使能该中断；最后编写中断服务函数，并将相应的外部设备设置好，打开设备的中断功能。

1）建立中断向量表

当中断发生时，微处理器通过查找中断向量表中的中断向量来找到对应中断服务函数的入口地址。因此中断向量表的建立必须在用户应用程序执行前完成，用户可以根据应用需求，选择在 Flash 或在 RAM 中建立中断向量表，有时为了方便用户开发，微控制器生产厂商会配套给出已建立的中断向量表。

（1）在 Flash 中建立中断向量表。如果把中断向量表放在 Flash 中，则无须重新定位中断向量表。也就是说，嵌入式程序运行过程中，每个中断对应固定的中断服务程序不能更改。

（2）在 RAM 中建立中断向量表。如果把中断向量表放在 RAM 中，则需要重定位中断向量表。这样的话，嵌入式应用程序在运行过程中，可根据需要动态地改变中断服务程序。

2）分配栈空间并初始化

当执行中断服务函数时，微处理器将会使用到主堆栈的栈顶指针（MSP）。因此，与上一步建立中断向量表一样，栈空间的分配和初始化也必须在用户应用程序执行前完成，通常也是在启动过程中完成的，本步涉及的栈初始化和分配栈空间过程如下。

（1）初始化栈。栈的初始化工作通常是在微处理器上电复位后执行复位程序完成的。

（2）分配栈空间。栈空间的分配通常位于启动代码的起始位置。为了保证在中断响应和返回时有足够的空间来保护和恢复现场，应在 RAM 中为栈分配足够大的空间，避免中断发生时主堆栈溢出，尤其是嵌套中断更应该仔细考虑空间分配问题。在预算栈空间大小时，除了要考虑最深函数调用时对栈空间的需求，还需要判定最多可能有多少级中断嵌套。

栈空间分配和初始化示例代码如下。

```
Mode_IRQ  EQU  0x12  //先定义中断模式对应的程序状态寄存器 CPSR M[4：0]的值，
                     //具体值可参考相关数据手册
IrqStackSpace  SPACE   IRQ_STACK_LEGTH * 4  //中断模式堆栈空间
StackIrq  DCD    IrqStackSpace + (IRQ_STACK_LEGTH - 1) * 4
InitStack
    MOV    R0,LR     //保存 LR 寄存器的值到 R0
    MSR    CPSR_c,#（Mode_IRQ)              //设置中断模式堆栈
    LDR    SP,StackIrq                      //分配堆栈空间
    MOV    PC,R0
```

如果把 IRQ_STACK_LEGTH 定义为 16 ，以上代码就将分配 16 个 4 字节的存储空间，把该存储空间初始化为 0，并且把 SP 指针指向堆栈，完成堆栈空间的分配任务。

3）设置中断优先级

不同于启动代码中系统自动完成的两步，设置中断优先级是用户在应用程序中编写代码配置 NVIC 实现的。中断优先级的设置又可以分为以下两步完成。

（1）设置中断优先级的分组位数。中断优先级一般用固定的几位表示，Cortex-M4 中是 4 位。设置中断优先级的分组位数就是设置这 4 位中抢占优先级占几位，子优先级占几位，根据实际开发中用到的中断总数和是否存在中断嵌套，中断优先级的分组可以有 5 种方式。

① NVIC_PriorityGroup_0：抢占优先级 0 位，子优先级 4 位，此时不会发生中断嵌套。

② NVIC_PriorityGroup_1：抢占优先级 1 位，子优先级 3 位。

③ NVIC_PriorityGroup_2：抢占优先级 2 位，子优先级 2 位。

④ NVIC_PriorityGroup_3：抢占优先级 3 位，子优先级 1 位。

⑤ NVIC_PriorityGroup_4：抢占优先级 2 位，子优先级 0 位。

（2）设置中断的抢占优先级和子优先级。根据中断优先级的分组情况，分别设置中断的抢占优先级和子优先级。例如，如果使用 NVIC_PriorityGroup_1 对 4 位中断优先级进行分组，即抢占优先级 1 位，子优先级 3 位。那么中断的抢占优先级应在 0、1 中取值，子优先级在 0～7 中取值。

4）使能中断

在设置完中断的优先级后，通过失效前面提及的中断屏蔽寄存器中的总中断屏蔽位，可以使能对应的中断。

5）编写对应的中断服务代码

中断设置最后一步就是编写中断服务程序代码。中断服务程序的名称一般都被在启动代码中根据不同的外设已经指定。具体内容由用户根据需求编写，实现对中断的具体处理。

4.1.5　DMA 控制器

在嵌入式系统 I/O 操作中，中断是广泛使用的数据传输方式。其特点是通过 CPU 执行 ISR 来控制数据传送，输入/输出都要以 CPU 寄存器为中转站。以中断方式下的数据传输为例，每一次响应中断，CPU 都要保护主程序断点的工作现场，而后执行 ISR。数据传输操作完毕后，还要恢复断点处的工作现场。因此在某些具有高频率 I/O 操作的嵌入式应用场合，执行中断方式的输入/输出会导致系统频繁切换工作现场，降低了 CPU 运行效率。

DMA（Direct Memory Access）方式是高速 I/O 接口方式，其特点有两个：①不通过 CPU 直接完成输入/输出设备与存储器间的数据交换，在数据传送期间不会影响 CPU 的其他工作；②CPU 带宽可以与总线带宽一样，延时仅依赖于硬件，从而提高系统中数据的传输速率。显然，DMA 不但能快速传送数据，而且减轻了 CPU 的负担，使 CPU 具有了同时进行多种实时处理的能力，增强了系统的实时性。

在 DMA 传输方式下，外设通过 DMA 控制器（DMAC）向 CPU 提出接管总线控制权的请求。CPU 在当前总线周期结束后，响应 DMA 请求，把总线控制权交给 DMA 控制器。于是在 DMAC 的控制下，外设和内存直接进行数据交换，无须 CPU 对数据传输控制加以干预，DMA 传输结束后，再将总线使用权交还给 CPU。

在高速、大数据量传输场合，DMA 方式由于系统开销少，传输效率比中断方式更高，因此，现代通用计算机都具备 DMA 传输功能。

并非所有的嵌入式系统都拥有 DMA 功能。8 位嵌入式处理器，如早期的 8051 处理器，一般不具备 DMA 数据传输功能。16 位和 32 位嵌入式处理器，如 ARM、68K、PowerPC 和 MIPS 处理器，一般都具有 DMA 功能。

一般来说，一个 DMA 组件包含若干条通道，每条通道可连接多个外设。这些连接在一个 DMA 通道上的多个外设可以分时共享这条 DMA 通道。但同一时刻，一条 DMA 通道上只能有一个外设在进行数据传输。

如图 4.8 所示，DMA 是一种完全由硬件执行数据交换的工作方式。它由 DMA 控制器而不是 CPU 控制在存储器和存储器、存储器和外设之间的批量数据传输。

图 4.8　DMA 概念

1. 传输要求

一般来说，使用 DMA 进行数据传输有 4 大要求。

（1）传输源，DMA 传输的数据来源。

（2）传输目标，DMA 数据传输的目标地址。

（3）传输单位和需要传输的数据量。

（4）触发信号，用于触发一次数据传输的动作，可以用来控制数据传输的时机。

2. 传输过程

具体地说一个完整的 DMA 传输过程如下。

（1）DMA 请求，CPU 初始化 DMA 控制器，外设 I/O 接口向 DMA 控制器发出 DMA 请求。

（2）DMA 响应，DMA 控制器判断 DMA 请求的优先级，决定是否屏蔽 DMA 请求，如果接受请求则向总线仲裁器提出总线请求。当 CPU 执行完当前总线周期时，可释放总线控制权。此时，总线仲裁器输出总线应答，表示 DMA 已经响应，DMA 控制器从 CPU 接管对总线的控制，并通知外设开始 DMA 传输。

（3）DMA 传输，DMA 数据以规定的传输单位，通常是字进行传输。每个单位的数据传送完成后，DMA 控制器修改地址，并对数据量的传送单位个数进行计数，继而开始下一个单位数据的传送。如此循环往复，直至达到预先设定的传送单位数量为止。

（4）DMA 结束，当规定数量的 DMA 数据传输完成后，DMA 控制器通知外设停止传输，并向 CPU 发送一个信号，例如，产生中断或事件，报告 DMA 数据传输操作结束，同时释放总线控制权。

3. 传送模式

DMA 要访问内存时，如果 CPU 也正好要访问内存，对于内存来说就产生了访问冲突，系统必须通过传送模式来协调这种访问冲突。DMA 传送存在三种模式：①停止；CPU 访内存；②周期挪用；③DMA 与 CPU 交替访问内存。

1）停止 CPU 访问内存

当外围设备要求传送一批数据时，由 DMA 控制器发送一个停止信号给 CPU，要求 CPU 放弃对地址总线、数据总线和有关控制总线的使用权。DMA 控制器获得总线控制权以后，开始进行数据传送，在一批数据传送完毕后，DMA 控制器通知 CPU 可以使用内存，并把总线控制权交还给 CPU。在这种 DMA 传送过程中，CPU 基本处于不工作状态或者说保持状态。它的优点是控制简单，适用于数据传输率很高的设备进行成组传送，缺点是在 DMA 控制器访内阶段，内存的效能没有充分发挥，相当一部分内存工作周期是空闲的。因为外围设备传送两个数据之间的时间间隔一般总是大于内存存储周期，即使高速 I/O 设备也是如此，这便导致部分内存工作周期出现空闲，停止 CPU 访问内存，如图 4.9 所示。

图 4.9　停止 CPU 访问内存

2）周期挪用

当 I/O 设备没有 DMA 请求、CPU 按程序要求访问内存时，一旦 I/O 设备有 DMA 请求，则由 I/O 设备挪用一个或几个内存周期，这就是周期挪用方式。

I/O 设备要求 DMA 传送时可能遇到两种情况。

（1）此时 CPU 不需要访内，如 CPU 正在执行乘法指令。由于乘法指令执行时间较长，此时 I/O 访内与 CPU 访内没有冲突，即 I/O 设备挪用一两个内存周期对 CPU 执行程序没有任何影响。

（2）I/O 设备要求访内时 CPU 也要求访内，这就产生了访内冲突。在这种情况下，因为 I/O 访内有时间要求，前一个 I/O 数据必须在下一个访内请求到来之前存取完毕，所以 I/O 设备访内优先。显然，在这种情况下 I/O 设备挪用一两个内存周期，意味着 CPU 延缓了对指令的执行，或者更明确地说，在 CPU 执行访内指令的过程中插入的 DMA 请求挪用了一两个内存周期，周期挪用方式如图 4.10 所示。

与停止 CPU 访内的 DMA 方法比较，周期挪用的方法既实现了 I/O 传送，又较好地发挥了内存和 CPU 的效率，是一种更为广泛采用的方法。但是 I/O 设备每一次周期挪用都有申请总线控制权、建立总线控制权和归还总线控制权的过程，所以传送一个字对内存来说要占用一个周期，但对 DMA 控制器来说一般要 2～5 个内存周期。因此，周期挪用的方法适用于 I/O 设备读写周期大于内存存储周期的情况。

内存工作时间

CPU控制并使用内存

DMA控制并使用内存

图 4.10　周期挪用

3）DMA 与 CPU 交替访内存

如果 CPU 的工作周期比内存存取周期长很多，此时采用交替访内的方法可以使 DMA 传送和 CPU 同时发挥最高的效率。

这种方式总线使用权是通过 C1 和 C2 分时控制，不需要总线使用权的申请、建立和归还过程，CPU 和 DMA 控制器各自有自己的访内地址寄存器、数据寄存器和读/写信号等控制寄存器。图 4.11 是 DMA 与 CPU 交替访内存示意图，假设 CPU 工作周期为 1.2us，内存存取周期小于 0.6us，那么一个 CPU 周期可分为 C1 和 C2 两个分周期，其中 C1 专供 DMA 控制器访内，C2 专供 CPU 访内。在 C1 周期中，如果 DMA 控制器有访内请求，可将地址、数据等信号送到总线上，在 C2 周期中，如 CPU 有访内请求，同样传送地址、数据等信号。事实上，对于总线，这是用 C1、C2 控制的一个多路转换器，这种总线控制权的转移几乎不需要什么时间，所以对 DMA 传送来讲效率是很高的。这种传送方式又称为"透明的 DMA"式，其来由是这种 DMA 传送对 CPU 来说，如同透明的玻璃一般，没有任何感觉或影响。在透明的 DMA 方式下工作，CPU 既不停止主程序的运行，也不进入等待状态，是一种高效率的工作方式。当然，相应的硬件逻辑也就更加复杂。

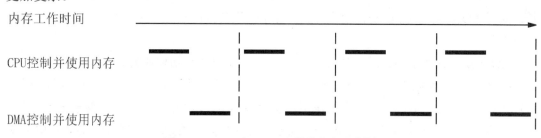

内存工作时间

CPU控制并使用内存

DMA控制并使用内存

图 4.11　DMA 与 CPU 交替访内存示意图

3. 工作原理

1）功能框图

微控制器有多个 DMA，每个 DMA 有若干个触发通道，每个通道可以管理来自多个外设对存储器的访问请求。每个外设的 DMA 请求，可以使用相应的库函数独立地开启或关闭，图 4.12 给出 Cortex-M4 的 DMA 功能框图。

图 4.12 Cortex-M4 DMA 功能框图

从图 4.12 可以看出，DMA 模块由 AHB 从设备、仲裁器和若干个通道等部分组成。DMA 控制器和 Cortex 内核共享系统数据总线，当 CPU 和 DMA 同时访问相同的目标时，DMA 请求会暂停 CPU 访问系统总线达若干个周期，总线仲裁器执行循环调度，保证 CPU 至少可以得到一半的系统总线带宽。

2）触发通道

图 4.12 中的微控制器有两个 DMA，每个 DMA 有不同数量的触发通道，分别对应于不同外设对存储器的访问请求。由图 4.13 可以看出 DMA1 有 7 个触发通道，从设备 TIM1-TIM4、ADC1、SPT1、SPI/I2S2、I2C1、I2C2 和 UART1-UART2 产生的 7 个请求通过或门输入到 DMA1 控制器，通过配合各个通道上的使能位 EN，会保证同一时刻 DMA1 只可能有一个请求有效。

3）优先级

图 4.13 已经涉及 DMA 优先级的概念，但是我们并未说明如何判断 DMA 请求的优先级。与中断的中断源类似，对于 DMA 的每个通道也可以赋予优先级。在每个 DMA 中，

DMA 的仲裁器根据通道请求的优先级来启动外设/存储器的访问，同一时刻一个 DMA 的多个通道可以同时发起 DMA 传送请求，但对于一个 DMA 控制器来说只能允许有一个请求有效。DMA 优先级管理分两个层次：软件优先级和硬件优先级，软件优先级由软件指定，硬件优先级则是由触发通道所处位置的物理编号决定。

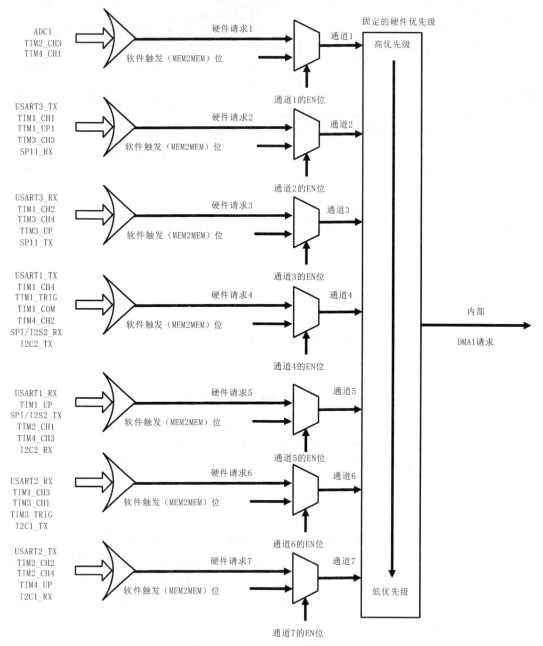

图 4.13　DMA1 的通道映射图

（1）软件优先级。DMA 每个通道有 4 个等级软件优先级：最高优先级、高优先级、中等优先级、低优先级。

（2）硬件优先级。如果同一个 DMA 的两个请求有相同的软件优先级，则较低编号的通道比较高编号的通道有更高的优先权。例如，如果 DMAl 的通道 2 和通道 4 具有相同的软件优先级，则通道 2 的优先级要高于通道 4。

4. DMA 特点及应用

DMA 具有以下优点。

首先，从 CPU 使用率角度，DMA 控制数据传输的整个过程，既不通过 CPU，也不需要 CPU 干预，都在 DMA 控制器的控制下完成。因此，CPU 除了在数据传输开始前配置，在数据传输结束后处理外，在整个数据传输过程中 CPU 可以进行其他的工作。DMA 降低了 CPU 的负担，释放了 CPU 资源，使得 CPU 的使用效率大大提高。

其次，从数据传输效率角度，当 CPU 负责存储器和外设之间的数据传输时，通常先将数据从源地址存储到某个中间变量，再将数据从中间变量转送到目标地址上。当使用 DMA，由 DMA 控制器代替 CPU 负责数据传输时，不再需要通过中间变量，而直接将源地址上的数据送到目标地址。如此一来，显著地提高了数据传输的效率，满足了高速 I/O 的要求。

最后，从用户软件开发角度，由于在 DMA 数据传输过程中，没有保存现场、恢复现场之类的工作。而且，存储器地址修改、传送单位个数计数等也不是由软件而是由硬件直接实现的。因此，用户软件开发的代码量得以减少，程序变得更加简洁，编程效率得以提高。

由此可见，DMA 带来了不仅仅是"双赢"而是"三赢"：它不仅减轻了 CPU 的负担，而且提高了数据传输的效率，还减少了用户开发的代码量。当然，DMA 也存在弊端：由于 DMA 允许外设直接访问内存，从而形成在一段时间内对总线的独占。如果 DMA 传输的数据量过大，会造成中断延时过长，不适于在一些实时性较强的嵌入式系统中使用。正由于具有以上的特点，DMA 一般用于高速传送成组数据的应用场合。

4.2 初始化配置

微处理器系统初始化过程可以分为 3 个主要环节，按照自底向上、从硬件到软件的次序依次为：片级初始化、板级初始化和系统级初始化。

1. 片级初始化

完成嵌入式微处理器的初始化，包括设置嵌入式微处理器的核心寄存器和控制寄存器、嵌入式微处理器核心工作模式和嵌入式微处理器的局部总线模式等。片级初始化把嵌入式微处理器从上电时的默认状态逐步设置成系统所要求的工作状态。这是一个纯硬件的初始化过程。

2. 板级初始化

完成嵌入式微处理器以外的其他硬件设备的初始化。另外，还需设置某些软件的数据结构和参数，为随后的系统级初始化和应用程序的运行建立硬件和软件环境。这是一个同时包含软硬件两部分在内的初始化过程。

3.系统初始化

系统初始化过程以软件初始化为主，主要进行操作系统的初始化。板级支持包 BSP（Board Support Package）将对嵌入式微处理器的控制权转交给嵌入式操作系统，由操作系统完成余下的初始化操作，包含加载和初始化设备驱动程序，建立系统内存区，加载并初始化其他系统软件模块，如网络系统、文件系统等。最后，操作系统创建应用程序环境，并将控制权交给应用程序的入口。

基于 ARM 架构的内核微处理器系统一般为复杂的片上系统，这种复杂系统的多数硬件模块都是可配置的，需要软件设置为特定的工作状态，因此在用户的应用程序之前，需要有一些专门的代码完成对系统的初始化。由于这类代码直接面对处理器内核和硬件控制器，所以一般使用汇编语言完成。初始化代码完成的操作与具有的硬件平台相关，但大都包括以下内容。

- 初始化中断向量表。
- 初始化存储器系统。
- 初始化堆栈。
- 初始化有特殊要求的端口和设备。
- 初始化应用程序的运行环境。
- 调用主应用程序。

1）初始化中断向量表

微处理器一般要求中断向量表必须放置在从 0x00 地址开始的连续 8×4 字节的空间内，每当一个中断发生以后，微处理器便强制把 PC 置为对应的中断向量。由于每个中断只占用向量表中一个字的存储空间，只能放一条 ARM 指令，所以通常为跳转指令，使程序从向量表跳转到存储器的其他位置，执行真正的中断处理。常见的中断向量表的初始化代码如下。

```
AREA Init,CODE,READONLY
ENTRY
B   Reset_Handler       ; 异常复位
B   Undef_Handler       ; 未定义指令异常
B   SWI_Handler         ; 软件中断
B   PreAbort_Handler    ; 指令预取终止
B   DataAbord_Handler   ; 数据终止
B   .                   ; 系统保留
B   IRQ_Handler         ; 普通外部中断
B   FIQ_Handler         ; 快速外部中断
...
```

2）初始化存储器系统

初始化存储器系统主要是对系统存储器控制器（MMU）的初始化。由于存储器控制器并不是 ARM 架构的一部分，不同芯片的实现方式各不相同。由于运算能力和寻址能力的强大，基于 ARM 内核的微处理器系统一般都需要外扩展各种类型的存储器。对于存储器系统的初始化一般包括对存储器类型和时序/总线宽度的配置，存储器地址的配置两个方面。

3）存储器类型、时序和总线宽度的配置

（1）类型。微处理系统的存储器根据时序不同一般分为：SARM、DRAM 和 Flash。即使同类存储器也有访问速度上的不同。其中，SRAM 和 Flash 属于静态存储器，可以共用存储器端口，而 DRAM 有动态刷新和地址复用等特征，需要专门的存储器端口。

（2）时序。存储器端口的接口时序优化对系统性能影响非常大，因为系统运行的速度瓶颈一般都存在于存储器的访问。我们希望存储器的访问尽可能地快，但又要考虑由此带来的时序配合、速率配合和系统稳定性等问题。

（3）总线宽度。微处理器架构一般都会支持 8/16/32 位的数据总线宽度访问存储器和外设，对于特定的存储器来说，需要设定数据总线的宽度。

4）存储器地址的配置和重映射

（1）存储器地址的配置。微处理器架构理论上可以支持 4GB（对于 ARM 而言）的地址空间，而对于一个实际的系统来说，配置的物理地址远没有这么多，因此，如何配置存储器的地址是一个重要的问题。

（2）存储器地址重映射。存储器地址重映射（Memory Remap）：可以通过软件配置来改变一块存储器物理地址的方法。Memory Remap 技术提高了系统对于原本存在于低速非易失性存储器的异常的实时响应能力，也就是解决低速非易失性存储器与高速 CPU 之间通信的问题。Memory Remap 通常始于 Bootloader 过程，Bootloader 代码的作用是初始化硬件设备、建立内存空间映射图，从而将系统的软硬件环境带到一个合适状态，以便为系统程序调用操作系统内核准备好正确的环境。

完整的 Memory Remap 具体的执行过程为：Bootloader 将非易失性存储器中的异常向量复制到高速易失性存储器块的一端，然后执行 Memory Remap 命令，将位于高速易失性存储器中的异常向量块映射到异常向量表地址空间上。此后，系统若产生异常，CPU 将从已映射到异常向量表地址空间的高速易失性存储器中读取向量。进行地址重映射可以提高系统的运行效率，但是需要注意的是要保证地址重映射程序流程的连续性。

（3）初始化堆栈

由于微处理器一般都有好几种运行模式，如 ARM 系列一般有 7 种运行模式。每一种模式的堆栈指针（SP）都是独立的（例外的是 ARM 中的系统模式和用户模式使用相同的 SP）。因此，需要对每一种模式的 SP 进行初始化。

初始化的方法是改变当前程序状态寄存器（CPSR）内的状态位，使处理器切换到不同的模式，然后初始化 SP。需要注意的是 ARM 微处理器支持多种模式，在没有异常的情况下用户模式无法切换到其他模式，因此，用户模式的 SP 初始化必须放在所有模式的最后。

设置堆栈需要注意的是堆栈的大小根据需要确定，堆栈性能的提高对提高系统整体性能的影响非常显著，所以要尽可能给堆栈分配高速存储器。

（4）初始化应用程序运行环境

初始化应用程序的运行环境，就是要初始化有特殊要求的端口、设备和应用程序的运行环境，即完成必要的从 ROM 到 RAM 的数据传输。该部分的初始化由具体的系统和用户需求决定，该初始化可以放在系统初始化以后进行。比较典型的应用是驱动一些简单的输出设备，例如 LED 等，以指示系统启动的进程和状态。

（5）调用应用主程序

当完成所有的系统初始化工作之后，就需要把程序流程转入主应用程序。最常见的操作是：

```
IMPORT  C_Entry
        ...
B       C_Entry
```

执行了上面的程序段后，程序就跳转到了用户程序的入口。

4.3　操作实例

下面以 MSP432P401R 微控制器为例，给出了一个时钟配置例程和中断挂起例程。MSP432 系列微控制器是美国德州仪器（TI）公司推出的、基于 ARM Cortex-M4F 的低功耗 MCU，详细的资料可在网上查阅。

4.3.1　时钟例程

这部分给出了一个时钟配置的实例，让读者更好地了解嵌入式系统时钟是如何工作的。该示例通过循环切换 DCO 的输出频率，从而改变系统定时器（SysTick）的中断时间间隔，SysTick 是系统定时器，每隔一定的时间就会产生一个中断。因此，本示例在中断服务程序中控制发光二极管（LED）的翻转，通过观察连接在输出引脚 P1.0 上的 LED 闪烁频率来验证 DCO 时钟配置效果，并使用接在输入引脚 P1.0 上的按键控制频率切换。

本次实验采用 MSP432P401R LaunchPad 进行代码验证，LaunchPad 提供了外部用户按钮，该示例中通过每按一次用户按钮，就切换一种 DCO 输出频率，在 6 种频率之间来回切换，LED 就会表现出不同的闪烁频率。

1. 程序流程图

本示例的程序流程图如图 4.14 所示。

图 4.14　时钟配置流程图

2. 库函数说明

1）void WDT_A_ holdTimer (void)

功能描述	关闭看门狗
参数描述	空
返回值	空

2）bool PCM_setCoreVoltageLeVel (uint_fast8_t VoltageLeVel)

功能描述	设置内核电压水平	
参数描述	VoltageLeVel	将内核电压设为 VoltageLeVel 的可选值 PCM_VCOREE0 或 PCM_VCOREE0
返回值	设置成功返回 True，失败返回 False	

3）void FlashCtl_setWaitState (uint32_t bank, uint32_t waitState)

功能描述	改变 Flash 控制器读操作的等待状态	
参数描述	bank	为等待状态设置的 Flash bank
	waitState	等待状态
返回值	空	

4）void GPIO_setAsPeripheralModuleFunctionoutputPin (uint_fast8_t selectedPort, uint_fast16_t selectedPins, uint_fast8_t mode)

功能描述	配置端口引脚的模式	
参数描述	selectedPort	需要配置的端口
	selectedPins	需要配置的引脚
	mode	需要配置的模式
返回值	空	

5）void GPlO_setAsoutputPin (uint_fast8_t selectedPort, uint_fast16_t selectedPins)

功能描述	将选中的 pin 配置为输出模式	
参数描述	selectedPort	选中的 port
	selectedPins	选中的 pin
返回值	空	

6）void GPlO_setAsInputPinWithPullUpResistor (uint_fast8_t selectedPort, uint_fast16_t selectedPins)

功能描述	将选中的输入 pin 配置为上拉模式	
参数描述	selectedPort	选中的 port
	selectedPins	选中的 pin
返回值	空	

7）void GPIO_clearInterruptFlag (uint_fast8_t selectedPort, uint_fast16_t selectedPins)

功能描述	清除选中的 pin 上面的中断标志	
参数描述	selectedPort	选中的 port
	selectedPins	选中的 pin
返回值	空	

8）void GPIO_enableInterrupt (uint_fast8_t selectedPort, uint_fast16_t selectedPins)

功能描述	使能选中的 pin 上面的中断	
参数描述	selectedPort	选中的 port
	selectedPins	选中的 pin
返回值	空	

9）void GPIO_interrupEdgeSelect (uint_fast8_t selectedPort, uint_fast16_tselectedPins, uint_fast8_t edgeSelect)

功能描述	选中的 pin 上面的中断边沿选择	
参数描述	selectedPort	选中的 port
	selectedPins	选中的 pin
	edgeSelect	可选值为上升沿或者下降沿
返回值	空	

10）uint_fast16_t GPIO_getEnabledInterruptStatus (uint_fast8_t selectedPort)

功能描述	得到固定端口的中断状态
参数描述	selectedPort	选中的端口
返回值	引脚编号

11）void GPIO_disableInterrupt (uint_fast8_t selectedPort, uint_fast16_t selectedPins)

功能描述	失能选中的 pin 上面的中断	
参数描述	selectedPort	选中的 port
	selectedPins	选中的 pin
返回值	空	

12）void GPIO_toggleOutputOnPin (uint_fast8_t selectedPort, uint_fast16_t selectedPins)

功能描述	翻转制定引脚上的电平	
参数描述	selectedPort	选中的 port
	selectedPins	选中的 pin
返回值	空	

13）void Interrupt_enableInterrupt (uint32_t interruptNumber)

功能描述	使能中断
参数描述	interruptNumber	中断编号
返回值	空

14）void SysTick_enableModule (void)

功能描述	使能 SysTick 定时器
参数描述	void	空参数
返回值	空

15）void SysTick_setPeriod (uint32_t period)

功能描述	设置 SysTick 定时器的周期	
参数描述	period	滴答时钟的编号，在 1.16.777.216 中选择
返回值	空	

16）void SysTick_enableInterrupt (void)

功能描述	设置 SysTick 定时器的周期	
参数描述	void	SysTick 定时器中断使能
返回值	空	

17）bool Interrupt_enableMaster (void)

功能描述	使能处理器中断	
参数描述	void	空参数
返回值	如果使能成功返回 True，失败返回 False	

18）void CS_initClockSignal (uint32_t selectedClockSignal, uint32_t clockSource, uint32_t clockSourceDivider)

功能描述	初始化时钟信号	
参数描述	selectedClockSignal	选中的时钟信号
	clockSource	时钟源
	clockSourceDriver	时钟源驱动
返回值	空	

19）void CS_setDCOCenteredFrequency (uint32_t dcoFreq)

功能描述	设置 DCO 的中心频率	
参数描述	dcoFreq	dco 时钟频率
返回值	空	

20）uint8_t GPIO_getInputPinValue (uint_fast8_t selectedPort, uint_fast16_t selectedPins)

功能描述	读取 GPIO 端口的值	
参数描述	selectedPort	端口号
	selectedPins	引脚号
返回值	空	

3. 实验代码

实验代码如下。

```
/*********************************************************
*功能：尝试不同的MSP432 DCO时钟频率
在活动（Active）模式下，让不同的DCO时钟频率循环切换
配置系统定时器(SysTick)的时间间隔用于唤醒和切换 LED P1.0的输出
用不同的LED切换速率来指示DCO时钟频率的变化
采用基于MSP432的同件库的编程模式
*********************************************************/
#include "msp432.h"
#include "driverlib.h"
/*定义变量*/
uint32_t buttonPushed=0,blink=0,j j=0;
volatile uint32_ti;
/*定义6段频率中的典型频率数组*/
uint32_tfrequencyCycle[6]={CS_DCO_FREQUENCY_1_5,CS_DCO_FREQUENCY_3,
    CS_DCO_FREQUENCY_6,CS_DC0_FREQUENCY_12,
    CS_DCO_FREQUENCY_24,CS_DC0_FREQUENCY_48};
int main(void)
{
    volatile uint32_tii,curFrequency;
    WDT_A_holdTimer();    // 关闭看门狗
PCM_setCoreVoltageLeVel(PCM_VCOREI);
FlashCtl_setWaitState(Flash_BANK0,2);
FlashCtl_setWaitState(Flash_BANKl,2);
//配置使用的外设引脚/晶振及LED
GPIO_setAsPeripheralModuleFunctionoutputPin(GPIO PORT_P4,
    GPIO_PIN2 | GPIO_PIN3,GPIO_PRIMARY_MODULE_FUNCTION);
P4DIR  =BIT2 I BIT3;
P4SEL0 l=BIT2 I BIT3;    //输出ACLK和MCLK
P4SELI&=~(BIT2 l BIT3);
PIDIR l=BIT0;
//配置P1.0作为输出
GPlO_setAsoutputPin(GPIO_PORT_P1,GPIO_PIN0);
//配置P1.1作为输入并使能中断
GPlO_setAsInputPinWithPulIUpResistor(GPIO_PORT_P1,GPIO_PIN1);
GPIO_clearInterruptFlag(GPIO_PORT_P1,GPIO_PIN1);
GPIO_enableInterrupt(GPIO_PORT_P1,GPIO_PINI);
GPIO_interrupEdgeSelect(GPlO_PORT_P1,GPIO_PIN1,
    GPlO_HIGH_TO_LOW_TRANSITION);
Interrupt_enableInterrupt(INT_PORT1);
SysTick_enableModule();
SysTick_setPeriod(1500000);//1.5MHz,每秒产生一次中断
SysTick_enableInterrupt();
Interrupt_enableMaster();
curFrequency=0;
/*初始化MCLE使其从DCO开始运行不分频*/
```

```
CS_initClockSignal(CS_MCLK,CS_DCOCLK_SELECT,CS_CLOCK_DIVIDER_1);
/*从 frequencycycle 数组中选择#0 元素来设置校准 DCO 的中心频率,换言之就是选择
frequencyCycle[0] */
//提示#1: frequencyCycle 为不同 DCO 频率范的数组
//提示#2：API 用于设置 DCO 来校准中心频率
CS_setDCOCenteredFrequency(frequencyCycle[0]);
while(1)
{
/*使不同 DCO 的频率轮转*/
    buttonPushed=GPIO_getInputPinValue(GPIO_PORT_P1,GPIO_PIN1);
    if(buttonPushed)
    {
    buttonPushed=0;
    /*从 frequencycycle 数组中选择#curFrequency 来设置 DCO 的中心频率*/
    CS_setDCOCenteredFrequency(frequencyCycle[curFrequency]);
    if(++curFrequency==6)curFrequency =0;
    }
no operation()}
/*系统时钟的中断服务程序*/
void SysTickIsrHandler(void)
{
    GPIO_toggleOutputOnPin(GPIO_PORT_P1,GPIO_PIN0);//LED 翻转
}
```

4. 操作现象

如果实验结果正确，读者将能感受到 LED 闪现的频率随着您的按键变换而变化。因为在该程序中通过按键改变 DCO 的输出频率，从而控制 LED 的闪烁频率，所以 LED 的闪烁频率发生变化就表明我们的实验做成功了，读者要想更改不同的频率可以在程序中自己定义。

4.3.2　中断例程

本例程通过 LED 灯的闪烁情况展示中断屏蔽的原理。在该例程中，端口 P1.1 连接了一个按键，P1.0 连接了一个发光二极管（LED）。程序中配置了两个中断源，即按键（GPIO）中断和定时器中断。当按键没有按下时，由于定时器中断被屏蔽，因此不会有任何现象；当按键按下时，P1.1 会产生一个中断，在 GPIO 中断服务程序中，将取消定时器的中断屏蔽，此时 LED 会开始闪烁。此例程涉及的 GPIO 和定时器的内容，我们将会在第 6 章具体学习，这里不做详细介绍。

1. 程序流程图

本例程的程序流程图如图 4.15 所示。

图 4.15 中断流程图

2. 库函数说明

1) void Interrupt_setPriority (uint32_t interruptNumber, uint8_t priority)

功能描述	设置中断的优先级	
参数描述	interruptNumber	中断编号
	priority	优先级
返回值	空	

2) void Interrupt_setPriorityMask (uint8_t priorityMask)

功能描述	设置中断优先级屏蔽	
参数描述	interruptNumber	将被屏蔽的中断优先级
返回值	空	

3）void Interrupt_enableInterrupt (uint32_t interruptNumber)

功能描述		使能中断
参数描述	interruptNumber	中断编号
返回值		空

3. 实验代码

实验代码如下：

```c
#include <ti/devices/msp432p4xx/driverlib/driverlib.h>
#include <stdint.h>
#include <stdbool.h>

int main(void)
{
    //关闭看门狗
    MAP_WDT_A_holdTimer();

    //GPIO配置
    MAP_GPIO_setAsOutputPin(GPIO_PORT_P1,GPIO_PIN0);
    MAP_GPIO_setOutputLowOnPin(GPIO_PORT_P1,GPIO_PIN0);
    MAP_GPIO_setAsInputPinWithPullUpResistor(GPIO_PORT_P1,GPIO_PIN1);
    MAP_GPIO_clearInterruptFlag(GPIO_PORT_P1,GPIO_PIN1);

    //配置Timer32
    MAP_Timer32_initModule(TIMER32_BASE,TIMER32_PRESCALER_1,
                           TIMER32_32BIT,TIMER32_PERIODIC_MODE);
    MAP_Timer32_setCount(TIMER32_BASE,3000000);

    //配置中断优先级和中断屏蔽,屏蔽定时器中断
    MAP_Interrupt_setPriority(INT_PORT1,0x20);
    MAP_Interrupt_setPriority(INT_T32_INT1,0x40);
    MAP_Interrupt_setPriorityMask(0x40);

    //使能中断
    MAP_GPIO_enableInterrupt(GPIO_PORT_P1,GPIO_PIN1);
    MAP_Interrupt_enableInterrupt(INT_PORT1);
    MAP_Interrupt_enableInterrupt(INT_T32_INT1);

    //打开定时器计数
    MAP_Timer32_enableInterrupt(TIMER32_BASE);
    MAP_Timer32_startTimer(TIMER32_BASE,true);

    while(1)
    {
        MAP_PCM_gotoLPM0();
    }
}

//GPIO中断处理程序
```

```
void PORT1_IRQHandler(void)
{
    uint32_t status;

    status = MAP_GPIO_getEnabledInterruptStatus(GPIO_PORT_P1);
    MAP_GPIO_clearInterruptFlag(GPIO_PORT_P1,status);//清除中断标志
    MAP_Interrupt_setPriorityMask(0);                //清除中断屏蔽
}

//Timer32中断处理程序
void T32_INT1_IRQHandler(void)
{
    MAP_Timer32_clearInterruptFlag(TIMER32_BASE);        //清除中断标志
    MAP_GPIO_toggleOutputOnPin(GPIO_PORT_P1,GPIO_PIN0);//LED翻转
    MAP_Timer32_setCount(TIMER32_BASE,3000000);          //设置定时器计数周期
}
```

4. 操作现象

将以上代码下载到 MSP432 并运行，可以看到一开始 LED 不闪烁，当按键按下后，LED 开始闪烁。

4.4　本章小结

本章分功能组件、初始化配置、操作实例三大部分介绍了嵌入式系统实现系统控制的重要模块。第一部分涉及复位控制、时钟控制、功率控制、NVIC 和 DMA，其中复位控制、时钟控制和功率控制是和具体的硬件密切相关，虽然内容庞杂，但又十分重要，是嵌入式系统能够正常工作的必备条件；NVIC 和 DMA 是嵌入式系统设计的艺术精华，是嵌入式系统在中断管理和数据传输方面的精髓。第二部分对嵌入式系统的初始化配置做了概述，使读者能够明白在系统启动过程中，硬件和软件协同完成的各种初始化工作。第三部分给出了一个时钟配置的实例，通过学习实例，读者可以深入的理解嵌入式系统的"心脏"——时钟的构造，为以后各种片上设备和模块的时钟配置打下基础。

4.5　习题

（1）MCU 的复位有什么作用？为何需要有多个复位源？

（2）如何产生一个可靠的外部复位信号？嵌入式系统对外部复位信号要求什么？

（3）为什么 MCU 要支持多种时钟源？查阅资料说明 MCU 内部低速 RC 时钟、内部高速 RC 时钟、外部低速时钟、外部高速时钟的特点和适用性。

（4）简述 PLL 的作用？

（5）在 PLL 分频时，为什么可能有限制是从 200MHz 的基础上分频，而不是从 400MHz 呢？

（6）什么是中断？简述 CPU 响应中断的处理过程。

（7）什么是非屏蔽中断？常见的非屏蔽中断有哪些？

（8）CPU 响应非屏蔽中断（NMI）和可屏蔽中断的条件是什么？

（9）说明 ARM Cortex-M4 嵌套向量中断控制器（NVIC）的基本功能。

（10）什么是 DMA？DMA 传输是以总线周期还是指令周期为单位的？

（11）CPU 与外设进行数据传输一般有哪几种方式？各自的特点和适用性？

（12）理解时钟树原理，根据本章所给的操作实例，更换时钟源选择，调整 LED 等闪烁的频率，观察变化。

（13）简述嵌入式系统电源/功耗控制的意义？以 MSP432 为例，说明其电源/功耗控制功能。

（14）在 MSP432 开发板上用按键中断实现：按一下按键 key1 红灯亮，接着按一下按键 key2 红灯灭；再次按下 key1 时绿灯亮，接着按下 key2 绿灯灭。并依次循环。

第 5 章 存 储 器

存储器是嵌入式系统的重要组成部分，它是用来存储程序代码和数据的部件，有了存储器的计算机才具有记忆功能。虽然目前大部分微控制器（MCU）都内置了部分存储器，但对于很多嵌入式应用系统，特别是基于微处理器（MPU）的应用，还是要根据不同需求，外扩不同特点和容量的存储器。本章将介绍几种目前常用存储器的特点、主要参数和基本使用方法，以及存储器系统的地址映射和数据存储格式。

5.1 存储器分类

存储器按其存储介质的特性主要分为易失性存储器和非易失性存储器两大类。其中的易失/非易失是指存储器断电后，它存储的数据内容是否会丢失。由于一般易失性存储器存取速度快，而非易失性存储器可长期保存数据，所以它们都在计算机系统中占据着重要角色。在计算机中易失性存储器最典型的代表是内存，非易失性存储器的代表则是外存。

半导体存储器按其特点类，常见的半导体存储器可以分为随机存储器（RAM）、只读存储器（ROM）和闪存（Flash）。随机存储器包括静态随机存储器（SRAM），动态随机存储器（DRAM）；只读存储器包括掩膜只读存储器（MROM），一次可编程只读存储器（PROM），多次可编程只读存储器（EPROM 和 EERPOM）；闪速存储器包括 NOR Flash 和 NAND Flash。下面分别介绍各类存储器的特点。

5.1.1 RAM 存储器

RAM（Random Access Memory）为随机存储器，所谓随机存取指的是当存储器中的信息被读取或写入时，所需要的时间与这段信息所在的位置无关。这个词的由来是因为早期计算机曾使用磁鼓作为存储器，磁鼓是顺序读写设备，而 RAM 可随机读取其内部任意地址的数据，因此得名。实际上现在 RAM 已经专指作为计算机内存的易失性半导体存储器。根据 RAM 的存储机制，又分为静态随机存储器 SRAM（Static RAM）以及动态随机存储器 DRAM（Dynamic RAM）两种。

1. 静态随机存储器 SRAM

1）工作原理

图 5.1 是静态随机存储器（SRAM）的基本存储电路图，上半部分是基本存储单元，下半部分为基本读写逻辑单元。基本存储电路用来存储 1 位二进制信息 0 和 1。该图中 T1、T2、T3、T4、T5 和 T6 是构成基本存储电路的 6 只 MOS 管。其中 T1 和 T3，T2 和

T4 组成一个双稳态触发器，T1 和 T2 为反向管，T3 和 T4 为其负载，T5 和 T6 为行线选通管。由双稳态触发器的工作原理可知，T1 和 T2 的输出决定了该存储单元的 1 位二进制信息。T7 和 T8 为列选通管，门电路 A、B 和 C 分别为三态门反向输出和正向输出逻辑电路。

图 5.1　SRAM 基本存储单元

访问该存储单元时，行线 X 和列线 Y 同时有效，使 T5 和 T6 以及 T7 和 T8 导通。

（1）写操作。在写控制信号有效的情况下，A 和 B 两个三态门打开，读信号无效，所以 C 门关闭。这时，当有信息 1 在数据线时，一方面，信息 1 通过反向三态门而变为 0，因为 T7 和 T5 都是导通的，所以信息 0 通过 T7 和 T5 直接到达 T1 管的输出端 O1；另一方面，信息 1 通过 B 门并经过 T6 和 T8 直接到达 T2 的输出端 O2。此时，由于 T1 的 O1处为 0，这正是 T2 的栅极，促使 T2 截止，从而 T2 稳定输出 1；反之，由于 T2 输出接T1 输入，所以 T1 导通，使 T1 稳定输出 0。

由此可见，当写 1 时，在基本存储单元 O2 处稳定为 1，而 O1 稳定为 0。同理当写 0时，O2 为 0，O1 为 1，也是稳定的。因此 SRAM 是靠 MOS 管组成的双稳态触发器的状态存储信息 0 和 1 的。

（2）读操作。读数据时，读控制信号有效，而写控制信号无效，因此，A 和 B 两个三态门关闭，只有 C 三态门打开。此时由于行列线都有效，T5、T6 、T7、T8 都导通，信息直接从 O2 点通过 T6 和 T8 进入三态门 C 的入口 2，由于 C 门已经打开，信息直接到达3 进入数据线，如果原来的信息为 1，则读出的就是 1，否则读出的为 0。

应该说明的是，由于 SRAM 是靠双稳态触发器来存储一位信息的，因此只要工作电压不存在，存储单元的状态就立即消失，当再次上电时，由于触发器的状态是不稳定的，原来的信息不能恢复。因此 SRAM 最大的特点就是信息的易失性，即掉电后 RAM 中信息全部丢失。

2）读写时序

SRAM 的读写时序涉及三类线，地址线、数据线和控制线，下面给出 SRAM 的读写时序逻辑，字符含义如表 5.1 所示。

表 5.1　SRAM 读写时序字符说明

符号	描　　述	符号	描　　述	符号	描　　述
t_{AVAV}	读周期时间	t_{AVQV}	地址访问时间	t_{ELQV}	片选访问时间
t_{GLQV}	读使能访问时间	t_{ELQV}	片选有效到数据失效时间	t_{EHQZ}	片选无效到数据失效时间
t_{GLQV}	读使能有效到数据有效	t_{GHQZ}	读使能失效到数据失效	t_{WC}	写周期时序
t_{DW}	数据有效时间	t_{WR}	写恢复时间	t_{W}	写数时间
t_{DTW}	写信号有效到输出三态时间	t_{DH}	写信号无效后数据保持时间		

（1）读周期。如图 5.2 所示，SRAM 读周期时，地址线 ADDRESS 上先输出有效目标地址，告诉存储器要读取该地址上的数据，片选/CS 和数据输出使能信号/G 同时有效后，经过一段缓冲时间 t_{GLQV}，数据线就输出了有效数据，该数据会保持一段时间，确保被 CPU 或者其他目标读取设备正确的读取。片选和输出使能无效后，经过 t_{GHQZ} 时间后，地址线和数据线也随之无效，读周期完成。

图 5.2　SRAM 读周期时序

（2）写周期。图 5.3 是 SRAM 的写周期时序图，写周期同样先是地址线有效，并持续到写周期结束。接着片选/CS 和写使能/WE 依次分别有效，经过一段时间后，数据线 Din

上面已经准备好的数据就被写入 SRAM 中。等到/WE 和/CS 撤销之后，Din 上面的数据持续 t_{DH} 后才能无效，这样才能保证数据被正确读取。

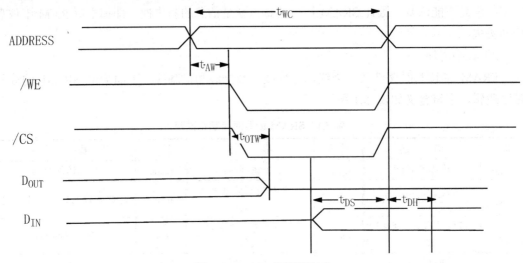

图 5.3　SRAM 写周期时序

3）芯片示例

具有 n 根地址线 m 根数据线的 SRAM 芯片的地址空间为 2^n，数据宽度为 m，其存储容量为 $2^n \times m/8$ 字节。图 5.4 给出了 SRAM 芯片的示意图：其中 CS 为片控制，用于多片级联时控制芯片是否被选中；OE 和 WE 为读写使能，分别和处理器的读写控制信号相连；VDD 为电源引脚；GND 为接地引脚。

图 5.4　SRAM 芯片示意图

常用的 SRAM 芯片有 MT45W4MW16，UT62256 等。MT45W4MW16 是 MICRON 公司生产的一款容量为 8M 字节的高速 CMOS 静态随机存储器，有 15 根地址线，8 根数据线。它使用了高性能和高可依赖的 CMOS 技术，主要用于高速和高密度访问系统，图 5.5 为 MT45W4MW16 芯片示意图，表 5.2 为它的引脚说明。

图 5.5　MT45W4MW16 芯片示意图

表 5.2　UT61256 引脚说明

符　号	描　述	符　号	描　述	符　号	描　述
A0-A21	地址引脚	WE#	写使能引脚	ADV#	地址有效
DQ/0-DQ/15	数据线引脚	OE#	读使能引脚	CLK	时钟引脚
CE#	片选线引脚	VCC	电源引脚	CRE	控制寄存器使能
WAIT	数据有效延迟	LB#	低字节使能	UB#	高字节使能

2. 动态随机存储器 DRAM

1）工作原理

动态随机存储器 DRAM 的存储单元以电容的电荷来表示数据，有电荷代表 1，无电荷代表 0，图 5.6 是 DRAM 中一个位元的存储示意图。图中 C1 是 CMOS 管栅极与衬底之间的分布电容，用来存储电荷，C0 为位线对地的寄生电容，是为布线之间的互容而设计的，T1 为行选管，T2 为列选管。X 和 Y 分别用于行选择列选择，当该单元被选中时，行列线上加高电平信号，使 T1 和 T2 三极管被打通，即可对 C1 电容的电荷进行读写操作。

（1）写操作。选中该存储单元时，T1 和 T2 都是导通的，因此数据 0 或 1 由数据线通过 T2 的 A 处到达位线，再由位线通过 T1 到达 C，即电容 C1 的上端。电容两端的电压是不能突变的，写入的过程就是对 C1 充电的过程，因此需要一定的时间才能使 C1 到达某个电平。如果写入时数据为 1，则 C1 两端的电平为高；如果写入的数据为 0，则电容 C1 两端电平为低。当没有选中该单元时，在电容 C1 不漏电的情况下，数据 0 或 1 一直保存在电容 C1 两端。尽管 CMOS 管是高阻器件，漏电电流很小，但是漏电总是客观存在的，因此 C1 两端的电荷经过一段时间后就会泄漏掉，故不能长时间保存信息。为了维持所存储的信息，必须设法使信息恢复到未泄漏前的状态，即所谓的刷新。T0 管为刷新电路提供信息通道，刷新电路平均每隔一段时间对电容两端的电压进行检测，当

C1 的电压大于电源电压 VCC 一半时，则通过 T0 管向位线重新写 1，相当于将电容 C1 充电到 VCC；当 C1 的电压小于电源电压 VCC 一半时，则刷新电路通过 T0 重新写入 0，使得 C1 放电至 0，只要刷新电路的刷新时间满足一定的要求，就能保证原来的信息不变。C0 为寄生电容，是为了消除布线之间由于相互干扰而产生的电容所带来的影响。

图 5.6　DRAM 基本存储单元

（2）读操作。读数据时，同样要选中行线和列线，只是数据的方向与写入的相反。读出时，信息从 C1 两端经过 T1 到达位线并通过 T2 进入数据线，如果原来的信息是 1，则读出的就是 1。

当没有读写操作时，则读写控制逻辑不选中行、列线，T1 和 T2 都是截止的，因此数据不能被写入或读出。

以上是 DRAM 的 1 位工作原理，多位的存储器只需要将多个这样的基本存储单元组合成行和列的矩阵即可。

2）读写时序

DRAM 的读写时序主要涉及行地址选线信号、列地址选线信号、片选线信号、读写控制线信号、和数据线信号，这些信号必须按照一定的先后次序发出，这样才能保证正常读写。

为了介绍读写时序，首先给出相关字符的表示含义，见表 5.3。

表 5.3　DRAM 读写时序字符说明

符　号	描　　述	符　号	描　　述	符　号	描　　述
t_{CYC}	读周期时间	t_{DOH}	数据输出保持时间	t_{RWL}	从 RAS 无效到写命令开始的时间
t_{RAS}	RAS 脉冲宽度	t_{ASR}	行地址选中时间	t_{CWL}	从 CAS 无效到写命令开始的时间
t_{CAS}	CAS 脉冲宽度	t_{AH}	行地址保持时间	t_{WCH}	写命令保持时间
t_{RCS}	读命令建立时间	t_{ASC}	列地址选中时间	t_{WP}	写命令脉冲宽度
t_{RCH}	读命令保持时间	t_{AH}	列地址保持时间	t_{DS}	写入数据建立时间
t_{CAC}	行地址有效到数据输出时间	t_{RAC}	列地址有效到数据输出时间	t_{DH}	写入数据保持时间

（1）读周期。读周期的时序如图 5.7 所示。从图中可以看出，t_{ASR} 时刻行地址有效，并保持一段时间 t_{AH}。t_{ASR} 时刻之后行地址选通/RAS 和读命令 RE 有效，t_{ASC} 时刻列地址有效，一段时间后列地址选通/CAS 有效。经过时间 t_{CAC}，数据线 D_{out} 上就有数据流出，并且保持一段时间 t_{DOH} 等待数据被读取。因为在这时读命令已经有效，所以读操作就可以正确读取数据线上的数据。数据读取成功之后，行地址选通和列地址选通同时撤销，这就完成了一次读操作。

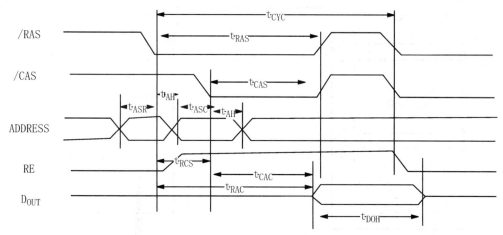

图 5.7　DRAM 读周期时序

（2）写周期。和读周期一样，写周期同样是 t_{ASR} 时刻行选中先有效，RAS 随之有效，写命令 WE 有效，并且数据线 D_{in} 上准备好了要写入的数据。t_{ASC} 时刻列选中有效，随后列选通 CAS 有效，此时写命令 WE 已经有效，数据被成功写入 DRAM 中。一段时间后行选通和列选通同时撤销，完成了一次数据的写入操作。对于写操作需要注意的是写信号 WE 必须在地址撤销之前无效，否则将导致写出错。

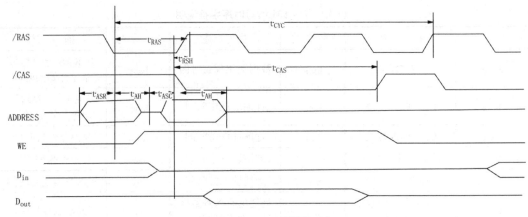

图 5.8　DRAM 写周期时序

3）芯片示例

具有 n 根地址线，m 根数据线的 DRAM 芯片的地址空间为 2^{2n}，数据宽度为 m，其存储容量为 $2^{2n} \times m/8$ 字节。因为 DRAM 的地址线使用了复用技术，所以其容量往往大于具有相同地址线条数的 SRAM。图 5.9 给出了 DRAM 芯片的示意图，其中行地址选通 RAS 和列地址选通 CAS 用于区分地址线上传输的是行地址信息还是列地址信息，RAS 和 CAS 是 SRAM 不具备的。

图 5.9　DRAM 芯片示意图

HYB39S256400 是由 Infinenon 公司生产的由 4 个 bank 构成的同步 DRAM 芯片。从图 5.10 可以看出它包含 4 个存储体，其中地址线 A0～A9、A11 为复用的 11 根的地址线，支持的行地址空间范围为 2^{13}，列地址空间范围为 2^{11}，所以芯片总存储容量为 4 banks×16MB×4。表 5.4 是一些引脚说明。

图 5.10　HYB39S256400 芯片示意图

表 5.4　HYB39S256400 芯片引脚说明

符　　号	描　　述	符　　号	描　　述
CLK	时钟输入	BA0，BA1	Bank 选择
CKE	时钟使能	DQ	数据 Input/Output
CS	片选	DQM，LDQM，UDQM	数据掩膜
RAS	行地址选通	VCC	电源电压（+3.3V）
CAS	列地址选通	GND	接地
WE	写使能	NC	不连接
A0～A12	地址线		

3. DRAM 和 SRAM 对比

对比 DRAM 与 SRAM 的结构，可知 DRAM 的结构简单得多，所以生产相同容量的存储器，DRAM 的成本要更低，且集成度更高。而 DRAM 中的电容结构则决定了它的存取速度不如 SRAM，两者的特性对比见表 5.5。

表 5.5　DRAM 和 SRAM 对比

特　　性	DRAM	SRAM
存取速度	较慢	较快
单片位容量	较高	较低
相同容量成本	较低	较高
是否需要刷新	是	否

所以在实际应用场合中，SRAM 一般只用于 CPU 内部的高速缓存（Cache），以及 MCU 内置的数据存储器，而外部扩展的内存一般使用 DRAM。

5.1.2　ROM 存储器

信息只能读出不能随意写入的存储器，称为只读存储器（ROM）。它的特点是通过一定方式将信息写入之后，信息就固定在 ROM 中且具有非易失性，即使电源断电，保存的信息也不会丢失。因此，只读存储器主要用来存放一些不需要修改的程序，如微程序、底层驱动程序、某些系统引导程序和可固化的应用程序等。按照制造工艺的不同，可将 ROM 分为：掩膜式只读存储器 MROM、可编程只读存储器 PROM、可擦除可编程只读存储器 EPROM 以及电擦除可编程只读存储器 EEPROM 等。

1. MROM

MASK ROM 就是真正的"Read Only Memory"，因为它完全"只读"，而后面将介绍的 ROM 或多或少都可以执行写入操作。存储在 MROM 内部的数据是在出厂时使用特殊工艺固化的，生产后就不可修改，其主要优势是大批量生产时成本低。在生产量大、代码或数据不需要修改的场合有很多应用，如处理器芯片的内置启动代码、固定的字码库等。

2. PROM

可编程只读存储器（PROM）的基本存储单元是一只晶体管或 MOS 管和一个"熔丝"，如图 5.11 所示。

PROM 存储信息的关键在于图中的"熔丝"，借助于编程工具，在选中该单元时，加较大的电压，通以较大的电流就可以使存储单元中的"熔丝"熔断，也可以不加高电压和大电流，保护"熔丝"不熔断。假设"熔丝"在编程时没有被烧断，则选中该单元即字线为高时，MOS 管 T 导通，由于 MOS 管 T 的源极接 VCC，因此数据线上的数据 D=1；如果在编程时使"熔丝"断开，则选择该存储单元时，尽管 T 导通，但由于"熔丝"已经熔断，因此数据线被下拉电阻 R 拉至低电平 0，即 D=0。

图 5.11 EPROM 的存储单元和编程电压

由此可见，PROM 是靠存储单元中的"熔丝"是否熔断决定信息 0 和 1 的，当"熔丝"未断时，信息是 1；当"熔丝"烧断时，记录信息为 0。由于存储单元的"熔丝"一旦被烧断就不能恢复，因此 PROM 只能写入一次。"熔丝"的通断状态与是否通电无关，因此，PROM 是一种非易失性存储器。需要强调的是，出厂时 PROM 中的信息全部为 1，用户根据需求选择需要保存的信息是 1 还是 0。在实际 PROM 产品中，是使用"反熔丝（Anti-Fuse）"工艺实现的。

3. EPROM

与 PROM 的一次可编程特性不同，为了能多次修改 ROM 中的内容，开发生产了可擦除可编程的只读存储器（EPROM）。其基本存储单元由一个 MOS 管组成，但与其他电路相比管内多增加了一个浮置栅，如图 5.12 所示。

写入时，控制栅上接 12V 编程序电压 Vpp，源极接地，漏极上加 5V 电压。漏极和源极之间的电场作用使电子穿越沟道，在控制栅的高压吸引下，这些自由电子越过氧化层进入浮置栅，当浮置栅极获得足够多的自由电子后，漏源极间便形成导电沟道，即接通状态，信息存储在周围都被氧化层绝缘的浮置栅上，即使掉电，信息仍保存。当 EPROM 中的内容需要改写时，先将其全部内容擦除，然后再编程。擦除是靠紫外线使浮置栅上电荷泄漏而实现的。EPROM 芯片封装上方有一个石英玻璃窗口，将器件从电路上取下，用紫外线照射这个窗口，可实现整体擦除。通过介绍原理，可以知道 EPROM 的编程次数不受限制，但实际的 EPROM 产品，会随着擦写次数的增加而"老化"，一般擦写几十次后就无法擦除干净。

图 5.12　EPROM 的存储单元和编程电压

4. EEPROM

可电擦除可编程只读存储器（EEPROM/E^2PROM）在正常情况下和 EPROM 一样，可以在掉电的情况下保存数据，所不同的是它可以在特定引脚上施加特定电压或使用特定的总线擦写命令就可以在在线的情况下方便地完成数据的擦除和写入，重复改写的次数有限制，这是因为因氧化层存在磨损，一般为 10 万次。EEPROM 每个存储单元采用两个晶体管，其栅极氧化层比 EPROM 薄，因此具有电擦除功能。类似于 SRAM，EEPROM 的读写可按字节进行，但每字节的写入周期要几毫秒，比 SRAM 长得多。

根据读写机制，EEPROM 又可分为并行 EEPROM 和串行 EEPROM。并行 EEPROM 器件具有较快的读写的速度，但需使用较多的芯片引脚。串行 EEPROM 器件功能上和并行 EEPROM 基本相同，但它具有引脚数少、封装小、电压和功耗更小的优点。串行接口 EEPROM 广泛采用 I^2C 总线，生产 I^2C 总线 EEPROM 的厂商很多如 ATMEL、ST、Microchip 公司等。

EEPROM 常用于保存一些系统参数、配置信息等，如网卡的 MAC 地址、用户设置的参数（音量、频道）等，数据量一般都不大，读写速率要求也不高，所以基本都使用串行接口的 EEPROM，如 ATMEL 的 24Cxx 系列。AT24C64 的容量是 64K 位，可存储 8K（8192）字节。该芯片支持 1.8～5V 电源，使用 5V 电源时时钟可以达到 400KHz，可以反复擦写 100 万次，数据保持可达 100 年。图 5.13 为 24C64 的芯片引脚示意图，表 5.6 为引脚说明。

图 5.13　24C64 芯片示意图

表 5.6　24C64 引脚说明

符　号	描　述	符　号	描　述
E2，E1，E0	芯片使能	$\overline{WC}$	读写控制
VSS	接地	SCL	串行时钟
VCC	电源	SDA	串行地址/数据

5.1.3　Flash 存储器

　　闪速存储器（Flash）也称快速擦写存储器，是一种新型半导体存储器芯片。Flash 是由 EEPROM 发展起来的，生产工艺与 EEPROM 有相似之处。Flash 的编程原理与 EEPROM 相同，也是可重复擦写的存储器，但它的容量一般比 EEPROM 大得多，且在擦除时，一般以多个字节（页、扇区或块）为单位。如有的 Flash 存储器以 4096 字节为扇区，最小的擦除单位为一个扇区。根据存储单元电路的不同，Flash 存储器又分为 NOR Flash 和 NAND Flash，见表 5.7。

表 5.7　NOR Flash 与 NAND Flash 特性对比

特　性	NOR Flash	NAND Flash
相同容量存储器成本	较贵	便宜
单片容量	较低	较高
存储方式	随机存储	连续存储
地址线和数据线	独立	共用
擦除单元	扇区/块	扇区/块
读写单位	可以按字节读写	必须以"块"为单位读写
读写速度	较高	较低
坏块	较少	较多
是否支持 XIP	支持	不支持

　　1. NOR Flash 和 NAND Flash 对比

　　下面分 6 个方面对表 5.7 中的 NOR Flash 和 NAND Flash 进行对比进行详细说明。

　　1）接口差别

　　NOR 型 Flash 采用的是 SRAM 接口，提供有足够的地址引脚来寻址，可以很容易地存取其片内的每一个字节，NOR Flash 的芯片示意图见图 5.14。

　　NAND 型 Flash 使用 I/O 总线接口，各个产品或厂商的方法可能不尽相同。通常是采用 8/16 个引脚来传送控制、地址和数据信息，NAND Flash 的芯片示意图见图 5.15。

　　2）读写的基本单位

　　NOR 型 Flash 操作是以"字"为基本单位；

　　NAND 型 Flash 操作是以"块"为基本单位，块的大小一般为 512 字节。

图 5.14 NOR Flash 芯片示意图

图 5.15 NAND Flash 芯片示意图

3）性能比较

NOR 型 Flash 的地址线和数据线是分开的，传输效率很高，程序可以在芯片内执行。NOR 型的读速度比 NAND 型快一些；

由于目前 NAND Flash 一般都内置数据缓冲器，NAND 型的批量数据写入速度比 NOR 型快。由于 NAND 型读写的基本单位为"扇区"，所以对于小量数据的写入，总体速度可能要比 NOR 型慢。

4）容量和成本

NAND 型 Flash 具有极高的单元密度，容量可以做得比较大，加上其生产过程更为简单，价格相应较低。

5）软件支持

在 NOR 型 Flash 上运行代码不需要任何的软件支持，而在 NAND 型 Flash 上进行同样操作时，通常需要 NAND Flash 控制器和对应的驱动程序，也就是内存技术驱动程序 MTD（Memory Technology Drivers）。

6）时序对比

NOR Flash 的读写时序分别见图 5.16 和图 5.17，NAND Flash 的读写时序图见图 5.18 和图 5.19。其中 ADDRESS 表示数据线信号，CE 表示片选使能信号，OE 表示读使能信号，WE 表示写使能信号，DQ 表示数据线信号。从时序图中可以看出 NAND Flash 一般地址线和数据线复用，需要先对地址进行锁存，然后才能读或者写，所以对读写速度有一定影响，图 5.18 给出了地址锁存时序，图 5.19 给出了读时序，写时序与读时序类似。NOR Flash 闪存数据线和地址线分开，相对而言读写速度快一些。

t_{RC} 读周期时间　　　t_{CE} 片选使能时间　　　t_{AA} 地址访问时间　　　t_{OE} 输出使能访问时间　　　t_{CLZ} 片选使能到真正的数据输出时间
t_{OLZ} 读使能到真正的数据输出时间　　　t_{CHZ} 片选失效到有效数据结束时间　　　t_{OHZ} 输出使能失效到有效数据结束时间
t_{OH} 地址改变后的数据保持时间

图 5.16　NOR Flash 读时序图

t_{BP} 字编程时间　　　t_{AS} 地址建立时间　　　t_{AH} 地址保持时间　　　t_{CS} 写使能和片选建立时间　　　t_{CH} 写使能和片选保持时间
t_{WP} 写使能脉冲宽度　　　t_{DS} 数据建立时间　　　t_{DH} 数据保持时间

图 5.17　NOR Flash 写时序图

t$_{CH}$ 命令锁存信号保持时间   tCH 写使能和片选保持时间   tWC 写周期时间   tALS 地址锁存建立时间   tALH 地址锁存保持时间
t$_{WP}$ 写使能脉冲宽度   tDS 数据建立时间   tDH 数据保持时间   tCS 写使能和片选建立时间

图 5.18   NAND Flash 地址锁存时序

t$_{CLH}$ 命令锁存和信号保持时间   tCH 写使能和片选保存时间   tWC 写周期时间   tALS 地址锁存建立时间
t$_{WP}$ 写使能脉冲宽度   tDS 数据建立时间   tDH 数据保持时间

图 5.19   NAND Flash 写时序图

2. 芯片示例

1）NOR Flash

NOR 型 Flash 由块（Block）构成，每个块又分成扇区（Sector）。以 SST39VF160 为例，SST39VF160 块大小为 32K 字，扇区大小为 2K 字。读操作可以对任何地址的任何字节进行；写操作必须以字形式进行编程，写操作前必须完全擦除写目标地址所在的扇区。擦除操作可以扇区（2K）、块（32K）或全片为单位进行擦除，擦除后数据变为 0xFF。

图 5.20 为 SST39VF160 和 LPC2200 微控制器的连接示意图，它的 20 根地址线分别和 LPC2200 的 20 根地址线相连，16 根数据线分别和 LPC2200 的 16 根数据线相连，片选

$\overline{CS}$ 和读写使能 $\overline{WE}$ 、$\overline{OE}$ 也分别和 LPC2200 的对应引脚相连。

图 5.20 SST39VF160 和 CPU 互连实例

2）NAND Flash

K9F2808U0C 是 SAMSUNG 公司生产的 NAND 型 Flash 存储器，存储容量 16M×8Bit，工作电压为 2.7～3.6V。K9F2808U0C 的存储空间分为 32K 页，每一页有（512+16）字节，每页分为两个区：数据区和空闲区。数据区又可分为上、下两个区，每个区为 256 字节；空闲区可以用于存放 ECC 校验和其他校验信息。528（512+16）字节的页编程操作时间为 200μs，16K 字节的块擦除操作时间为 2ms；页面数据读出速度为每个字 50ns。片内写控制器实现所有编程和擦除功能，包括内部校验和数据冗余。

图 5.21 为 K9F2808U0C 和 LPC2200 的连接示意图。LPC2200 的数据线和读写使能分别和 K9F2808U0C 的对应引脚相连，与 NOR Flash 和 LPC2200 连接不同的是 K9F2808U0C 的片选需要 LPC2200 的片选和 P1.23 引脚共同决定，当它们两者都有效时，才能选中 K9F2808U0C，这是因为 LPC2200 在 *RESET* 引脚复位后，P1.16～P1.25 被置位低电平，将不做 I/O 端口使用，而是作为跟踪端口，所以只有 P1.23 在高电平是才表明是进行 I/O 访问。

图 5.21　K9F2808U0C 和 CPU 互连实例

5.1.4　铁电存储器 FRAM

传统的半导体存储器包括易失存储器 RAM 和非易失存储器 ROM。相对于这两种类型的半导体技术而言，铁电存储器（FRAM）具有一些独一无二的特性。

非易失性存储器在掉电的情况下并不会丢失所存储的数据，目前主流的非易失性存储器都具有擦除、写入信息困难的特点。这些存储器不仅擦除、写入速度慢，擦写时功耗大，而且只能有限次地擦写。

1. FRAM 工作原理

铁电存储器（FRAM）的核心技术是铁电晶体材料，这一特殊材料是的铁电存储器产品同时拥有随机存取记忆体（RAM）和非易失性存储（ROM）产品的特性。

铁电晶体材料的工作原理是：当我们把电场加载到铁电晶体材料上时，晶阵中的中心原子会沿着电场方向运动，到达稳定状态。晶阵中的每个自由浮动的中心原子只有两个稳定状态，一个用来记忆逻辑中的 0，另一个记忆 1。中心原子能在常温，没有电场的情况下停留在此状态达一百年以上。铁电记忆体不需要定时刷新，能在断电情况下保存数据。

由于在整个物理过程中没有任何原子碰撞，铁电记忆体拥有高速读/写、超低功耗和无限次写入等超级特性。

2. FRAM 存储优势

铁电存储器第一个明显优点是：FRAM 可以跟随总线速度（bus speed）写入。相较于 EEPROM 写入后要等几毫秒（ms）才能再写入下一批数据，FRAM 在写入后无须任何等待。

铁电存储器的第二个优点是：可以近乎无限次写入。EEPROM 只能做十万至一百万次写入，而新一代的铁电存储器（FRAM） 的写入寿命已达到 10^{16} 次。

铁电存储器的第三个优点是：超低功耗。EEPROM 的慢速和高电流写入使其需要较 FRAM 高出 2500 倍的能量完成写入。

3. FRAM 应用

我们一般用 EEPROM 来存储设置数据和启动程序，用 SRAM 来暂存系统或运算变量，如果掉电后 SRAM 中数据仍需保留，则会通过加上后备电池的方法去实现。铁电存储器（FRAM）的出现为大家提供了一个简洁而高性能的一体化存储技术。图 5.22 给出了传统的单片机应用系统结构的两片式存储器方案，类似的系统就可以采用图 5.23 所示的只包含 FRAM 的一片式存储器方案，TI 的 MSP430 上用 FRAM 已经实现了一体化的存储方案。

图 5.22　嵌入式系统两片存储方案

图 5.23　采用 FRAM 后嵌入式系统一片存储方案

铁电存储器既有 RAM 又有 ROM 的特性，这些优点使得铁电存储器有很多的工业用途，下面给出铁电存储器的几种应用场合。

1）数据采集和记录

数据采集包括记录和储存数据。更重要的是能在失去电源的情况下，不丢失任何资料。在数据采集的过程中，数据需要不断高速写入对旧资料进行更新。EEPROM 的写入寿命和速度往往不能满足要求。典型应用包括仪表（电力表、水表、煤气表、暖气表和计程车表等），测量，医疗仪表，非接触式聪明卡（RFID），门禁系统和汽车记录仪等。

2）存储配置参数

受 EEPROM 写入次数的限制，以往工程师们只有在侦测到掉电的时候，才把更新了的配置参数及时地存进 EEPROM 里，这种做法很明显地存在着可靠性的问题。铁电存储器的推出使工程师可以有更大的发挥空间去选择实时记录最新的配置参数，免去是否能在掉电时及时写入的忧虑。典型应用包括电话里的电子电话簿、影印机、打印机、工业控制、机顶盒（Set Top Box）、网络设备、TFT 屏显、游戏机和自动贩卖机等。

3）非易失性缓冲（buffer）记忆

由于数据的重要性，缓冲区内的数据在掉电时不能丢失。以往工程师们只能通过SRAM 加后备电池的方法去实现，但这种方法隐藏着电池耗尽，化学液体泄漏等安全和可靠性问题。铁电存储器的出现为业界提供了一个高可靠性、低成本的方案。典型应用包括银行自动提款机（ATM）、税控机、商业结算系统（POS）和传真机等。

4）SRAM 的取代和扩展

铁电存储器无限次快速擦写和非易失性的特点，令系统工程师可以把现在在线路板上分离的 SRAM 和 EEPROM 器件整合到一个铁电存储器里，从而节省系统功耗、成本和空间，增加了整个系统的可靠性。

4. 芯片示例

FM24C256 是用先进的铁电技术制造的 256Kb 的非易失性存储器。FM24C256 可以以总线速度进行写操作，无延时。在进行写操作后，下一个总线周期可以立刻执行写入始而无须进行数据轮循。FM24C256 具有比 EEPROM 高得多的读写操作次数，可以承受超过100 亿次的读写操作。由于无须内部升压电路，FM24C256 具有非常低的写操作功耗。特别适合在智能水表、电表、气表等需要反复读写记录，又非易失性的应用。

FM24C256 使用工业标准两线接口，8 脚 SOP 封装，操作温度范围为：−40℃～+85℃。图 5.24 为 FM24C256 的芯片示意图，表 5.8 为其引脚说明。

图 5.24　FM24C256 芯片示意图

表 5.8　FM24C256 引脚说明

符　　号	描　　述	符　　号	描　　述
A0-A2	地址，用于选中内部器件	WP	内存被写保护
VSS	接地	SCL	串行时钟
VDD	电源	SDA	串行地址/数据

5.1.5　存储器控制器

1. 存储器地址译码

CPU 和其他设备之间进行数据交换的时候，需要读写接口电路中的端口寄存器，一般是通过地址信号和控制信号的不同组合来选择端口地址，及所谓的地址译码。常用的存储器地址译码方法有线选法和译码法。线选法将单根的高位地址线连接到外围接口芯片的片选端，以获得确定的地址信号，由此选通该芯片。译码法又分全译码法和部分译码法。

全译码法是指将地址总线中除片内地址以外的全部高位地址接到译码器的输入端参与译码。采用全译码法，每个存储单元的地址都是唯一的，不存在地址重叠，但译码电路较复杂，连线也较多。全译码法可以提供对全部存储空间的寻址能力，当存储器容量小于可寻址的存储空间时，可从译码器输出线中选出连续的几根作为片选控制，多余的令其空闲，以备需要时扩充。

部分译码法是将高位地址线中的一部分，而不是全部进行译码来产生片选信号。该方法常用于不需要对全部地址空间进行寻址，但线选法又不够用的情况。采用部分译码法时，由于未参加译码的高位地址与存储器地址无关，因此存在地址重叠的问题。

地址译码通常使用与非门译码器、3-8 译码器、PLD 可编程译码器实现，其中 PLD 可编程译码器包括了三种器件：可编程逻辑阵列（PLA）、可编程阵列逻辑（PAL）、门阵列逻辑（GAL）。用户可以根据自己的需要来设计逻辑功能，采用不同的译码器或者它们的组合完成存储器地址的译码。下面给一个简单通过 3-8 译码器设计的地址译码实例。

3-8 译码器有 3 个地址输入（C，B 和 A），经过译码后，8 个输出中只有一个变为低电平，从而可以选择 8 个不同的存储器件，图 5.25 为 3-8 译码器的芯片示意图。

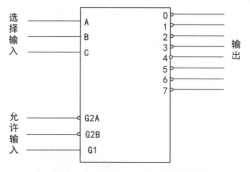

图 5.25　3-8 译码器的芯片示意图

如果我们想用 3-8 译码器设计出由 8 个 8K×8EPROM 组成的 64K×8 存储器的译码电路，其中地址范围是 F0000H～FFFFFH。分析可知 8K×EPROM 需要 13 条地址线，要求存储器地址范围是：

1111 0000 0000 0000 0000=F0000H

到

1111 1110 1111 1111 1111=FFFFFH

该例使用线选法达不到题目要求，而且对高位地址空间也有限制（最高位为四个 1），所以只能采用全译码法。地址 A16-A19 用来接 3-8 译码器的允许输入端，控制 3-8 译码器是否有效，A13-A15 接 3-8 译码器的选择输入端，选择某一个 8K×8EPROM 芯片，剩余地址线和 EPROM 芯片的地址线相连，如图 5.26 所示。

图 5.26　使用 3-8 译码器做地址译码

2. 外部存储器控制器

外部存储器控制器（EMC）是总线上的一个从模块，它为系统总线和片外存储器器件提供了一个接口。该模块可以同时支持多个单独配置存储器组，每个存储器组可以是SRAM、ROM、EPROM、Flash 中的任意一个。图 5.27 给出了 ARM7 内核，EMC 模块和外部存储器的互连示意图，可以看出 EMC 模块是 ARM 内核和外部存储器连接的桥梁，通过 EMC 内核可以访问到各种不同的寄存器组，每个存储器组的总线宽度可以为 8、16或 32 位，但是同一个存储器组不能使用两个不同宽度的存储器件。

图 5.27　ARM7 内核、EMC 模块和外部存储器的互连示意图

　　另外，最为方便的是 EMC 可以对存储宽度较宽的存储单元进行单字节、半字和字的访问，下面以 LPC2200 微处理器为例讲解存储器控制器提供的这种字节使能定位功能。

　　LPC2200 微处理器中提供了字节定位使能位 RBLE 和一组字节定位选择信号（BLS0～BLS3）实现对 16 位或 32 位外部存储器组的字节操作。

　　图 5.28 给出了 LPC2200 读写 16 位存储器的控制信号，其中 CS、OE、WE、BLS1.BLS0 均为 L 有效。写访问时，RBLE 位决定 WE 信号是否有效，读访问时，RBLE 位决定 BLSn（n=0，1）信号是否有效，空闲时所有信号均是无效状态。

LPC2200 工作模式		RBLE	CS	OE	WE	BLS1	BLS0
读操作	8 位、16 位数据	0	L	L	H	H	H
		1	L	L	H	L	L
写操作	8 位数据	0	L	H	H	H	L
						L	H
		1	L	H	L	H	L
						L	H
	16 位数据	0	L	H	H	L	L
		1	L	H	L	L	L
空闲操作		X	H	H	H	H	H

图 5.28　LPC2200 读写信号

　　当 OE=L 且 RBLE=1 时，读操作有效，写操作无效，此时数据线 D0～D15 输出有效的数据信号，其中 D0～D7 位低字节信号，D8～D15 位高字节信号。

- 读取 16 位数据时，BLS0 和 BLS1 均有效，有效数据位于：D[15：0]；
- 读取"低字节"数据时，BLS0 和 BLS1 均有效，有效数据位于：D[7：0]；
- 读取"高字节"数据时，BLS0 和 BLS1 均有效，有效数据位于：D[15：8]。

　　当 WE=L 且 RBLE=1 时，写操作有效，读操作无效。

- 写入 16 位数据时，EMC 将 16 位数据输出到 D[15：0]，同时使 BLS0 和 BLS1 均有效；
- 向"低字节地址"处写入 8 位数据时，EMC 将 8 位数据输出到 D[7：0]，同时使 BLS0 输出有效，BLS1 输出无效；
- 向"高字节地址"处写入 8 位数据时，EMC 将 8 位数据输出到 D[15：8]，同时使 BLS1 输出有效，BLS0 输出无效。

　　需要强调的是，当 LPC2200 操作 16 位存储器时，需将 LPC2200 的地址线 A1 连接到存储器地址线 A0 处。这相当于 LPC2200 按字节编址的地址每加 2 才对应一个 16 位的存储器地址。LPC2200 与存储芯片 MT45W4MW16 的连接如图 5.29 所示，图中 MT45W4MW16 是一款 16 位总线宽度，容量 8M 字节的 PSRAM 芯片，其引脚说明见表 5.9。

图 5.29　LPC2200 访问 16 位存储器

表 5.9　MT45W4MW16 的引脚说明

符　　号	描　　述	符　　号	描　　述
A0～A2	地址线	OE	读写使能
D0～D15	数据线	WE	写使能
CE	片选线	SDA	串行地址/数据
UB	高字节使能	LB	低字节使能

5.1.6　存储器性能指标

存储器是嵌入式系统的重要部件之一，系统运行的大部分的总线周期都是对存储器进行读/写操作，因此存储器性能的好坏在很大程度上直接影响系统性能。衡量存储器性能的指标很多，比如存储容量、存取时间、存储周期、存储器带宽、可靠性、功耗等。

1. 存储容量

在一个存储器中可以容纳的存储单元的总数称为存储容量（Memory Capacity）。

为了描述方便和统一，目前大多数嵌入式系统采用字节为单位来表示存储容量。存储容量的单位用 KB、MB、GB 来表示，1KB=1024B，1MB=1024KB，1GB=1024MB。

一个系统的地址线位数决定了它的存储容量。例如，系统的地址码为 n 位，则可产生 2^n 个不同的地址码。如果地址码被全部利用，并且按字节编址，则其最大容量为 2^n 个字节。一个系统由于地址线和数据线位数是确定的，所以它的最大存储容量也是确定的；但通常情况下，一个微处理器系统存储器的实际存储容量都小于理论上的最大容量。

2. 存取时间

存取时间是指从启动一次存储器操作到完成该操作所经历的时间。

存取速度通常用存取时间来衡量。例如，读出时间是指从 CPU 向存储器发出有效地址和读命令开始，直到将被选单元的内容读出送上数据总线为止所用的时间；写入时间是指从 CPU 向存储器发出有效地址和写命令开始，直到信息写入被选中单元为止所用的时间。显然，存取时间越短，存取速度越快。

内存的存取时间通常用纳秒（ns）表示。一般情况下，超高速存储器的存取时间约为 20ns，高速存储器的存取时间为几十纳秒，中速存储器的存取时间为 100～250ns，而低速存储器的存取时间为 300ns。例如，SRAM 的存取时间为 60ns，DRAM 的存取时间为 120～250ns。

3. 存储周期

存储周期是指连续启动两次独立的存储器操作所需间隔的最小时间。

存储周期是衡量主存储器工作性能的重要指标。不能把它和存取时间的概念混淆，存储周期通常略大于存取时间，这是因为存储器连续启动独立的两次操作，中间必须有短暂的缓冲时间。

4. 存储器带宽

存储器带宽是指单位时间里存储器所存取的信息量。

存储器带宽是衡量数据传输速率的重要指标，通常以位/秒（bit per second，bps）或字节/秒（Byte/s）为单位。例如，总线宽度为 32 位，存储周期为 250ns，则存储器带宽 = 32b/250ns = 128Mb/s = 128Mbps。

5. 可靠性

可靠性是指在规定的时间内，存储器无故障读/写的概率。

通常用平均无故障时间 MTBF（Mean Time Between Failures）来衡量可靠性。MTBF 可以理解为两次故障之间的平均时间间隔，MTBF 的值越大说明存储器的性能越好。

6. 功耗

功耗反映存储器件耗电的多少，同时也反映了其发热的程度。功耗越小，存储器件的工作稳定性越好。

5.2　微控制器存储器系统

Cortex-M4 的地址空间是 4GB，提供给程序运行的有三个区域。Cortex-M4 内核指令总线与数据总线是分开的，指令和数据分别存放在 I-Cache 和 D-Cache，从而使取指和数据访问各自使用自己的总线，可同时操作、保证流水线的高效运行。MCU 内存空间编址是统一的，指令和代码可以使用同一总线。一般将程序放在 Flash 中，也就是后面提到的代码区，将数据放在 RAM 中，即后面提到的 SRAM 和片外 RAM 区。

5.2.1　存储器地址映射

存储器地址映射是指把芯片上的 Flash、RAM、外设等进行统一编址，即用地址来表示对象。这些映射地址绝大多数是由芯片厂家规定好的，用户只能在外扩 RAM、Flash 或 I/O 设备情况下，才需要自己定义芯片或设备的地址。

Cortex-M4 的存储器映射从低地址到高地址依次可以划分为代码区、片上 SRAM 区、片上外设区、片外 RAM 区、片外外设区和系统区，如图 5.30 所示。

地址	大小	区域
0xFFFFFFFF	512MB	系统区 (System Level)
0xE0000000 / 0xDFFFFFFF	1GB	片外外设区 (External Device)
0xA0000000 / 0x9FFFFFFF	1GB	片外RAM区 (External RAM)
0x60000000 / 0x5FFFFFFF	512MB	片上外设区 (Peripherals)
0x40000000 0x3FFFFFFF / 0x20000000	512MB	片上RAM区 (SRAM)
0x1FFFFFFF / 0x00000000	512MB	代码区 (Code)

图 5.30　Cortex-M4 预定义存储器映射

1. 代码区

代码区有 512MB，位于最低地址。该区域可以执行指令，是嵌入式应用程序最理想的存储场所，也是系统启动后中断向量表的默认存放位置。

2. 片上 SRAM 区

片上 SRAM 区有 512MB，该区域可以执行指令，常用于存储运行时刻临时程序和数据，也可用于固件升级等维护工作，该区域有一个位带区，位带概念见微控制器存储器部分。

3. 片上外设区

片上外设区有 512MB，通过将片上外设寄存器地址映射到片上外设区，使得嵌入式软件工程师就可以简单地使用 C 语言以访问内存的方式来访问这些外设的寄存器，从而控制外设的工作，片上外设区也有一个位带区。

4. 片外 RAM 区

片外 RAM 区有 1GB，是为了弥补片内 RAM 不够而外接的片外 RAM，该区域允许执行指令。与片内 RAM 不同的是，片上 RAM 区没有位带区。

5. 片外外设区

片外外设区有 1GB，对应于片外外设。与片上外设区相似，但不同的是它没有位带区。

6. 系统区

系统区有 512MB，位于最高地址，该区域不可执行指令，对应于 Cortex-M4 的特色外设，包括由芯片供应商定义的特定外设区和私有外设总线区，如图 5.31 所示。

	0xFFFFFFFF
由芯片供应商定义的特定外设区	
	0xE0100000
外部私有外设总线区	0xE00FFFFF
	0xE0040000
内部私有外设总线区	0xE003FFFF
	0xE0000000

图 5.31 系统区存储区图

系统区的私有外设总线区根据 Cortex-M4 的两条私有外设总线：AHB 私有外设总线和 APB 私有外设总线，划分为内部私有外设总线区和外部私有外设总线区，包含了 NVIC、FPB、DWT、ITM 以及 ETM、TPIU、ROM 表等组件，如图 5.32 和图 5.33 所示。相应地，对以上组件的访问也通过相关总线来执行。例如，对 ITM、NVIC、FPB、DWT、MPU 等区域的访问在 Cortex-M4 内部私有外设总线上执行，而对 TPIU、ETM、ROM 表等区域的访问在 Cortex-M4 外部私有外设总线上执行。

0xE003FFFF	
	保留
0xE000F000	
	NIVIC
0xE000E000	
	保留
0xE0003000	
	FPB
0xE0002000	
	DWT
0xE0001000	
	ITM
0xE0000000	

图 5.32 内部私有外设总线区

0xE00FFFFF	
	ROM表
0xE00FF000	
	外部PPB
0xE0042000	
	ETM
0xE0041000	
	TPIU
0xE0040000	

图 5.33 外部私有总线区

特别地，内部私有外设总线区中 NVIC 所处的区域叫作系统控制空间（SCS），在

SCS 中除了 NVIC 外，还有 SYSTICK、MPU 以及代码调试控制所用的寄存器等。

综上所述，Cortex-M4 存储空间为 0x00000000～0xFFFFFFFF，共 4GB。它的存储器映射单一、固定并由 ARM 预先定义，这一特点极大地方便了嵌入式应用程序在不同的 Cortex-M4 微控制器间移植，各款 Cortex-M4 微控制器的 NVIC 和 MPU 寄存器都分布在相同的地址上，而与具体的芯片制造商和微控制器型号无关。ARM 架构给出了粗略的存储器映射定义，但这只是一个粗线条的模板，芯片制造商可以在此框架下灵活地分配存储器空间，提供更详细的图示说明片中或片上外设的具体分布以及 RAM 与 ROM 的容量和位置信息，制造出各具特色的 Cortex-M4 微控制器产品。

5.2.2　位带操作

由于 Cortex-M4 微控制器不允许直接位操作，但在实际开发过程中往往又不可避免地涉及位操作，为了处理这种矛盾就引入了位带操作。位带操作就是把位带区中一个地址的 8 个位分别映射到位带别名区的 8 个地址，通过操作相应地址的方式实现操作某个位（如 GPIO 上的 P1.1）的方法。Cortex-M4 存储器映射包括两个位带区，分别为 SRAM 和外设存储区域中的最低的 1MB。这两个位带区中的地址除了可以像普通 RAM 一样使用外，它们还都有自己的位带别名区。位带别名区是指位带区中每个位在位带别名区都被膨胀为一个 32 位的字。当通过位带别名区访问这些字时，实际上达到访问原始位带区上每个位的效果。

1. 位带区的位与位带别名区的字之间的映射关系

位带区的位和位带别名区的字的映射关系可以由以下公式得到。

```
bit_word_addr=bit_band_base+（byte_offset×0x20）+（bit_number×0x4）
```

其中，bit_offset 是位带区中包含目标位的字节的编号；bit_number 是位带区中目标位的位置（0～7）；bit_word_addr 是位带别名区中映射为目标位的字的地址；bit_band_base 是位带别名区的起始地址。以 SRAM 的位带区和位带别名区为例，图 5.34 显示了 SRAM 位带区的位和位带别名区的字的映射关系，其中 SRAM 位带别名区的起始地址为 0x22000000（bit_band_base=0x22000000）。

例如，位带区地址 0x200FFFFF 上的 bit 7 映射到位带别名区的字地址 0x23FFFFE0：
0x23FFFFE0=0x22000000+（0xFFFFF×0x20）+0x7×0x4。

又如，位带别名区地址 0x2200002C 上的字映射为位带区地址 0x20000001 上的 bit 3：
0x2200002C=0x22000000+（0xl×0x20）+0x3×0x4。

对于片上外设 RAM 存储区来说，其位带区的位和位带别名区的字的映射关系与 SRAM 的映射关系类似，不同的是，片上外设 RAM 存储区的位带区起始地址为 0x40000000，位带别名区的起始地址为 0x42000000。

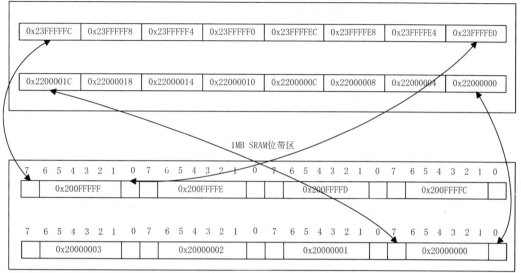

图 5.34　位带区的位和位带别名区的字的映射图

2. 位带操作的优越性

位带操作的概念很早就出现了，并在 8051 单片机上首度实现。现在，Cortex-M4 将此功能进一步强化进化。

在支持了位带操作后，Cortex-M4 可以使用普通的 Load/Store 指令来对单一的比特进行读写，使得向位带别名区写入一个字与向位带区的目标位执行读一改一写语句具有相同的作用。例如，要将地址 0x20000000 上的 bit 2 置位，在不支持位带操作的情况下，要经过读：将地址 0x20000000 上的值读入寄存器，改：将该寄存器的位[2]置 1，以及写：将该寄存器的值写回地址 0x20000000，3 条语句来实现。而支持位带操作后，可以用写：通过向其位带别名区地址 0x22000008 地址上写字数据 0x1，1 条语句实现。尽管 Cortex-M4 对于位带别名区的写操作最终仍然执行读一改一写的过程，但位带操作使代码量得到减少，并能防止错误的写入。这给程序员的位操作带来了极大的便利，例如，在使用位带操作编程实现控制 GPIO 引脚每盏 LED 的亮灭、操作串行接口器件和程序跳转判断等情况时就很方便。

5.2.3　存储格式

Cortex-M4 可以从存储器的某个地址开始一次连续读取或写入多字节的数据，例如，包含 4 字节的字数据。

Cortex-M4 在处理包含多个字节的字数据时，按照不同的字节顺序，有两种不同的表示方法。例如，图 5.35 中地址 0 单元开始存放的字数据，包含地址 0、1、2、3 号一共 4 个单元，大小为 4B 的数据，既可以读为 0x20ABC600，也可以读为 0x00C6AB20。究竟以何种方式读，取决于 Cortex-M4 的存储格式。

一般地，存储格式可以分为小端格式（Little Endian）和大端格式（Big Endian）两种。

地址	数据
0x20000003	0x00
0x20000002	0xC6
0x20000001	0xAB
0x20000000	0x20

图 5.35　从地址零单元开始存放的字数据

1. 小端格式

小端格式，又称小字节序或者低字节序，是一种将高字节数据存放在高地址，低字节数据存放在低地址的存储格式。例如，使用小端格式将字数据 0x1234E0 存放到地址 0x20002000 上时，将其最低字节 0xE0、次低字节 0x34、次高字节 0x12 和最高字节 0x00 依次放到最低地址 0x20002000、次低地址 0x20002001、次高地址 0x20002002 和最高地址 0x20002003 中，其具体存储分布如图 5.36 所示。

地址	数据
0x20002003	0x00
0x20002002	0x12
0x20002001	0x34
0x20002000	0xE0

图 5.36　小端格式

2. 大端格式

大端格式，又称大字节序或者高字节序，是一种将高字节数据存放在低地址，低字节数据存放在高地址的存储格式。例如图 5.37 所示的存储分布中，使用大端格式读取地址 0x20009FFC 上的字数据，从最高地址 0x20009FFF、次高地址 0x20009FFE、次低地址 0x20009FFD 和最低地址 0x20009FFC 上读取字节 0x0C、0x00、0x9B 和 0x0A，依次分别作为字数据的最低字节、次低字节、次高字节和最高字节。因此，最后读出的字数据为 0x0A9B000C。

地址	数据
0x20009FFF	0x0C
0x20009FFE	0x00
0x20009FFD	0x9B
0x20009FFC	0x0A

图 5.37　大端格式

3. Cortex-M4 支持的存储格式

Cortex-M4 能以小端或大端格式来访问存储器，具体使用哪种格式在复位时根据相关配置引脚决定，且运行时不能更改。需要特别注意的是，Cortex-M4 在读取指令和访问私有外设总线区时始终使用小端格式。尽管 Cortex-M4 既支持小端格式又支持大端格式，但是 Cortex-M4 微控制器其他部分的设计，包括总线的连接，内存控制器以及外设的性质等，也能决定其可以支持的端格式。用户在编写应用程序之前，一定要先查阅 Cortex-M4

微控制器的数据手册，确定可以使用的端格式。在绝大多数情况下，基于 Cortex-M4 的微控制器都使用小端格式，为了避免不必要的麻烦，推荐读者也尽量使用小端格式。

4. 对齐访问

现代通用计算机中内存空间都是按照字节（Byte）编址划分的，从理论上讲，处理器似乎可以对任何类型的变量的访问从任何内存地址开始，但实际情况是计算机系统对基本数据类型合法内存地址做出了一些限制，要求某种数据类型对象的内存地址必须是某个值 K（通常是 2、4 或 8）的倍数。这种对齐限制简化了处理器和存储器系统之间接口的硬件设计。例如，假如一个处理器总是从存储器中取出 4 字节，则内存地址必须为 4 的倍数，如果我们能保证将所有的 int 类型数据的地址对齐成 4 的倍数，那么就可以用一个存储器操作周期来读或者写一个 int 值（4 字节）。否则，如图 5.38 所展示的非对齐访问，当处理器访问的 4 字节数据对象被放在两个非对齐存储器块中，就需要执行两次存储器访问操作，增加了存储器访问的操作次数和时间。

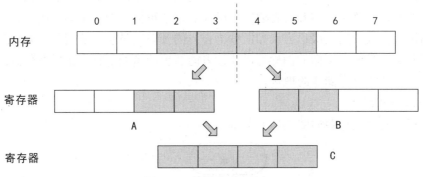

图 5.38 数据非对齐访问

由于各种硬件平台对存储空间的处理方式不尽相同，一些特定硬件平台的某种类型数据只能从某些特定地址开始存取，其他平台可能就没有这种限制。但如果不按照硬件平台的要求对数据存放对齐，就会造成内存访问效率的损失。确保每种数据都按照指定方式组织和存储，即对每种类型的对象满足它的对齐限制，就可以保证处理器和存储器的对齐访问，保证处理器访问存储器的效率。

通常，高级语言编译器会选择适合目标平台的对齐策略，编程者也可以通过给编译器传递编译指令而改变对指定数据的对齐方式。比如说下面的结构 S 声明：

```
Struct S
{
    char A;
    int B;
  int C;
}
```

如果编译器用最小的 9 字节来分配，它就不可能满足字段 B（偏移量为 1）和 C（偏移量为 5）的 4 字节对齐要求。编译器就需要在字段 A 与 B 之间插入一个 3 字节的填充，如此字段 B（偏移量为 4）和 C（偏移量为 8）将满足 4 字节对齐访问的要求。尽管采用对齐访问在存储空间上会有一定的损失，但是在存取效率上会有很大的提高。同样，处理器通常都会提供对齐的数据访问和非对齐的数据访问操作，但对齐的数据访问效率要远高于非对齐的数据访问。

5.3　操作示例

下面给出两个基于 MSP432 微控制器的存储器相关的实验例程。例程一帮助读者直观的观察存储器对于代码和变量存放位置。例程二实现了对于 Flash 存储器的擦写工作。

5.3.1　变量地址观察例程

当我们用高级语言在程序中定义变量的时候，并不知道定义的变量是如何存储的，也不知道存储的具体位置。因为编译器和操作系统已经帮用户完成了底层存储映射和变量分配等工作，所以高级语言的开发者通常不必关心这些事情。但对于调试程序、需要了解存储器使用情况，或使用低级语言（如汇编语言）的开发人员，需要清楚地知道存储器是如何存放代码和变量的。下面的例程可以让读者能够更清楚的了解变量以及代码的存储位置和存储方式，加深对存储器的理解。

1. 程序流程图

本例程的程序流程图如图 5.39 所示。

图 5.39　观察变量地址流程图

2. 库函数说明

MAP_PCM_gotoLPM3()

功能描述	进入深度睡眠模式	
参数描述	void	
返回值	viod	

3. 示例代码

示例代码如下。

```c
#include <driverlib.h>
/* Standard Includes */
#include <stdint.h>
#include <stdbool.h>
#include <string.h>
int main (void)
{
    /*定义变量*/
        uint32_t data=0x1;
        uint32_t data1=data+0x2;
        uint32_t data2=data+0x3;
        uint32_t data3=data+0x4;
    /*定义指针*/
        uint32_t *data_1=&data1;
        uint32_t *data_2=&data2;
        uint32_t *data_3=&data3;
    /*定义const 变量*/
  const uint32_t data4=0x1;
    /*不使用时进入深度睡眠*/
    while(1)
    {
    MAP_PCM_gotoLPM3();
    }

}
```

4. 操作现象

编译完工程后，工程目录下将生成一个 xxx.map 文件，其中 xxx 是工程名。
xxx.map 的内容如图 5.40 所示。origin 表示段的起始地址，length 表示段长度，根据
origin 和 length 可以计算出存储器分配给该段的大小。used 表示了已经使用的段大
小，unused 表示未被使用的大小。attr 表示该段的段属性，RWX 分别为读、写、执
行。以 SRAM_CODE 段为例，该段起始地址为 0x01000000。查看了 MSP432 的
Flash 区间为 0x00000000～0x1FFFFFFF，程序代码确实在这个范围内，证明代码存
在了 Flash 内。该段已使用大小为 0x00001218，未使用 0x0000ede8，属性为可读可
写可执行。

```
10 MEMORY CONFIGURATION
11
12      name            origin      length      used      unused    attr    fill
13 --------------------- --------- --------- -------- --------- ----   --------
14   MAIN              00000000  00040000  00000572  0003fa8e  R  X
15   INFO              00200000  00004000  00000000  00004000  R  X
16   SRAM_CODE         01000000  00010000  00001218  0000ede8  RW X
17   SRAM_DATA         20000000  00010000  00001218  0000ede8  RW
18
19
```

图 5.40　map 地址映射文件

Debug 该程序时，在 while 语句前面设置断点，方便观察变量的存储地址。图 5.41 为程序运行到断点时的变量存储地址示意图，可以看到程序中定义的这些变量的地址都在 0x20000000～0x3FFFFFFF 之间，表明它们存储在 SRAM 区。图 5.42 为变量在 SRAM 中存储示意图，可以观察到该存储方式为小端存储格式，矩形框内依次存储着定义的变量 data、data1-data4、data_1-data_3。

Name	Type	Value	Location
(x)= data	unsigned int	1	0x2000FFD8
(x)= data1	unsigned int	3	0x2000FFDC
(x)= data2	unsigned int	4	0x2000FFE0
(x)= data3	unsigned int	5	0x2000FFE4
(x)= data4	unsigned int	1	0x2000FFF4
▷ ➡ data_1	unsigned int *	0x2000FFDC {3}	0x2000FFE8
▷ ➡ data_2	unsigned int *	0x2000FFE0 {4}	0x2000FFEC
▷ ➡ data_3	unsigned int *	0x2000FFE4 {5}	0x2000FFF0

图 5.41　变量存储地址

```
0x2000FFD8

0x2000ffd8 - 0x2000FFD8 <Memory Rendering 1> ☒

16-Bit Hex - TI Style      ▾

0x2000FFD8  0001 0000 0003 0000 0004 0000 0005 0000 FFDC 2000 FFE0 2000 FFE4 2000 0001 0000 0000 2001 042B 0000
0x20010006  ---- ---- ---- ---- ---- ---- ---- ---- ---- ---- ---- ---- ---- ----
0x20010034  ---- ---- ---- ---- ---- ---- ---- ---- ---- ---- ---- ---- ---- ----
0x20010062  ---- ---- ---- ---- ---- ---- ---- ---- ---- ---- ---- ---- ---- ----
0x20010090  ---- ---- ---- ---- ---- ---- ---- ---- ---- ---- ---- ---- ---- ----
0x200100BE  ---- ---- ---- ---- ---- ---- ---- ---- ---- ---- ---- ---- ---- ----
0x200100EC  ---- ---- ---- ---- ---- ---- ---- ---- ---- ---- ---- ---- ---- ----
0x2001011A  ---- ---- ---- ---- ---- ---- ---- ---- ---- ---- ---- ---- ---- ----
0x20010148  ---- ---- ---- ---- ---- ---- ---- ---- ---- ---- ---- ---- ---- ----
```

图 5.42　变量在 SRAM 中存储示意图

5.3.2　Flash 擦写例程

MSP432 的 256KB 闪存主存储区分为两段区域，每段都有 128KB 的空间，每个段在编程或擦除时都可同时进行读取和执行。该存储区是主要的存储器，用于保存代码和数据。Flash 闪存主存储区的地址为 0x00000000～0x0003FFFF，其中 Bank0 为 0x00000000～0x0001FFFF，Bank1 为 0x00020000～0x0003FFFF。

　　闪存还有一个 16KB 的闪存信息存储器，用于存储 TI 闪存引导覆盖、设备描述符等代码。闪存信息存储器由 4 个 4KB 的扇区组成，可分为两个独立的段，每段 8KB，可独立进行编程/擦除操作。闪存信息存储器的地址为 0x00200000～0x00203FFF，其中 Bank0 sector0 为 0x00200000～0x00200FFF，用于存储闪存引导覆盖的内容，Bank0 sector1 为 0x00201000～0x00201FFF，用于存储设备描述符（TLV），Bank1 sector0 和 Bank1 sector1 分别为 0x0020000～0x00202FFF 和 0x00203000～0x00203FFF，用于存储 TI 的 BSL。图 5.43 为 MSP432 的内存映射图。

图 5.43　MSP432 闪存映射图

　　MSP432 的闪存提供了两种擦除模式和一种擦除保护功能。

　　（1）扇区擦除模式。在扇区擦除模式下，闪存控制器配置为擦除一个目标扇区，该扇区可以是两个 Bank 的任意一个。启动擦除操作后，可通过闪存控制器的状态位来观察擦除是否完成，擦除完成时可产生一个中断。

　　（2）整体擦除模式。在整体擦除模式下，闪存控制器设置为擦除整个闪存。整体擦除模式可以同时擦除两个 Bank。

　　（3）擦除保护功能。闪存控制器可以调用扇区擦除模式或整体擦除模式。在写/擦除（W/E）保护位使能时，擦除操作对任何扇区都不起作用。

　　下面的例程给出了使用固件库函数完成对 Flash 的整体擦除功能。开始时闪存 Bank1 中的扇区 30 和扇区 31 不受保护的（0x3E000～0x3FFFF），初始化时对该存储区填充数据。随后，设置扇区 31 为保护扇区，再对闪存执行整体擦除。由于整体擦除只能擦除未受保护的扇区，因此整体擦除结束后仅可见扇区 30 上的数据被擦除，扇区 31 上的数据保留了下来。

1. 程序流程图

本例程的程序流程图如图 5.44 所示。

图 5.44 扇区擦除流程图

2. 库函数说明

1）MAP_PCM_setCoreVoltageLeVel (PCM_VCOREI)

功能描述	将 VCORE 设置为 1 以便支持 48MHz 的频率	
参数描述	VoltageLeVel	PCM_VCOREI
返回值	返回参数为空	

2）MAP_CS_setDCOCenteredFrequency (CS_DCO_FREQUENCY_48)

功能描述	设置 DCO 的中心频率	
参数描述	dcoFreq	CS_DCO_FREQUENCY_48
返回值	返回参数为空	

3）MAP_FlashCtl_unprotectSectorunprotectSector (Flash_MAIN_MEMORY_SPACE_BANE, Flash_SECTOR)

功能描述	擦除 bank 上的扇区	
参数描述	FLASH_MAIN_MEMORY_SPACE_BANE	设置不受保护扇区所在的 bank
	FLASH_SECTOR	设置不受保护的扇区
返回值	返回参数为空	

4）MAP_FlashCtl_performMassErase()

功能描述	整体擦除 FLASH	
参数描述	void	
返回值	返回参数为空	

5）MAP_FlashCtl_programMemory (uint8_t*, (void*)BANK, uint32_t)

功能描述	向扇区写入数据	
参数描述	uint8_t*	要写入数据的首地址
	（void*）BANK	要写入的 bank 的 Sector 地址
	uint32_t	要写入的数据大小
返回值	返回参数为空	

6）MAP_FlashCtl_protectSector (BANK, SECTOR)

功能描述	设置要保护的扇区	
参数描述	BANK	要保护的扇区所在的 bank
	SECTOR	要保护的扇区
返回值	返回参数为空	

3. 示例代码

示例代码如下。

```
********************************************************/
/*驱动库(同件库)包含文件*/
#include"driverlib.h"
/*标准包括文件*/
#include<stdint.h>
#include<stdb001.h>
#include<string.h>
#define BANK1_S30 0x3E000
/*定义缓冲区大小为 8192*/
uint8_t patternArray[8192];
int main(void)
{
    /*由于这个程序有一个巨大的缓冲区来暂存数据,所以在 ISR 复位时应停止看门狗定时器
    *以避免看门狗定时器超时*/
    /*为了快速编程。设置 MCLK 为 48 MHz*/
```

```
MAP_PCM_setCoreVoltageLeVel(PCM_VCOREI);
MAP_CS_setDCOCenteredFrequency(CS_DCO_FREQUENCY_48);
/*将缓冲区初始化为 0x56*/
memset(patternArray,0x56,8192);
/*未保护的 Bank1 中的扇区 30 和扇区 31*/
MAP FlashCtl unprotectSectorunprotectSector(Flash_MAIN_MEMORY_SPACE_BANE1,
FLASH_SECTOR30|Flash_SECTOR31);
/*在编程前先尝试整体擦除。由于未保护 Bank1 中的扇区 30 和扇区 31,因此可擦除这两个
*扇区.如果失败,则可在无限循环程序中设置一个陷阱*/
if(!MAP_FlashCtl_performMassErase())
        while(1);
/*试图填充数据编程。如果失败了,则可在无限循环程序中设置一个陷阱*/
if(!MAP_FlashCtl_programMemory(patternArray,(void*)BANK1_$30,8192))
            while(1);
/*没置扇区 31 的保护*/
MAP_FlashCtl_protectSector(FLASH_MAIN_MEMORY_SPACE_BANKI,FLASH_SECTOR31);
/*再次进行整体擦除。因为扇区 31 受到保护,所以只有扇区 30(0x3E000～0x3EFFF)被擦除
*该调用后设置一个断点.以便观察调试器中的存储器数据
*/
if (!MAP_FlashCtl_performMassErase())
      while(1);
/*不使用时进入深度睡眠*/
while(1)
{
MAP_PCM_gotoLPM3();
}
}
```

4. 操作现象

逐步调试以上程序，可以发现开始时，扇区 30 和扇区 31 先被整体擦除，然后被初始化为 0x56，最后在整体擦除的时候，sector31 上的数据没有被擦除掉， sector31 4KB 的存储空间上保留了 0x56 这个数据。另外读者还可以观察到开辟数组大小为 8192B，这是因为 8KB＝（4KB+4KB）正好为两个扇区的大小。

5.4　本章小结

本章主要介绍了 RAM、ROM 和 Flash 存储器的原理及特性。RAM 包括 SRAM 和 DRAM；ROM 分为 MROM，一次可编程 PROM 和多次可编程 ROM，总结起来它们的分类如图 5.45 所示。存储器类型不同，应用场合和性能也就不同，为了衡量不同存储器之间的性能，所以引入了存储器性能指标。基本存储器构成了微控制器存储系统，微控制器存储系统主要涉及存储映射、位带操作、存储格式等知识点。为了让读者深入理解 Flash 特性，本章最后给出了一个在 MSP432 上对 Flash 存储器进行擦除和写入的例程，供大家参考学习 Flash 的编程知识。

图 5.45　半导体存储器分类

5.5　习题

（1）简述半导体存储器的分类。

（2）SRAM 与 DRAM 的主要区别是什么？为什么 MCU 使用 SRAM 而不用 DRAM？

（3）存储器系统的地址映射有哪些形式？

（4）Flash 和 EEPROM 有什么区别？分别在什么情况下使用 Flash 和 EEPROM？

（5）NOR Flash 和 NAND Flash 的特点？分别适用于哪些应用？

（6）用什么办法可以将用户烧写到 MCU Flash 中的代码复制出来？

（7）什么是大端存储和小端存储？

（8）什么是存储器对齐访问？不对齐访问会产生什么影响？

（9）对 Flash 存储器的操作是以什么为单位的？能否在不擦除的情况下，直接改写 Flash 中的内容？

（10）编写一个算法，在意外断电的情况下，保证写入 Flash 数据的正确性。

（11）固件程序存储在哪种存储器中？MCU 能否直接访问这个存储器执行代码，而不必将代码复制到内存中执行？

（12）CPU 复位向量指向的存储器地址，该地址段的存储器应该是 RAM 还是 ROM？

（13）对 Flash 存储器的哪些操作会影响其读写寿命？该如何避免 Flash 的寿命损耗？

（14）嵌入式系统的引导代码通常放在哪个存储器中？用户参数放在哪个存储器中？

（15）编写一个程序，可以正确读写 EEPROM 的一些单元。

第6章 基本外设

嵌入式系统与一般通用计算机系统的区别，除了按需选择的处理器和存储器，就是丰富的各种外设。常用的基本外设，如 GPIO、通用定时器、看门狗等，是一般嵌入式系统都需要的，其基本原理与使用方法较为基础又十分重要。本章将介绍这些外设的基本原理，并在此基础上，给出了这些基本外设的初始化配置方法和操作示例。

6.1 通用输入/输出端口（GPIO）

GPIO（General Purpose Input/Output）是嵌入式系统中最基础、最简单的外设，它是 MCU 与外部进行交互的接口。本节介绍 GPIO 的基本原理和编程结构，并介绍了如何配置一个 GPIO 端口。

6.1.1 GPIO 简介

GPIO 一般用于 MCU 对一些简单外部设备的控制，如发光二极管（LED 灯），或用于设备的输入，如按键等。这些设备简单到只需要一个控制位，或者说它们只有两个状态，如灯的亮/暗，按键的开/关等。作为嵌入式系统中最简单的系统外设，GPIO 有输入和输出两种状态。当它配置为输入状态时，MCU 可以通过读取 GPIO 的高低电平状态得到该 GPIO 所连接的外部设备的状态；当它配置为输出状态时，MCU 可以通过置高或置低电平来控制该 GPIO 连接的外部设备的状态。

GPIO 口一般都是按组规划的，不同的芯片有不同的分组方式。有的芯片是 8 个 GPIO 口为一组，有的则将 16~32 个 GPIO 口分为一组。GPIO 的表示方式一般为 Pxy，其中，x 为组号，y 为每个组具体的 GPIO 号。比如，PA0 表示 A 组第 0 个 GPIO 口。

图 6.1 GPIO 端口电路

所有 GPIO 口在复位后都有个默认方向。为了安全起见，系统复位后，GPIO 的默认方向都必须为输入。如图 6.1 所示，若复位后 PA0 的方向为输出且输出为 1 时，当开关闭合时会形成 PA0 对地短路，长时间会损坏 PA0 端口。

GPIO 的属性通过寄存器配置实现。一般来说，实现一个 GPIO 口的功能至少需要两个寄存器，分别是控制寄存器和数据寄存器。数据寄存器用于设置输出数据或读取输入数据，而控制寄存器决定 GPIO 的方向，即 GPIO 工作于输入还是输出状态。GPIO 的结构如图 6.2 所示，GPIO 控制寄存器通过控制一个三态门控制 GPIO 的方向，当 GPIO 设置为输入方向时，三态门为高阻态，那么 GPIO 引脚的电平状态可以输入到输入锁存，再通过 GPIO 数据寄存器读到。

图 6.2　GPIO 结构图

实际工作中，GPIO 口是通过一组控制寄存器进行配置的，如 PINCFG 寄存器、DIR 寄存器以及 OUT 寄存器可以用于将 GPIO 配置为不同模式。其中，PINCFG 寄存器中的 PULLEN 位（PINCFG.PULLEN）控制上/下拉电阻是否使能，PINCFG.INEN 控制 I/O 端口内部缓存是否使能。根据这些控制位，每个 GPIO 都可以配置为推拉（PUSH-PULL）、开漏（OPEN-DRAIN）、上/下拉输入或输出等。下面将对这些模式分别进行介绍。

1. 标准输入

如图 6.3 所示，若要将 GPIO 配置为标准输入模式，需要将 PINCFG.PULLEN 置 0，PINCFG.INEN 置 1，DIR 置 0。当 GPIO 被配置为标准输入时，为了防止 MCU 读到不确定的输入状态，该 GPIO 必须被外部电路驱动，即输入不能悬空。

图 6.3　标准输入

2. 上/下拉输入

上拉就是将不确定的信号通过一个电阻钳位在高电平，电阻同时起限流作用，下拉同理，就是将不确定的信号通过一个电阻钳位在低电平。从程序设计的角度讲，在没有输入信号的情况下，上拉时 GPIO 为高电平，下拉时 GPIO 为低电平。

如图 6.4 所示，若要将 GPIO 配置为上/下拉输入模式，需要将 PINCFG.PULLEN 置 1，PINCFG.INEN 置 1，DIR 置 0。当一个 GPIO 被设置为上/下拉输入模式时，如果该 GPIO 没有被外部电路所驱动，MCU 在上拉模式下会读到一个高电平，在下拉模式下会读到一个低电平。

图 6.4　上/下拉输入

3. 输入禁用的推拉输出

推拉电路由两个二极管组成，这两个二极管始终处于一个导通、一个截止的状态，对于负载而言，就好像是一个在推、一个在拉，共同完成电流输出任务。推拉电路的输出对外部电路具有驱动能力。

如图 6.5 所示，若要将 GPIO 配置为输入禁用的推拉输出模式，需要将 PINCFG.PULLEN 置 0，PINCFG.INEN 置 0，DIR 置 1。当一个 GPIO 被配置为推拉输出模式时，该输出引脚的输出电平，取决于对应数据寄存器 OUT 中的值（1 或 0），而且不管是输出高电平，还是低电平，都有足够的驱动能力，可以驱动外部电路。

图 6.5　输入禁用的推拉输出

4. 上/下拉输出

如图 6.6 所示，若要将 GPIO 配置为上/下拉输出模式，需要将 PINCFG.PULLEN 置 1，PINCFG.INEN 置 0，DIR 置 0。这种模式相当于在推拉输出时串接了一个电阻，限制了输出电流，可以保护 GPIO 引脚，适合于外部弱驱动要求的应用。这种配置不常用，不是所有 MCU 都具有这种配置。

图 6.6　上/下拉输出

5. 复位或模拟 I/O

如图 6.7 所示，若要将 GPIO 配置为复位或模拟 I/O 模式，需要将 PINCFG.PULLEN 置 0，PINCFG.INEN 置 0，DIR 置 0。一般芯片复位时，GPIO 会被自动配置成这种模式。当 GPIO 引脚与 MCU 模拟外设（如 ADC、DAC）复用，且被模拟外设使用时，该引脚必须与数字电路全部断开，该 GPIO 也必须被配置为这种模式。

图 6.7　复位或模拟 I/O

需要注意的是，我们介绍了 GPIO 的基本原理和配置方式，但是不同的芯片支持的模式和配置方式可能有所不同，所以，每个芯片 GPIO 的具体配置方法还需要参考具体芯片的用户手册。

6.1.2　MSP432 中的 GPIO

MSP432 中包括了 11 个数字 I/O 端口（P1～P10，PJ），每个端口包括多个引脚，每个引脚都可以独立的配置为输入或者输出，可单独进行读/写操作，以及可单独配置内部上拉电阻或下拉电阻。某些端口还具有中断和从超低功耗模式的唤醒功能。

端口 P1/P2，P3/P4，P5/P6，P7/P8，P9/P10 分别与名称 PA，PB，PC，PD，PE 关联。所有端口寄存器都使用这种命名规则，只有中断向量寄存器的命名是例外，例如，端口 P1 和 P2 的中断必须通过 P1IV 和 P2IV 来处理，因为 PAIV 不存在。

图 6.8 是一个简单的 GPIO 结构框图。该图中，PyREN.x 选择是否使用上拉或下拉电阻，PySEL1.x 和 PySEL0.x 两位共同选择 GPIO 引脚的功能模式，四种功能模式分别为通用 I/O 功能、主外设模块功能、第二外设模块功能与第三外设模块功能。当引脚配置为通用 I/O 功能时，由 PyDIR.x 选择引脚方向，当引脚配置为外设模块功能时，引脚方向由外设模块决定或被忽略。

当设备进入低功耗模式时，当前 I/O 状态被锁定并被保存。当设备从低功耗模式中苏醒时，锁定状态不会被解除，直到应用程序明确解除锁定。若设备从低功耗状态 LPM3.5 或 LPM4.5 中苏醒，配置寄存器将被重置，I/O 端口的锁定状态保证了重置值不会影响 I/O 操作。在这种情况下，应用程序应在释放锁定状态前重新初始化配置寄存器。

图6.8 MSP432中某GPIO结构框图

6.1.3 初始化配置

在使用 GPIO 进行输入/输出时，首先要对其进行初始化配置。要使用一个 GPIO，主要需要做以下几步工作。

首先，要选择 GPIO 的工作方向。GPIO 有输入和输出两个方向，一般来说，当 GPIO 连接到按键等控制器件时，需要将其配置为输入引脚，当 GPIO 连接到 LED 等用于展示的器件时，需要将其配置为输出引脚。

其次，要选择 GPIO 的模式，即 6.1.2 中提到的几种 GPIO 模式，包括推拉（PUSH-PULL）、开漏（OPEN-DRAIN）、上/下拉输入或输出等。

另外，许多 GPIO 可以进行复用，可以根据具体情况，将其配置为模拟输入或模拟输出等。

GPIO 中断对于 GPIO 来说，也是很重要的一环。如果使能 GPIO 中断，当触发中断时，会进入中断处理函数。

6.1.4 操作实例

本实例以 MSP432 为例，展示了一个简单的 GPIO 功能，即使用按键控制 LED 灯的亮灭。实例使用 P1.1 作为开关输入，P1.0 作为 LED 输出。P1.1 被配置为输入，并使能中断；P1.0 被配置为输出。当开关按下时，LED 灯的亮灭状态反转。本实例程序流程图如图 6.9 所示。

图 6.9　GPIO 程序流程图

下面介绍本程序用到的库函数。

1. void GPIO_setAsOutputPin (uint_fast8_t selectedPort, uint_fast16_t selectedPins)

功能描述	将指定的 GPIO 配置为输出模式	
参数描述	selectedPort	指定端口
	selectedPins	指定引脚
返回值	空	

2. void GPIO_setAsInputPinWithPullUpResistor (uint_fast8_t selectedPort, uint_fast16_t selectedPins)

功能描述	将指定的 GPIO 配置为上拉输入模式	
参数描述	selectedPort	指定端口
	selectedPins	指定引脚
返回值	空	

3. void GPIO_clearInterruptFlag (uint_fast8_t selectedPort, uint_fast16_t selectedPins)

功能描述	将指定 GPIO 的中断标志位清除	
参数描述	selectedPort	指定端口
	selectedPins	指定引脚
返回值	空	

4. void GPIO_enableInterrupt (uint_fast8_t selectedPort, uint_fast16_t selectedPins)

功能描述	使能指定 GPIO 中断	
参数描述	selectedPort	指定端口
	selectedPins	指定引脚
返回值	空	

5. uint_fast16_t GPIO_getEnabledInterruptStatus (uint_fast8_t selectedPort)

功能描述	得到指定端口的中断状态
参数描述	selectedPort	指定端口
返回值	触发中断且已使能中断的引脚

6. void GPIO_toggleOutputOnPin (uint_fast8_t selectedPort, uint_fast16_t selectedPins)

功能描述	翻转指定 GPIO 的输出	
参数描述	selectedPort	指定端口
	selectedPins	指定引脚
返回值	空	

下面给出具体代码。

```
#include <ti/devices/msp432p4xx/driverlib/driverlib.h>
/* Standard Includes */
#include <stdint.h>
#include <stdbool.h>

int main(void)
{
    MAP_WDT_A_holdTimer(); //关闭看门狗

    //配置 P1.0 为输出引脚
    MAP_GPIO_setAsOutputPin(GPIO_PORT_P1,GPIO_PIN0);

    //配置 P1.1 为输入引脚,并使能中断
    MAP_GPIO_setAsInputPinWithPullUpResistor(GPIO_PORT_P1,GPIO_PIN1);
    MAP_GPIO_clearInterruptFlag(GPIO_PORT_P1,GPIO_PIN1);
    MAP_GPIO_enableInterrupt(GPIO_PORT_P1,GPIO_PIN1);
    MAP_Interrupt_enableInterrupt(INT_PORT1);
```

```
    MAP_SysCtl_enableSRAMBankRetention(SYSCTL_SRAM_BANK1);
    MAP_Interrupt_enableMaster();

    //进入 LPM3 模式
    while(1)
    {
        MAP_PCM_gotoLPM3();
    }
}

//GPIO 中断处理程序
void PORT1_IRQHandler(void)
{
    uint32_t status;

    status = MAP_GPIO_getEnabledInterruptStatus(GPIO_PORT_P1);//得到中断源
    MAP_GPIO_clearInterruptFlag(GPIO_PORT_P1,status);//清除中断标志

    //翻转 LED 状态
    if(status & GPIO_PIN1)
    {
        MAP_GPIO_toggleOutputOnPin(GPIO_PORT_P1,GPIO_PIN0);
    }
}
```

将以上代码下载到 MSP432 并运行后，按下按键，LED 灯打开，再一次按下按键，LED 灯关闭，并如此反复。

6.2　通用定时器/计数器

定时器是嵌入式系统中必不可少的一部分，它就像一个闹钟，可以定时提醒 MCU 进行事件处理。本节介绍通用定时器的基本原理，并介绍了如何配置一个通用定时器。

6.2.1　通用定时器简介

顾名思义，定时器是一个用来定时的外设。定时器工作时，计数器向上或向下计数，在计数达到一定值时通知 MCU。定时器在嵌入式系统的用途很多，如嵌入式操作系统的任务调度，通信电路的波特率发生器，数模转换等。

定时器和计数器具有相同的基本结构。定时器将系统时钟（固定时钟频率）作为计数脉冲，而计数器的脉冲输入通常来自于处理器的外部引脚，实现对外部事件进行计数。通常将定时器和计数器设计在一起，通过开关切换脉冲源，使其工作于计数器状态或定时器状态。

如图 6.10 所示，定时器主要由控制寄存器、状态寄存器、初始值寄存器、输出寄存

器和计数器组成。控制寄存器是一个只写寄存器，用于设置定时器的工作方式并控制其工作；状态寄存器是一个只读寄存器，用于存放定时器当前工作状态；初始值寄存器是一个只写寄存器，用于载入计数器的初始计数值；输出寄存器是只读寄存器，用于记录计数器当前的值；计数器多为递减计数器，从初始值寄存器读取初始值后，进行减法计数，减到0时产生溢出或中断信号，其具体的计数方式由控制寄存器控制。

图 6.10　定时器结构图

通用定时器的主要功能是定时，产生一次或周期性中断。计数器的工作模式分为单次计数模式和循环计数模式。单次计数模式下，计数器计数到0就产生中断并停止计数；循环计数模式下，每次计数器计数到0便产生一次中断，随后重新载入初始值计数器的值，继续计数。

有些定时器还具有以下几个功能。
- 输入捕获；
- 输出比较；
- 脉冲宽度调制。

输入捕获功能可以用于测量周期。如图 6.11 所示，当一个满足过滤要求的脉冲到达时，定时器都将当前计数器中的值载入捕获寄存器。若要计算周期，只要捕获两次脉冲，然后相减就能得到两次脉冲的间隔时间。如果用户选择开启中断，那么捕获时还会产生一个中断。

图 6.11　输入捕获

输出比较功能可以用于产生特定波形。如图 6.12 所示，当计数器的值与比较寄存器的值相等时，可在输出引脚输出指定信号。如果用户选择开启中断，那么还会产生一个中断。

图 6.12 输出比较

6.2.2 MSP432 中的定时器

MSP432 包含了多种定时器，比如 Timer32、TimerA、WDT、Systick。Systick 是 Cortex-m4 硬件内核中的一个定时器，一般称为系统滴答定时器，因其位置的特殊性，这里不具体讨论。WDT 为看门狗定时器，也是一种特殊功能的定时器，在后面的章节中会学习到。本节只讨论 Timer32、TimerA。

Timer32 模块包含两个独立的递减计数器，每个都能配置为 16 位或 32 位，可独立产生中断，也可以由两个计数器产生一个组合中断。计数器有 3 种运行模式，即自由运行模式、周期定时器模式和单次定时器模式。

自由运行模式是默认的模式，是指在计数器计数至 0 时，继续从最大值开始倒计时。周期定时器模式是指计数器以一定的间隔产生中断，并在计数至 0 时重新载入最初设定的值。单次定时器模式是指计数器只产生一次中断，即计数器计数至 0 时，定时器挂起，直到用户对其进行重新编程。

Timer32 只有定时器最基本的功能，即计数并产生定时中断。若要使用更多定时器的功能，可以使用 MSP432 的 TimerA。

TimerA 是一个 16 位的定时器。MSP432 中一共有 4 个 TimerA 模块，每个模块包含多达 7 个捕获/比较寄存器，可同时输出多个 PWM，支持多个捕获。TimerA 支持中断，中断在计数器溢出时产生或来自比较/捕获寄存器。一个 TimerA 的模块图如图 6.13 所示。

TimerA 的时钟可源自 ACLK、SMCLK 或外部 TAxCLK 和 INCLK，时钟源可以直接传递给定时器或者进行时钟分频后传递给定时器供定时器使用。定时器有 4 种计数模式：连续计数模式、增计数模式、增减计数模式和停止。

图 6.13　TimerA 模块结构

1. 连续计数模式

如图 6.14 所示，在连续计数模式下，TAxCCR0 寄存器和其他的捕捉/比较寄存器以相同的方式工作，定时器计数在 0-FFFFh 间重复，且定时器在计数值从 FFFFh 跳到 0 时产生一个中断。

图 6.14　连续计数模式

2. 增计数模式

如图 6.15 所示，在增计数模式下，TAxCCR0 寄存器中保存着计数值，定时器计数在 0-TAxCCR0 中的计数值间重复，且定时器在计数值从 TAxCCR0-1 跳到 TAxCCR0 时产生一个中断，从 TAxCCR0 跳到 0 时也产生一个中断。

图 6.15　增计数模式

3. 增减计数模式

如图 6.16 所示，在增减计数模式下，TAxCCR0 寄存器中保存着计数值，定时器计数从 0 向上计数到 TAxCCR0 中的值，再从 TAxCCR0 中的值向下返回计数到 0。定时器从 TAxCCR0-1 跳到 TAxCCR0 时产生一个中断，并在从 0001h 跳到 0 时产生一个中断。一般来说，在定时器周期不是 0FFFFh，且需要产生一个对称的脉冲时可以选择使用增/减模式计数。此模式中，计数方向锁定，允许定时器停止并以相同的方向重新启动。

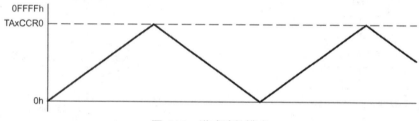

图 6.16　增减计数模式

4. 停止

停止模式即定时器停止计数。

TimerA 中具有多达 7 个相同的捕获/比较模块，任何一个模块都可用于捕获定时器数据、产生时间间隔或产生 PWM。TimerA 有两种功能模式，分别为捕获模式和比较模式。

捕获模式下，两次捕获的差值可用于计算速度或测量时间。捕获输入可连接到外部引脚，也可以是内部信号。输入信号的上升沿、下降沿或上升/下降沿都可以作为捕获沿。发生捕获时，计数器的值被复制到 TAxCCRn 寄存器中，并产生一个中断，CPU 在下一个写寄存器操作之前取到 TAxCCRn 寄存器中的值即可。

比较模式可以用于输出 PWM 信号。在此模式下，当计数器计数到 TAxCCRn 寄存器中的数时，产生一个中断，并根据输出模式调整输出信号的极性。具体的输出模式对应的输出波形，将会在 6.3 中详细阐述。

6.2.3　初始化配置

在使用定时器模块时，首先要对其进行初始化配置。通用定时器的初始化流程包括时钟配置、定时器配置、中断配置等。

一个定时器要正常工作，首先需要一个时钟驱动。另外，定时器时钟对定时器的周期计算起重要作用，因此选择一个合适的时钟频率十分重要。

在使用定时器时，要根据具体情况对定时器进行配置。

首先需要配置定时器的周期。一般来说，定时器内部有一个初始值寄存器，配置定时器的周期即设置初始值寄存器的值。根据这个初始值寄存器的值和时钟频率，可以计算出定时器的计数周期。另外，一个 32 位的定时器，用户可以选择将其配置为 32 位或 16 位模式。

其次需要配置定时器的模式，包括定时器的计数模式（递增计数和递减计数）和工作模式（单次计数和循环计数）。

如果使能定时器中断，那么定时器在溢出时会产生一个中断，程序进入中断处理函数。

6.2.4　操作实例

本示例以 MSP432 为例，展示了一个通用定时器的基本功能，即控制 LED 灯定时闪烁，时间周期为 1 秒。按键控制定时器计数开始以及中断使能。LED 灯和按键分别接在端口 P1.0 和 P1.1 上。本实例程序流程图如图 6.17 所示。

图 6.17　定时器程序流程图

下面介绍本程序用到的库函数。

1. void Timer32_initModule (uint32_t timer, uint32_t preScaler, uint32_t resolution，uint32_t mode)

功能描述	初始化 Timer32 模块	
参数描述	timer	指定定时器模块
	preScaler	指定时钟分频
	resolution	指定定时器分辨率
	mode	指定定时器工作模式
返回值	空	

2. void Timer32_setCount (uint32_t timer, uint32_t count)

功能描述	设置 Timer32 计数值	
参数描述	timer	指定定时器模块
	count	指定计数值
返回值	空	

3. void Timer32_enableInterrupt (uint32_t timer)

功能描述	使能 Timer32 中断	
参数描述	timer	指定定时器模块
返回值	空	

4. void Timer32_startTimer (uint32_t timer, bool oneShot)

功能描述	开启 Timer32 计数器计数	
参数描述	timer	指定定时器模块
	oneShot	指定是否为单次计数模式
返回值	空	

下面给出具体代码。

```
#include <ti/devices/msp432p4xx/driverlib/driverlib.h>
#include <stdint.h>
#include <stdbool.h>

int main(void)
{
    MAP_WDT_A_holdTimer();

    //设置时钟
```

```
        MAP_CS_setReferenceOscillatorFrequency(CS_REFO_128KHZ);
        MAP_CS_initClockSignal(CS_MCLK,CS_REFOCLK_SELECT,CS_CLOCK_DIVIDER_1);
        MAP_PCM_setPowerState(PCM_AM_LF_VCORE0);

        //设置 GPIO,将 P1.0 设为输出引脚,P1.1 设为输入引脚,并使能中断
        MAP_GPIO_setAsOutputPin(GPIO_PORT_P1,GPIO_PIN0);
        MAP_GPIO_setOutputLowOnPin(GPIO_PORT_P1,GPIO_PIN0);
        MAP_GPIO_setAsInputPinWithPullUpResistor(GPIO_PORT_P1,GPIO_PIN1);
        MAP_GPIO_clearInterruptFlag(GPIO_PORT_P1,GPIO_PIN1);
        MAP_GPIO_enableInterrupt(GPIO_PORT_P1,GPIO_PIN1);

        //设置 Timer32 模式
        MAP_Timer32_initModule(TIMER32_BASE,TIMER32_PRESCALER_1,TIMER32_32BIT,
                        TIMER32_PERIODIC_MODE);

        //使能中断
        MAP_Interrupt_enableInterrupt(INT_PORT1);
        MAP_Interrupt_enableInterrupt(INT_T32_INT1);
        MAP_Interrupt_enableMaster();

        while(1)
        {
            MAP_PCM_gotoLPM0();
        }
    }

//GPIO 中断处理程序
void PORT1_IRQHandler(void)
{
    uint32_t status = MAP_GPIO_getEnabledInterruptStatus(GPIO_PORT_P1);
    MAP_GPIO_clearInterruptFlag(GPIO_PORT_P1,status); //清除中断标志

    if(GPIO_PIN1 & status)
    {
        MAP_GPIO_disableInterrupt(GPIO_PORT_P1,GPIO_PIN1);//关闭 P1.1 中断
        MAP_GPIO_setOutputHighOnPin(GPIO_PORT_P1,GPIO_PIN0);
        MAP_Timer32_setCount(TIMER32_BASE,128000);     //设置定时器计数周期
        MAP_Timer32_enableInterrupt(TIMER32_BASE);     //使能定时器中断
        MAP_Timer32_startTimer(TIMER32_BASE,false);    //定时器开始计数
    }
}

//Timer32 中断处理程序
void T32_INT1_IRQHandler(void)
{
    MAP_Timer32_clearInterruptFlag(TIMER32_BASE);          //清楚中断标志
    MAP_GPIO_toggleOutputOnPin(GPIO_PORT_P1,GPIO_PIN0);//翻转 LED
    MAP_GPIO_enableInterrupt(GPIO_PORT_P1,GPIO_PIN1);  //使能按键中断
}
```

将以上代码下载到 MSP432 后，按下按键，LED 以 1 秒的周期开始闪烁。

6.3　脉冲宽度调制（PWM）

PWM（Pulse Width Modulation）是利用微处理器的数字输出来对模拟电路进行控制的一种非常有效的技术，广泛应用在测量、通信、电机控制、功率控制与变换等许多领域。本节介绍 PWM 的基本原理，并介绍了如何产生一个 PWM。

6.3.1　PWM 简介

PWM 技术成本低、易于实现、控制灵活、抗噪性能强，是一种在许多应用设计中采用的技术。

PWM 的基本原理很简单，即冲量相等而形状不同的窄脉冲加在具有惯性的环节上时，其效果基本相同。这句话中，冲量指的是脉冲的面积，效果基本相同指的是输出响应波形基本相同。在图 6.18 中，（a）、（b）、（c）、（d）四种波形具有不同的形状和相同的冲量，它们输入图 6.19 的（a）电路后，其响应波形如图 6.19 的（b）所示，可以看到，响应波形在低频段非常接近，仅在高频段略有差异。也就是说，可以用（a）来代替（b）或（c）。

图 6.18　形状不同而冲量相同的各种窄脉冲

图 6.19　冲量相同的各种窄脉冲的响应波形

占空比是指高电平在一个周期之内所占的时间比率。PWM 的控制方式就是通过开关控制输出，使得输出端得到一系列幅值相等而占空比不同的波形，用这些脉冲来代替所需的波形。

如图 6.20 所示，若要用 PWM 代替一个正弦半波，只需要将正弦半波 N 等分，将其看成 N 个彼此相连的脉冲序列，它们具有相同的宽度和不同的幅值。根据等面积法，用 N 个矩形脉冲代替这些脉冲序列，这些矩形脉冲等幅、不等宽，与正弦半波的脉冲序列中点重合、面积相等，其宽度按正弦规律变化。这就是 SPWM（Sinusoidal PWM）的原理。要想改变正弦波的幅值，只需要将脉冲宽度等比例放大或缩小即可。

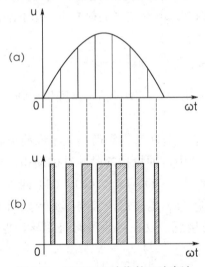

图 6.20　用 PWM 波代替正弦半波

脉冲宽度调制波通常由一系列占空比不同的矩形脉冲构成，其占空比与信号的瞬时采样值成比例。图 6.21 的（a）为脉冲宽度调制系统的原理框图，（b）为调制的波形图。可以看到，该系统由一个比较器和一个周期为 Ts 的锯齿波发生器组成。若输入信号 x(t) 大于锯齿波信号，比较器输出正常数 A，否则输出 0。因此，比较器会输出一列下降沿调制的脉冲宽度调制波。

图 6.21　PWM 调制原理与输出波形

对于单片机而言，PWM 可以由定时器的输出比较功能实现。PWM 的占空比由比较寄存器和计数上限决定，若要改变占空比，只要改变比较寄存器的值即可。

PWM 的一个优点是：从处理器到被控系统，信号都是数字形式的，无须进行数模转换。让信号保持为数字形式可将噪声影响降到最小。在数据处理的过程中，噪声只有在强到足以将逻辑 1 改变为逻辑 0 或将逻辑 0 改变为逻辑 1 时，才能对数字信号产生影响。

对噪声抵抗能力强是 PWM 相对于模拟控制的一个优点，而且这也是在某些时候将 PWM 用于通信的主要原因。从模拟信号转向 PWM 可以极大地延长通信距离。在接收端，通过适当的解码网络可以滤除调制的高频脉冲，并将信号还原为模拟形式。

6.3.2　MSP432 中的 PWM

在 MSP432 中，PWM 可以由 TimerA 产生。TimerA 的基本结构在 6.2 节中已经了解。

TimerA 的每个捕获/比较区块都包含一个输出单元，该输出单元可以用于产生输出信号，比如 PWM 信号。每个输出单元可生成 8 种模式的信号。表 6.1 列出了 8 种输出模式及各模式的特征和应用。

表 6.1　TimerA 的输出模式

模 式 名 称	特 　 征	应 　 用
输出	根据 OUT 位输出，OUT 位更新时，输出信号立即更新	可用于预设输出信号的电平
置位	定时器计数到 TAxCCRn 时，输出 1，并保持到定时器被复位或选择另一种输出模式并影响输出为止	可用于生成单稳态脉冲，脉宽由 TAxCCR0 决定
翻转/复位	定时器计数到 TAxCCRn 时，输出取反；定时器计数到 TAxCCR0 时，输出 0	可用于生成带死区时间控制的互补 PWM（增减计数模式下）
置位/复位	定时器计数到 TAxCCRn 时，输出 1；定时器计数到 TAxCCR0 时，输出 0	可用于生成 PWM 信号，信号的频率由 TAxCCR0 决定，占空比由 TAxCCRn 与 TAxCCR0 决定。要改变占空比，只要改写 TAxCCRn 中的值即可
翻转	定时器计数到 TAxCCRn 时，输出取反	可用于生成占空比为 50% 的方波信号，信号的频率由 TAxCCR0 决定。7 个输出单元最多能生成 7 路移相波形，相位由 TAxCCRn 决定
复位	定时器计数到 TAxCCRn 时，输出 0，并保持到选择另一种输出模式并影响输出为止	可用于生成单稳态脉冲，脉宽由 TAxCCR0 决定
翻转/置位	定时器计数到 TAxCCRn 时，输出取反；定时器计数到 TAxCCR0 时，输出 1	可用于生成带死区时间控制的互补 PWM（增减计数模式下）
复位/置位	定时器计数到 TAxCCRn 时，输出 0；定时器计数到 TAxCCR0 时，输出 1	可用于生成 PWM 信号，信号的频率由 TAxCCR0 决定，占空比由 TAxCCRn 与 TAxCCR0 决定。要改变占空比，只要改写 TAxCCRn 中的值即可

以增计数模式为例，各个输出模式下输出的信号如图 6.22 所示。

图 6.22　增计数模式下各输出模式下输出信号图

6.3.3　操作实例

本实例以 MSP432 为例，展示了由定时器产生的 PWM 控制开发板上 LED 灯的亮度。PWM 由 TimerA 产生，由于 MSP432 固件库有库函数可以用于产生 PWM，这里直接调用库函数即可。按键 P1.1 用于控制输出 PWM 的占空比。

由于 TimerA 产生 PWM 时的输出端口没有与板上 LED 的端口相连，所以需要使用 MSP432 的端口映射功能。MSP432 包含一个 PMAP 模块，它可以灵活地映射 GPIO 口引脚，即将某一端口上的输出"替换"到另一指定端口上。在本实验中，我们要将 TimerA 的输出端口映射到 LED 的端口 P2.0 上。

本实例程序流程图如图 6.23 所示。

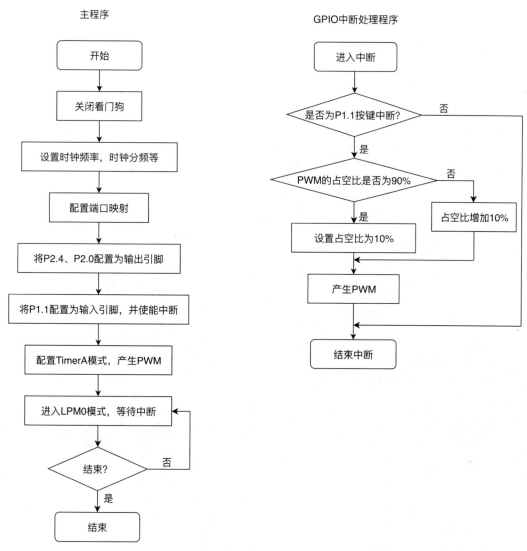

图 6.23　PWM 程序流程图

下面介绍本程序用到的库函数。

void Timer_A_generatePWM (uint32_t timer, const Timer_A_PWMConfig *config)

功能描述	初始化 Timer32 模块	
参数描述	timer	指定定时器模块
	config	定时器 PWM 配置结构体
返回值	空	

其中，定时器 PWM 配置结构体的参数如下。

clockSource：选择时钟源

clockSourceDivider：时钟分频

timerPeriod：定时器周期

compareRegister：选择比较寄存器

compareOutputMode：选择输出模式

dutyCycle：输入占空比

下面给出具体代码。

```c
#include <ti/devices/msp432p4xx/driverlib/driverlib.h>
#include <stdint.h>
#include <stdbool.h>

//Timer_A_PWM 配置结构体
Timer_A_PWMConfig pwmConfig =
{
        TIMER_A_CLOCKSOURCE_SMCLK,
        TIMER_A_CLOCKSOURCE_DIVIDER_1,
        32000,
        TIMER_A_CAPTURECOMPARE_REGISTER_1,
        TIMER_A_OUTPUTMODE_RESET_SET,
        3200
};

//端口映射配置
const uint8_t port_mapping[] =
{
    //Port P2:
    PM_TA0CCR1A,PM_TA0CCR2A,PM_TA0CCR3A,PM_NONE,PM_TA1CCR1A,PM_NONE,PM_
    NONE,PM_NONE
};

int main(void)
{
    //关闭看门狗
    MAP_WDT_A_holdTimer();

    //设置时钟
    MAP_CS_setReferenceOscillatorFrequency(CS_REFO_128KHZ);
    MAP_CS_initClockSignal(CS_MCLK,CS_REFOCLK_SELECT,CS_CLOCK_DIVIDER_1);
    MAP_CS_initClockSignal(CS_SMCLK,CS_REFOCLK_SELECT,CS_CLOCK_DIVIDER_2);
    MAP_PCM_setPowerState(PCM_AM_LF_VCORE0);
    //配置端口映射
    MAP_PMAP_configurePorts((const uint8_t *) port_mapping,PMAP_P2MAP,1,
                        PMAP_DISABLE_RECONFIGURATION);

    ///配置GPIO
    MAP_GPIO_setAsPeripheralModuleFunctionOutputPin(GPIO_PORT_P2,GPIO_PIN4,
                                        GPIO_PRIMARY_MODULE_
                                        FUNCTION);
    MAP_GPIO_setAsPeripheralModuleFunctionOutputPin(GPIO_PORT_P2,
    GPIO_PIN0|GPIO_PIN1|GPIO_PIN2,
```

```
                    GPIO_PRIMARY_MODULE_FUNCTION);
    MAP_GPIO_setAsInputPinWithPullUpResistor(GPIO_PORT_P1,GPIO_PIN1);
    MAP_GPIO_clearInterruptFlag(GPIO_PORT_P1,GPIO_PIN1);
    MAP_GPIO_enableInterrupt(GPIO_PORT_P1,GPIO_PIN1);

    //产生 PWM
    MAP_Timer_A_generatePWM(TIMER_A0_BASE,&pwmConfig);

    MAP_Interrupt_enableInterrupt(INT_PORT1);
    MAP_Interrupt_enableSleepOnIsrExit();
    MAP_Interrupt_enableMaster();

    while(1)
    {
        //进入 LPM0
        MAP_PCM_gotoLPM0();
    }
}


//GPIO 中断处理程序
void PORT1_IRQHandler(void)
{
    uint32_t status = MAP_GPIO_getEnabledInterruptStatus(GPIO_PORT_P1);
    MAP_GPIO_clearInterruptFlag(GPIO_PORT_P1,status);      //清除中断标志

    if (status & GPIO_PIN1)
    {
        if(pwmConfig.dutyCycle == 28800)
            pwmConfig.dutyCycle = 3200;                    //占空比设为 10%
        else
            pwmConfig.dutyCycle += 3200;                   //占空比增加 10%

        MAP_Timer_A_generatePWM(TIMER_A0_BASE,&pwmConfig);//产生 PWM
    }
}
```

将以上代码下载到 MSP432 并运行后，连续按下按键 K1，可以看到 LED 红灯的亮度从暗到亮递增，并以此往复。

6.4　看门狗定时器（WDT）

WDT（Watch Dog Timer）是一个特殊的定时器，可以通过对系统进行复位来防止系统故障，在许多设备中都有普遍应用。本节介绍 WDT 的基本原理，并给出使用 WDT 的一个实例。

6.4.1　WDT 简介

在工业现场，当供电电源、空间电磁干扰或其他原因引起强烈的干扰噪声作用于数字器件时，极易使器件产生错误动作，引起"程序跑飞"事故。若不进行有效处理，程序就不能回到正常工作状态，看门狗正是为了解决这类问题而产生的，尤其是在具有循环结构的程序任务中，使用看门狗的效果更为明显。

看门狗是不随主芯片时钟的停止而停止的，它是一个独立的计时单元。假如用户在程序中使用并设置了看门狗，在系统上电后它就会启动，若在指定周期内没有重置看门狗，系统将会重新启动。这种设计为系统提供了极高的可靠性，即使系统死锁，也可以及时自动恢复系统。

看门狗实质上是一个定时器，其主要功能有两个。

（1）看门狗功能：使微控制器在进入错误状态后的一定时间内复位。当看门狗使能时，如果用户程序没有在周期时间内喂狗（重装），看门狗会产生一个系统复位信号；

（2）普通定时器功能：如果系统不需要看门狗功能，可将它当作普通定时器使用。

WDT 的工作原理很简单。首先，WDT 设置一定的计时时间，使能后，计数器开始计数。当计时时间到后，则触发系统复位。如果在定时时间到达之前，进行喂狗（计数器重装）动作，则不会引起系统复位。看门狗的定时时间可以由用户设定，可以根据需要在指定的时间内复位系统。因此，软件上对看门狗的控制很简单，即打开看门狗，关闭看门狗和看门狗定时器重装。打开看门狗是指设置初始参数并调用中断来使看门狗开始工作；关闭看门狗是指停止使用看门狗；看门狗定时重装是指在看门狗计数器的数值减为零之前恢复其初始值。

6.4.2　MSP432 中的看门狗

MSP432 中，看门狗定时器是一个 32 位的定时器，可以用来作为看门狗，也可以用作普通间隔定时器。MSP432 的看门狗定时器模块有 8 种可选的计数值，支持两个工作模式，支持密码保护，且可以停用以降低功耗。MSP432 看门狗定时器模块的结构如图 6.24 所示。

MSP432 看门狗模块的计数器是一个 32 位向上计数的计数器，不能由软件直接访问。当定时器复位时，计数器自动重置。

在看门狗模式下，系统重置时，看门狗定时器模块使用 SMCLK，且计数值为约 10.92ms，即系统在 10.92ms 后重置。因此，用户必须在这个时间之前设置、停用或清除看门狗，否则系统将再次重置。若定时器配置为看门狗模式，不管是寄存器写入错误，还是没有按时喂狗，都将导致系统复位，同时定时器回到其原始配置。为了降低功耗，在 LPM3、LPM3.5、LPM4、LPM4.5 模式下，看门狗模式将不被启用。

在间隔定时器模式下，看门狗定时器可用来产生周期性的中断，即每个计数周期的最后都将产生一个中断。同样，为了降低功耗，在 LPM4、LPM4.5 模式下，间隔定时器模式将不被启用。

图 6.24 MSP432 中的看门狗定时器结构图

6.4.3 操作实例

本实例以 MSP432 为例，展示了一个 WDT 的看门狗功能。本实例中，按键用于禁用系统中断。系统配置为每 1 秒进入一次中断，即在程序主循环中，每 1 秒进行一次"喂狗"。当按下按键时，按键中断中禁用系统中断，那么程序不进行"喂狗"，看门狗溢出，系统复位。系统复位时，LED 灯亮。LED 灯和按键分别接在端口 P1.0 和 P1.1 上。本实例的程序流程图如图 6.25 所示。

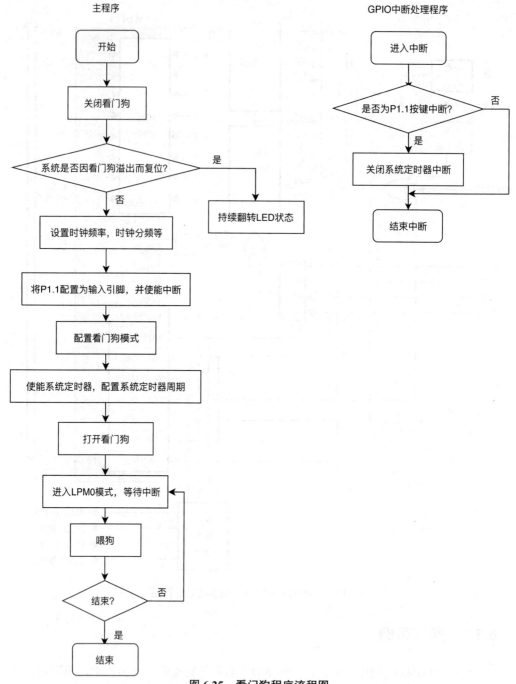

图 6.25　看门狗程序流程图

下面给出本实例用到的库函数。

1. void WDT_A_initWatchdogTimer (uint_fast8_t clockSelect, uint_fast8_t clockDivider)

功能描述	初始化看门狗模块	
参数描述	clockSelect	指定时钟
	clockDivider	指定时钟分频
返回值	空	

2. void WDT_A_clearTimer (void)

功能描述	将看门狗的计数值清零
参数描述	空
返回值	空

3. void WDT_A_holdTimer (void)

功能描述	关闭看门狗
参数描述	空
返回值	空

4. void WDT_A_startTimer (void)

功能描述	开启看门狗，使其开始计数
参数描述	空
返回值	空

下面给出具体代码。

```
#include <ti/devices/msp432p4xx/driverlib/driverlib.h>
#include <stdint.h>
#include <stdbool.h>

#define WDT_A_TIMEOUT RESET_SRC_1

int main(void)
{
    volatile uint32_t ii;
    MAP_WDT_A_holdTimer();

    //若看门狗溢出,翻转 LED 状态
    if(MAP_ResetCtl_getSoftResetSource() & WDT_A_TIMEOUT)
    {
        MAP_GPIO_setAsOutputPin(GPIO_PORT_P1,GPIO_PIN0);

        while(1)
        {
            MAP_GPIO_toggleOutputOnPin(GPIO_PORT_P1,GPIO_PIN0);
            for(ii=0;ii<4000;ii++)
            {

            }

        }
    }

    //配置时钟
    MAP_CS_setReferenceOscillatorFrequency(CS_REFO_128KHZ);
    MAP_CS_initClockSignal(CS_MCLK,CS_REFOCLK_SELECT,CS_CLOCK_DIVIDER_1);
    MAP_CS_initClockSignal(CS_HSMCLK,CS_REFOCLK_SELECT,CS_CLOCK_DIVIDER_1);
    MAP_CS_initClockSignal(CS_SMCLK,CS_REFOCLK_SELECT,CS_CLOCK_DIVIDER_1);
    MAP_PCM_setPowerState(PCM_AM_LF_VCORE0);
```

```
    //配置 GPIO,将 P1.1 配置为输入引脚
    MAP_GPIO_setAsInputPinWithPullUpResistor(GPIO_PORT_P1,GPIO_PIN1);
    MAP_GPIO_clearInterruptFlag(GPIO_PORT_P1,GPIO_PIN1);

    //配置看门狗
    MAP_SysCtl_setWDTTimeoutResetType(SYSCTL_SOFT_RESET);
    MAP_WDT_A_initWatchdogTimer(WDT_A_CLOCKSOURCE_SMCLK,
                                WDT_A_CLOCKITERATIONS_512K);

    //配置系统时钟
    MAP_SysTick_enableModule();
    MAP_SysTick_setPeriod(128000);
    MAP_SysTick_enableInterrupt();

    //使能中断
    MAP_GPIO_enableInterrupt(GPIO_PORT_P1,GPIO_PIN1);
    MAP_Interrupt_enableInterrupt(INT_PORT1);
    MAP_Interrupt_enableMaster();

    MAP_WDT_A_startTimer();

    while(1)
    {
        MAP_PCM_gotoLPM0();                          //进入 LPM0
        MAP_WDT_A_clearTimer();                      //喂狗
    }
}

//系统时钟中断处理程序
void SysTick_Handler(void)
{
    return;
}

//GPIO 中断处理程序
void PORT1_IRQHandler(void)
{
    uint32_t status;

    status = MAP_GPIO_getEnabledInterruptStatus(GPIO_PORT_P1);
    MAP_GPIO_clearInterruptFlag(GPIO_PORT_P1,status);//清除中断标志

    if(status & GPIO_PIN1)
    {
        MAP_SysTick_disableInterrupt();              //关闭系统时钟中断
    }
}
```

将以上代码下载到 MSP432 并运行后，按下按键，可以看到 LED 灯持续闪烁。

6.5　实时时钟（RTC）

在一个嵌入式系统中，RTC（Real-Time Clock）可以为系统提供可靠的系统时间，并且在系统处于关机状态时，RTC 也能正常工作。本节介绍 RTC 的基本原理，并结合实例介绍 MSP432 中 RTC 的配置与使用。

6.5.1　RTC 简介

RTC 为嵌入式系统提供精确的时间基准，目前大多数实时时钟芯片采用精度较高的晶体振荡器作为时钟源。一般来说，为了在断电的情况下，RTC 也能正常工作，系统会采用备用电池为 RTC 供电。

RTC 的框架结构如图 6.26 所示。RTC 的工作原理很简单，它依靠一个外部的 32.768kHz 的振荡晶体产生周期性的脉冲信号，每一个信号到来时，计数器加 1，这样就完成了它的计时功能。外部晶振产生的 32.768kHz 的信号，经过 2^{15} 的时钟分频后，得到一个 1Hz 的信号，这个频率用来产生滴答计数，即时钟计数器的周期为 1s。经过工程师的经验总结，32.768kHz 的晶振频率产生的时钟是最准确的。另外，该图中各个部件的功能如下。

- 闰年发生器：用于产生闰年逻辑。
- 时钟控制器：用于控制 RTC 的功能。
- 报警发生器：用于控制产生报警信号。
- 复位寄存器：用于重置 SEC（秒）和 MIN（分）寄存器。

图 6.26　RTC 的框架结构

RTC 有基本的计数功能，因此它可以用作一般的计数器。更重要的是，RTC 有日历功能。根据不同的应用需求，RTC 可以设置为规定间隔时间产生中断，也可以设置为固定的时间产生中断。

6.5.2　MSP432 中的 RTC

MSP432 中有一个 RTC 模块，其结构图如图 6.27 所示，可以看到，RTC 模块的输入时钟为 BCLK，它提供秒、分、小时、星期、日期、月份和年份数据，具有中断能力，可选择 BCD 或二进制数据格式，它还包含了一个校正逻辑。

图 6.27　MSP432 中的 RTC 模块结构

　　RTC 可配置为日历模式，日历模式可以通过计算年份是否能被 4 整除来判断是否为闰年，该算法从 1901 年到 2099 年都是准确的。

　　预分频器 RT0PS 和 RT1PS 自动配置为给 RTC 提供 1s 的时间间隔。RT0PS 时钟源于 BCLK，为了方便 RTC 日历操作，BCLK 必须设置为 32.768kHz。BCLK 经过两个分频器的 256 分频和 128 分频后，得到 1s 的时钟周期。

RTC 模块有六个中断源，每个中断源都可以独立使能，拥有独立的中断标志。

6.5.3　操作实例

本实例以 MSP432 为例，展示了 RTC 的两个基本功能，一是日历功能；二是计数器功能。为了验证其计数器的功能，本实例令 RTC 每隔一分钟产生一个中断。另外，本实例设定 RTC 的起始时间为 1955-11-12，10：03：00pm，并令其在同一天 10：04：00pm 时产生一个中断，翻转 LED 灯的状态。RTC 准备就绪时 LED 灯的状态也将翻转。LED 灯接在端口 P1.0 上。本实例的程序流程图如图 6.28 所示。

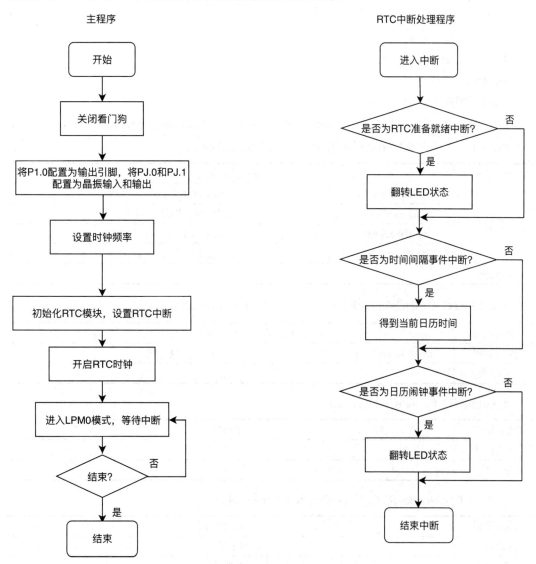

图 6.28　RTC 程序流程图

下面给出本实例用到的库函数。

1. void RTC_C_initCalendar (const RTC_C_Calendar * calendarTime, uint_fast16_tformatSelect)

功能描述		初始化 RTC 模块的日历功能
参数描述	calendarTime	指定当前时间
	formatSelect	指定时间格式，可为 BCD 或二进制格式
返回值		空

其中，结构体 calendarTime 的参数如下。

seconds：秒

minutes：分

hours：时

dayOfWeek：星期

dayOfmonth：日期

month：月份

year：年份

2. void RTC_C_setCalendarAlarm (uint_fast8_t minutesAlarm, uint_fast8_t hoursAlarm, uint_fast8_t dayOfWeekAlarm, uint_fast8_t dayOfmonthAlarm)

功能描述		设置日历闹钟
参数描述	minutesAlarm	指定唤醒时间的分钟数
	hoursAlarm	指定唤醒时间的小时数
	dayOfWeekAlarm	指定唤醒时间的星期数
	dayOfmonthAlarm	指定唤醒时间的月份
返回值		空

3. void RTC_C_setCalendarEvent (uint_fast16_t eventSelect)

功能描述		设置 RTC 日历中断间隔时间
参数描述	eventSelect	指定间隔时间
返回值		空

4. void RTC_C_startClock (void)

功能描述	打开 RTC 时钟
参数描述	空
返回值	空

5. RTC_C_Calendar RTC_C_getCalendarTime (void)

功能描述	得到日历的当前时间
参数描述	空
返回值	日历的当前时间

下面给出具体代码。

```c
#include <ti/devices/msp432p4xx/driverlib/driverlib.h>

static volatile RTC_C_Calendar newTime;

/*时间设置为1955-12-11,周六,10:03:00 PM */
 const RTC_C_Calendar currentTime =
 {
        0x00,
        0x03,
        0x22,
        0x06,
        0x12,
        0x11,
        0x1955
 };



int main(void)
{
    //关闭看门狗
    MAP_WDT_A_holdTimer();

    //配置GPIO
    MAP_GPIO_setAsPeripheralModuleFunctionOutputPin(GPIO_PORT_PJ,
            GPIO_PIN0|GPIO_PIN1,GPIO_PRIMARY_MODULE_FUNCTION);
    MAP_GPIO_setAsOutputPin(GPIO_PORT_P1,GPIO_PIN0);

    //配置外部时钟频率
    CS_setExternalClockSourceFrequency(32000,48000000);
    CS_startLFXT(CS_LFXT_DRIVE3);

    //初始化RTC,格式为BCD格式
    MAP_RTC_C_initCalendar(&currentTime,RTC_C_FORMAT_BCD);

    //设置RTC在10:04pm产生一个中断
    MAP_RTC_C_setCalendarAlarm(0x04,0x22,RTC_C_ALARMCONDITION_OFF,
                        RTC_C_ALARMCONDITION_OFF);

    //设置RTC每分钟产生一个中断
    MAP_RTC_C_setCalendarEvent(RTC_C_CALENDAREVENT_MINUTECHANGE);
        //清除中断标志
    MAP_RTC_C_clearInterruptFlag(RTC_C_CLOCK_READ_READY_INTERRUPT|RTC_C_
                        TIME_EVENT_INTERRUPT|RTC_C_CLOCK_ALARM_
                        INTERRUPT);
    MAP_RTC_C_enableInterrupt(RTC_C_CLOCK_READ_READY_INTERRUPT|RTC_C_TIME_
                        EVENT_INTERRUPT|RTC_C_CLOCK_ALARM_INTERRUPT);

    MAP_RTC_C_startClock();
```

```
    MAP_Interrupt_enableInterrupt(INT_RTC_C);
    MAP_Interrupt_enableSleepOnIsrExit();
    MAP_Interrupt_enableMaster();

    while(1)
    {
        MAP_PCM_gotoLPM0();
    }

}

//RTC 中断
void RTC_C_IRQHandler(void)
{
    uint32_t status;

    status = MAP_RTC_C_getEnabledInterruptStatus();
    MAP_RTC_C_clearInterruptFlag(status);

    if(status & RTC_C_CLOCK_READ_READY_INTERRUPT)
    {
        MAP_GPIO_toggleOutputOnPin(GPIO_PORT_P1,GPIO_PIN0);//翻转 LED 灯
    }

    if(status & RTC_C_TIME_EVENT_INTERRUPT)
    {
        //每分钟产生的中断,通过串口在 PC 端打印
        __no_operation();
        newTime = MAP_RTC_C_getCalendarTime();
        printf("当前时间: %d-%d-%d %d:%d:%d\n",newTime.year,newTime.month,
            newTime.dayOfmonth,newTime.hours,newTime.minutes,newTime.seconds);

    }

    if(status & RTC_C_CLOCK_ALARM_INTERRUPT)
    {
        //10:04pm 产生的中断
        MAP_GPIO_toggleOutputOnPin(GPIO_PORT_P1,GPIO_PIN0);

    }

}
```

　　将以上代码下载到 MSP432 并运行后，将 MSP432 连接至 PC，打开串口调试工具，可以看到，串口调试工具接收端每分钟显示一次固件当前时间，在程序运行一分钟后，LED 灯状态翻转。

6.6　习题

（1）一个基本的 I/O 接口，一般包含哪些寄存器？这些寄存器的作用分别是什么？

（2）一个 GPIO 引脚作为输入、输出使用时，有哪几种常用具体配置？各种配置的特点和应用场合？

（3）如何利用一个 GPIO 引脚控制 LED 闪烁，画出硬件接口电路并写出伪代码。

（4）设计编写一个程序，用查询方式来读取一个按键状态，并控制一个 LED 的亮和灭。即按一下灯亮、再按一下灯灭，可重复操作，要求每次操作执行可靠。

（5）设计编写一个程序，用中断方式来读取一个按键状态，并控制一个 LED 的亮和灭。即按一下灯亮、再按一下灯灭，可重复操作，要求每次操作执行可靠。

（6）简述定时器的一般结构及其扩展功能（输入捕获、输出比较、PWM 等）。

（7）如何利用一个定时器控制 LED 定时闪烁，画出流程图并写出伪代码。

（8）如何使用 PWM 来控制一个 LED 的亮度变化？请通过实验测试不同 PWM 占空比与 LED 亮度的基本对应关系，并解释其原因。

（9）设计编写一个程序，实现一个"呼吸灯"的功能。就是 LED 灯的亮度慢慢变亮、再慢慢变暗，周而复始不断循环，要求亮度变化感觉柔和，循环周期与人的呼吸周期差不多。

（10）在上述 9 题基础上，增加用按键控制呼吸灯：随时按下一个按键，LED 灯的亮度就保持在当前亮度（锁定）；再按一下按键，LED 灯亮度继续按原周期变化（呼吸）。按键可重复操作。

（11）在上述 10 题基础上，增加断电状态（锁定/呼吸）保持功能：可在任何时候断电，下次上电时，系统在保持在上次断电状态运行。注意：Flash 单元不能反复读写，只能在每次按键改变系统状态时，才能把状态（锁定/呼吸）写入 Flash。

（12）简述看门狗定时器的基本概念及其使用方法。

（13）如何利用定时器产生输出正弦 PWM（SPWM）？正弦频率可设定。

第 7 章　模　拟　外　设

现实世界中的信号通常都是连续变化的模拟信号，如温度、湿度、力、声音、电压、气压等，但处理器能处理和控制的信号只能是离散的数字信号。本章将介绍可以将数字信号和模拟信号进行转换的模数转换器（ADC）、数模转换器（DAC）和模拟比较器（AC），并以 MSP432 为例，介绍了这些模拟外设的配置和使用方法。

7.1　模数转换器（ADC）

模数转换器　（Analog-to-Digital Converter，ADC）是电子设备中非常重要的部件。模拟信号是指随时间连续变化的信号，而数字信号是离散的，通常更容易储存与处理。ADC就是将模拟信号转变成微控制器可以识别的数字信号的一种外设。

7.1.1　ADC 简介

在实际应用中，控制或测量的对象往往是一些连续变化的模拟量，这些模拟量通过传感器被检测出来，并转换为电信号，再经过 ADC 变成数字量，才能被计算机处理。例如，某数字测量仪表的模数转换过程如图 7.1 所示，被测量信号通过传感器后经过放大电路，随后通过 ADC 转化为数字信号。ADC 将模拟信号转化为数字信号的过程可分为四步，即采样、保持、量化、编码。在实际电路中，这些过程有的是合并进行的，例如，采样和保持，量化和编码往往是同时实现的。

图 7.1　某数字测量仪表的模数转换过程

1. 采样

在 ADC 转换中，输入信号是连续的模拟信号，而输出信号是离散的数字信号，因此必须对模拟信号进行采样。所谓采样，就是对模拟信号进行周期性抽取样值的过程。

采样过程见图 7.2 和图 7.3，该图中，$U_I(t)$ 为输入模拟信号，$U_s(t)$ 为采样输出信号，$S(t)$ 为采样脉冲。可以看到，模拟信号经采样后，得到了一系列样值脉冲，这些脉冲的间隔时间 T_s 即为采样脉冲的周期。根据采样定理，只有当采样频率大于模拟信号中最高频率成分的两倍时，采样值才能不失真的反映原来模拟信号，即

$$f_s \geqslant 2f_{max}$$

图 7.2　采样过程 a　　　　　　　　　　　图 7.3　采样过程 b

2. 保持

ADC 在工作时还有一个很重要的内部控制电路——采样保持电路。对模拟信号进行 A/D 转换需要一定的转换时间，在下一个采样脉冲到来之前，应暂时保持所取得的样值脉冲幅度，以便进行转换，因此在采样电路之后需要引入采样保持电路。

采样保持电路的工作原理图如图 7.4 所示。该图中，场效应管 VT 为采样门，电容 C 为保持电容，运算放大器为跟随器，起缓冲隔离作用，同时运放的驱动能力能维持输出电压。在采样脉冲 S(t) 到来的时间 τ 内，VT 导通，$U_I(t)$ 向电容 C 充电，假定充电时间常数远小于 τ，则有：$U_O(t) = U_S(t) = U_I(t)$，这个过程为采样过程。采样结束，VT 截止，而电容 C 上电压保持充电电压 $U_I(t)$ 不变，直到下一个采样脉冲到来为止，这个过程即为保持。

图 7.4　采样保持电路

经过采样保持电路的输出波形如图 7.5 所示。可以看到，输入的模拟电压经过采样保持后，得到的是一个阶梯波，该阶梯波仍是一个可以连续取值的模拟量。

图 7.5　采样保持电路输出波形

3. 量化

量化是指将信号的连续取值近似为有限多个离散值的过程。按照在同一量化单位下取值的不同，可以将量化方式分为舍入法和截断法两种。

舍入法采用最靠近实际采样值的量化值来近似采样值，截断法采用不大于实际采样值的最大量化值来近似采样值。图 7.6 给出了一个 3 位的 ADC，一个输入模拟信号 V（t），它的满量程电压为 FSR，量化单位为 $FSR/2^N$。对于点 A，采用舍入法得到的量化值为 011，采用截断法得到的量化值为 010；对于点 B，采用舍入法得到的量化值为 010，使用截断法得到的量化值为 010。

图 7.6　量化示例

从该图中可以看出，不管是舍入法还是截断法，量化都会产生一定的误差。对于舍入法来说，量化误差为（$-Q/2$，$+Q/2$）；截断法的量化误差为（$-Q$，0）。

4. 编码

编码就是将量化后的离散量用相应的二进制码表示的过程。

当 ADC 的模拟输入电压为单极性方式时，即输入电压只允许为正电压或只允许为负电压，那么编码结果用无符号的二进制数表示。例如，对于一个 8 位 ADC，当模拟输入信号为 0V～＋10V，ADC 的数字输出 0000，0000B 对应 0V，1111，1111B 对应＋10V。

当 ADC 的模拟输入电压为双极性方式时，输入电压既可以是正电压，也可以是负电压时，那么编码结果常用二进制原码、偏移码或补码表示。在二进制系统中，数值的正、负号通常用一位二进制数的 0、1 来表示，并且常把符号位连同数值位一起编码，编码所得到的就是符号数，也称为双极性代码。

7.1.2　ADC 性能指标

ADC 的性能指标主要有分辨率、精度、转换时间等。

1. 分辨率

分辨率用来反映 ADC 对输入电压微小变化的响应能力，通常用数字输出最低位（LSB）所对应的模拟输入电压来表示。它定义为转换器的满刻度电压与 2^n 的比值，其中 n 为 ADC 的位数。例如一个 8 位 ADC 模块的分辨率为满刻度电压的 1/256，如果满刻度电压为 5V，那么该 ADC 可分辨 5/256（约 20mV）的电压变化。一般而言，ADC 模块位数（分辨率）越高，数据采集的精度就越高。

2. 精度

ADC 模块的精度反映了一个实际 ADC 模块在量化上与一个理想 ADC 模块进行模/数转换的差值，常用最低位（LSB）的倍数表示。例如给出相对误差≤±3LSB，表示实际输出的数字量和理论上应得到的输出数字量之间的误差小于 3 个最低位。换而言之，转换器的精度决定了数字输出中有多少个比特表示输入信号的有用信息。一般而言，分辨率较高的 ADC，精度也相对较高，但是，分辨率并不能代表精度。对于一个 16 位 ADC，由于出现内部或外部误差源，如电源噪声等，实际的精度可能远小于分辨率，一个给定的 16 位 ADC 可能只能提供 12 位的精度。

3. 转换时间

转换时间是指 ADC 模块完成一次模拟数字转换所需要的时间，即由发出启动转换命令信号到转换结束信号开始有效的时间间隔。ADC 的转换时间越短，说明 ADC 越能适应输入信号的变化。转换时间与 ADC 模块的结构和位数有关。

7.1.3　ADC 类型

模数转换器的种类很多，按工作原理的不同，可分成直接比较型和间接比较型。

1. 直接比较型

直接比较型 ADC 将输入模拟信号直接与标准的参考电压比较，从而得到数字量。属于这种类型常见的有并行比较型 ADC 和逐次逼近型 ADC。

逐次逼近型 ADC 是应用非常广泛的模/数转换方法，它的原理图如图 7.7 所示，它由电压比较器、D/A 转换器、数据寄存器、移位寄存器、时钟发生器以及控制逻辑电路组成。

逐次逼近转换过程和用天平称物重非常相似，就是将输入模拟信号与不同的参考电压（V_{REF}）做多次比较，使转换所得的数字量在数值上逐次逼近输入模拟量对应值。

图 7.7　逐次逼近型 ADC 原理图

对照图 7-7 的电路，它由启动脉冲启动后，在第一个时钟脉冲作用下，控制电路使移位寄存器的最高位置 1，其他位置 0，经数据寄存器将 1000……0 送入 D/A 转换器。输入电压首先与 D/A 转换器输出电压（$V_{REF}/2$）相比较，若 $V_I \geqslant V_{REF}/2$，则比较器的输出为 1；若 $V_I < V_{REF}/2$，则比较器的输出为 0，比较结果存于数据寄存器的 D_{n-1} 位。然后在第二个时钟脉冲作用下，移位寄存器右移一位。如果数据寄存器最高位已置 1，则此时 $V_O=$ $(3/4) V_{REF}$，V_I 再与 $(3/4) V_{REF}$ 相比较；若 $v1 \geqslant (3/4) V_{REF}$，则次高位 D_{n-2} 置 1，否则 D_{n-2} 置 0；如果数据寄存器最高位为 0，则 $V_O = V_{REF}/4$；若 $V_I \geqslant V_{REF}/4$，则 D_{n-2} 位置 1，否则置 0。以此类推，逐次比较得到输出数字量。

逐次逼近型 ADC 比较高速，且功耗相当低。但是如果器件特性要做到高于 14 位分辨率，传感器产生的信号在进行模/数转换之前需要进行调理，包括增益级和滤波，这样会明显增加成本。

除了逐次逼近型 ADC 之外，并行比较型 ADC 也较为常见。

并行比较型 ADC 是现今速度最快的模数转换器，采样速率在 1GSPS（Gigabit Samples Per Second，每秒千兆次采样）以上，通常称为"闪烁式"ADC。并行比较型 ADC 的原理图如图 7.8 所示，它由电阻分压器、比较器、缓冲器及编码器四部分组成。

图 7.8　并行比较型 ADC 原理图

图 7.8 中，2^n 个电阻将参考电压 V_R 分压，从上到下每个比较器的输入参考电压 V_R' 分别为 $3/2^{n+1}V_R$、$5/2^{n+1}V_R$、$\cdots$、$(2^{n+1}-1)/2^{n+1}V_R$。比较器比较这些参考电压和输入电压，若输入电压 $V_I \geqslant V_R'$，则比较器输出 1，否则，比较器输出 0。编码器根据 2^n-1 个比较器的输出，得到 n 位数字输出。

并行比较型 ADC 速度最快，但 n 位的输出需要 2^n 个电阻和 2^n-1 个比较器，其编码网络也很复杂，元件数量随位数增加以几何级数上升，所以这种 ADC 一般只适用于要求高速、低分辨率的场合，其精度取决于分压网络和比较电路的精度。

2. 间接比较型

间接比较型 ADC 的输入模拟量不是直接与参考电压比较，而是将二者变为中间的某种物理量再进行比较，然后将比较所得的结果进行数字编码。其中最为常见的是积分型 ADC。

积分型 ADC 又称为双斜率或多斜率 ADC，是应用比较广泛的一类转换器。积分型 ADC 的电路图如图 7.9 所示。

图 7.9　积分型 ADC 电路图

积分型 ADC 的工作分为两个阶段，第一阶段为采样期（上升阶段）；第二阶段为比较期（下降阶段）。在上升阶段，开关选择积分器的输入端为被测电压，积分器在一个固定的时间段 t_u 进行积分，并向积分电容充电。在下降阶段，开关选择积分器的输入端为参考电压，测量积分器输入归零的时间 t_d。

为了使积分器向相反方向积分，参考电压需要与被测电压的极性相反。为了能够处理正负电压输入的情况，需要一个正向和一个负向的参考电压。具体选择哪一个极性的参考电压取决于上升阶段积分结束后积分器的输出电压极性。

积分器输出的基本公式如下，其中，t_{int} 为积分时间，$V_{initial}$ 为初始电压。

$$V_{out} = -\frac{V_{in}}{RC}t_{int} + V_{initial}$$

假设在每个转换过程的初始电压都是零，并且积分器在下降阶段结束时的输出电压也是零，就可以得到下面两个等式来表示积分器两个阶段的输出。

$$V_{up} = -\frac{V_{in}}{RC}t_u$$

$$V_{down} = -\frac{V_{ref}}{RC}t_d + V_{up} = 0$$

结合以上两个公式，可以得到被测电压。

$$V_{in} = -V_{ref} \frac{t_d}{t_u}$$

积分型 ADC 的分辨率高，功耗低，成本低，但转换速率低。这类 ADC 主要应用于低速、精密测量等领域，如数字电压表。

3. Σ-Δ 型

随着超大规模集成电路制造水平的提高，Σ-Δ 型 ADC 得到了越来越广泛的应用。它的分辨率高而成本又很低，在既有模拟又有数字的混合信号处理场合优势明显。为了理解 Σ-Δ 型 ADC，我们需要了解过采样、噪声整形、数字滤波和采样抽取这几个概念。

1）过采样

通过 7.1.1 节的学习可以知道，由于 ADC 位数限制，ADC 量化过程中会产生量化误差，这种量化误差也称为量化噪声。理想的经典 N 位采样 ADC 以频率 fs 进行采样，在 DC 至 fs/2 的频段范围内均匀地分布着均方根大小为 $q/\sqrt{12}(q=1/2^N)$ 的量化噪声。将采样频率提高 k 倍时，即采样频率为 kfs，均方根量化噪声不变，但它将分布在 DC 至 kfs/2 这个更宽的带宽范围。这种采样频率远高于输入信号频率的采样技术称为过采样，这里的 k 称为过采样系数。如果在输出端接上一个低通滤波器，可以很好地消除量化噪声，进而提高 ADC 的分辨率。

2）Σ-Δ 型调制器和噪声整形

图 7.10 的虚线部分是一个一阶 Σ-Δ 型调制器。该图中，输入信号经过一个积分器后，以该积分器的输出来驱动一个 1 位的 ADC（实质上是一个比较器），然后将该 ADC 的输出馈入一个 1 位 DAC 并将 1 位 DAC 的输出与输入信号的加和馈入积分器。若接着在数字输出端添加一个数字低通滤波器（LPF）和抽取器，则可以得到一个 Σ-Δ 型 ADC。

图 7.10　一阶 Σ-Δ 型 ADC

假定在 V_{IN} 处施加直流输入，积分器在节点 A 处持续斜升或斜降。比较器的输出通过

一个 1 位 DAC 反馈至节点 B 处，这一负反馈环路强制将节点 B 处的平均直流电压设为
V_{IN}。DAC 平均输出电压由比较器输出的 1 位数据流中的 1 的密度来控制。随着输入信号
增加到$+V_{REF}$，串行位流中的"1"数量增加，而"0"数量则减少。反之，随着信号负向
趋近 $-V_{REF}$，串行位流中的"1"数量减少，而"0"数量则增加。显而易见，输入电压的
平均值包含在比较器输出的串行位流中。

考虑 Σ-Δ 型调制器在频域上的特性，可以得到如图 7.11 所示的频域线性模型。

图 7.11　Σ-Δ 调制器频域线性模型

Σ-Δ 型调制器中的积分器可以表示为传递函数为 $H(f)=1/f$ 的模拟低通滤波器。此传递
函数具有与输入频率成反比的幅度响应。假定输入电压为 X，输出电压为 Y，可以得到

$$Y = \frac{1}{f}(X-Y) + Q$$

整理上式，可以得到

$$Y = \frac{X}{f+1} + \frac{Qf}{f+1}$$

当频率 f 接近于 0 时，输出电压 Y 接近 X 且噪声接近于 0；当频率 f 较大时，信号部分接
近于 0 且噪声接近于 Q。在低频部分，量化噪声接近于 0；在高频部分，输出信号主要由量化
噪声组成。模拟滤波器对信号有低通效应，对量化噪声则有高通效应，所以它在 Σ-Δ 型调制器
模型中起到噪声整形功能。如果在 Σ-Δ 型调制器中使用一个以上的积分求和级，就可以实现
更高阶的量化噪声整形。经过上述噪声整形后，量化噪声在频域上的分布如图 7.12 所示。

图 7.12　噪声整形后的量化噪声

3）数字滤波和抽取

由于使用了过采样，Σ-Δ型调制器输出的位数据流的速率很高，可达到 MHz 的程度。数字滤波和抽取的目的是从该数据流中提取出有用的信息，并将数据速率降低到可用的水平。

数字滤波器对位数据流求平均，移去带外量化噪声并改善 ADC 的分辨率。

可以通过从每输出 M 个数据中抽取 1 个数据的重采样方法降低输出数据速率，这种方法称作输出速率降为 1/M 的采样抽取。它在去除过采样过程中产生的多余信号的同时，不会造成信号的任何损失。

7.1.4　初始化配置

在使用 ADC 模块进行模数转换时，首先要对其进行初始化配置。ADC 模块的初始化流程比较简单，主要包括时钟配置、GPIO 配置、ADC 配置、中断配置等。

ADC 时钟对 ADC 采样频率、转换时间等都有很大的影响，因此选择一个合适的时钟频率十分重要。时钟频率应该与待采样信号的频率匹配，比如，待采样信号频率很高，那么相应的时钟频率也应该高一点，才能满足采样定理。

GPIO 配置主要就是将使用到的 GPIO 引脚配置为相应的方向与模式。比如 ADC 在采样时需要 GPIO 作为输入通道，此时要将对应的 GPIO 引脚配置为输入方向。

在使用 ADC 时，要根据具体情况对 ADC 进行配置。

一般来说，一个 ADC 包括许多通道，在初始化 ADC 时，要选择使用哪一个或哪几个通道进行采样。ADC 采样过程可以配置为单通道采样和多通道采样。ADC 还可以配置为差分模式，即采用两个通道采样信号的差值作为输入信号。

ADC 的触发方式有定时器触发，软件触发，外部触发等。若需要 ADC 周期性的进行工作，可以将 ADC 配置为定时器触发。若只需要 ADC 在特定情况下才工作，那么可以将 ADC 配置为软件触发。若使用外部信号触发 ADC，那么可以将 ADC 配置为外部触发。

如果不使能 ADC 中断，那么 ADC 转换完成后，就需要软件主动去查询其转换结果。如果使能 ADC 中断，那么 ADC 在转换完成后会自动进入 ADC 中断处理转换数据。

7.1.5　MSP432 中的 ADC

MSP432 包含一个 14 位的 ADC14 模块，支持快速 14 位模数转换。ADC14 模块采用的是 SAR（逐次逼近）内核，有 32 个独立的缓冲区和对应的控制寄存器，32 路单端/差分可选的外部输入通道。在最高分辨率时，最高转换速率可达 1Msps。ADC14 的内部结构图如图 7.13 所示。

图 7.13   MSP432 中 ADC 模块结构图

进行采样时，MSP432 需要一个采样输入信号 SHI 来控制采样的开始，SHI 由某一寄存器位选择。采样过程中还需要一个 SAMPCON（采样控制）信号，用于控制采样周期，当 SAMPCON 为高时进行采样。一般来说，ADC 有扩展采样和脉冲采样两种方式可以选择。

扩展采样的具体时序如图 7.14 所示。在这种模式下。用户将 SHI 置为高电平，等待内部缓冲器准备好并置位 READY 标志，SAMPCON 为高电平时开始采样，直到 SHI 变为低电平，停止采样。在 SAMPCON 与 ADC14CLK（ADC 时钟）同步后，开始转换。

图 7.14   扩展采样时序

脉冲采样的具体时序图如图 7.15 所示。在这种模式下，SHI 信号相当于一个采样开始信号。在接到 SHI 信号后，ADC 等待内部缓冲器准备好并置位 READY 标志，置高 SAMPCON 信号，等它与 ADC14CLK 同步后开始采样。采样时间可以通过编程控制，采样结束后，开始转换。

图 7.15　脉冲采样时序

转换时根据分辨率的不同需要不同的转换时间，8 位、10 位、12 位、14 位的分辨率分别需要 9、11、14、16 个 ADC 时钟周期。转换的结果存放在 MEM 寄存器中。32 个 MEM 寄存器分别对应 32 个控制寄存器，用于对 MEM 寄存器的控制。

MSP432 有四种转换模式可以选择，具体描述见表 7.1。

表 7.1　四种转换模式

模　　式	操　　作
单通道单次转换	单通道仅转换一次
多通道（自动扫描）	一个通道序列仅转换一次
单通道重复转换	单通道重复转换
多通道重复（重复自动扫描）转换	一个通道序列重复转换

7.1.6　操作实例

本实例以 MSP432 为例，展示了一个 ADC 的基本功能，即通过单通道进行反复采样。ADC 采样定时器配置为手动模式，每次 ADC 模数转换完成后，程序都会进入 ADC 中断。中断函数中，程序将转换结果保存在一个变量中，并通过 ADC14_toggle ConversionTrigger 函数，给出采样转换信号。本实例中，模拟信号从 A0（P5.5）输入，因此须将此引脚配置为 ADC 输入。本示例程序流程图如图 7.16 所示。

图 7.16　ADC 示例程序流程图

由于篇幅有限，下面仅介绍本示例程序中用到的 ADC 模块的库函数。

1. void ADC14_enableModule (void)

功能描述	使能 ADC 模块
参数描述	空
返回值	空

2. bool ADC14_initModule (uint32_t clockSource, uint32_t clockPredivider, uint32_t clockDivider, uint32_t internalChannelMask)

功能描述	初始化 ADC 模块并设置时钟，同时配置内部/外部信号映射	
参数描述	clockSource	选择 ADC 模块的时钟源
	clockPredivider	时钟预分频
	clockDivider	在预分频的基础上进行再一次的时钟分频
	internalChannelMask	配置内部/外部引脚映射
返回值	若初始化成功则返回 True，否则返回 False	

3. bool ADC14_configureSingleSampleMode (uint32_t memoryDestination, bool repeatMode)

功能描述	将 ADC 模块配置为单通道采样模式	
参数描述	memoryDestination	选择存放转换结果的存储器
	repeatMode	选择是否反复进行采样转换
返回值	若配置成功则返回 True，否则返回 False	

4. bool ADC14_configureConversionMemory (uint32_t memorySelect, uint32_t refSelect, uint32_t channelSelect, bool differntialMode)

功能描述	配置存放转换结果的存储器	
参数描述	memorySelect	选择要配置的存储器地址
	refSelect	选择参考电压
	channelSelect	选择 ADC 采样通道
	differntialMode	选择是否使用差分模式采样
返回值	若配置成功则返回 True，否则返回 False	

5. bool ADC14_enableSampleTimer (uint32_t multiSampleConvert)

功能描述	使能采样定时器并配置反复采样/转换模式	
参数描述	multiSampleConvert	选择采样/转换模式，可配置为手动或自动，手动模式下，每次 ADC 转换结束需手动给出信号才进行下一次的采样/转换
返回值	若配置成功则返回 True，否则返回 False	

6. void ADC14_enableConversion (void)

功能描述	使能 ADC 转换
参数描述	空
返回值	空

7. bool ADC14_toggleConversionTrigger (void)

功能描述	给出 ADC 开始转换的信号
参数描述	空
返回值	若配置成功则返回 True，否则返回 False

8. void ADC14_enableInterrupt (uint_fast64_t mask)

功能描述		使能中断
参数描述	mask	中断类型
返回值		空

下面给出具体代码。

```c
#include <ti/devices/msp432p4xx/driverlib/driverlib.h>
#include <stdint.h>
#include <stdbool.h>

static volatile uint16_t curADCResult;
static volatile float normalizedADCRes;

int main(void)
{
    MAP_WDT_A_holdTimer();      //关闭看门狗
    curADCResult = 0;           //参数初始化

    //配置 Flash
    MAP_FlashCtl_setWaitState(Flash_BANK0,2);
    MAP_FlashCtl_setWaitState(Flash_BANK1,2);

    //设置 DCO 为 48MHz
    MAP_PCM_setPowerState(PCM_AM_LDO_VCORE1);
    MAP_CS_setDCOCenteredFrequency(CS_DCO_FREQUENCY_48);

    //使能 FPU
    MAP_FPU_enableModule();
    MAP_FPU_enableLazyStacking();

    //这里开始配置 ADC
    MAP_ADC14_enableModule();
    //时钟配置
    MAP_ADC14_initModule(ADC_CLOCKSOURCE_MCLK,ADC_PREDIVIDER_1,ADC_
    DIVIDER_4,0);

    // GPIO 配置,将 P5.5 配置为 ADC 输入
    MAP_GPIO_setAsPeripheralModuleFunctionInputPin(GPIO_PORT_P5,GPIO_PIN5,
GPIO_TERTIARY_MODULE_FUNCTION);

    //配置 ADC 存储器、通道、采样方式
    MAP_ADC14_configureSingleSampleMode(ADC_MEM0,true);
```

```
    MAP_ADC14_configureConversionMemory(ADC_MEM0,
      ADC_VREFPOS_AVCC_VREFNEG_VSS,ADC_INPUT_A0,false);

    //配置采样定时器
    MAP_ADC14_enableSampleTimer(ADC_MANUAL_ITERATION);

    //使能转换
    MAP_ADC14_enableConversion();
    MAP_ADC14_toggleConversionTrigger();

    //中断配置
    MAP_ADC14_enableInterrupt(ADC_INT0);
    MAP_Interrupt_enableInterrupt(INT_ADC14);
    MAP_Interrupt_enableMaster();

    while(1)
    {
        MAP_PCM_gotoLPM0();
    }

}

//ADC 中断处理函数
void ADC14_IRQHandler(void)
{
    uint64_t status = MAP_ADC14_getEnabledInterruptStatus();
    MAP_ADC14_clearInterruptFlag(status);    //清除中断标志

    if(ADC_INT0 & status)
    {
        curADCResult = MAP_ADC14_getResult(ADC_MEM0);    //得到 ADC 转换结果
        normalizedADCRes = (curADCResult * 3.3)/16384;    //结果转化为电压
        printf("%d\n",normalizedADCRes);

        MAP_ADC14_toggleConversionTrigger();//手动开启 ADC 转换
    }
}
```

将以上代码下载到 MSP432 并运行后，在引脚 P5.5 输入电压，打开 PC 端的串口调试工具，可以看到数据接收区展示输入电压的大小。

7.2　比较器

比较器是一个比较两个模拟电压大小并提供一个输出信号作为比较结果的外设，常用于报警器、电源电压监测、过零检测等。

7.2.1　比较器简介

比较器可对正负两个输入端的模拟信号进行比较，并输出一个二进制信号。当输入信号的差值增大或减小且正负符号不变时，比较器的输出保持恒定。

比较器的基本电路如图 7.17（a）所示，V_A 和 V_B 分别为两个输入信号，V_{OUT} 为输出信号。其中，V_A 接比较器同相端，V_B 接比较器反相端，V_A 和 V_B 的大小关系如图 7.17（b）所示。在 0～t_1 时，$V_A>V_B$；在 t_1～t_2 时，$V_B>V_A$；在 t_2～t_3 时，$V_A>V_B$。这种情况下，比较器的输出信号见图 7.17（c）。可以看到，当 $V_A>V_B$ 时，比较器输出高电平，反之，比较器输出低电平。若将 V_A 和 V_B 反接，即将 V_A 接反相端，V_B 接同相端，那么比较器的输出信号如图 7.17（d）所示。

图 7.17　比较器基本原理

比较器是由运算放大器发展而来的，比较器电路可以看作是运算放大器的一种应用电路，与普通运放电路不同的是，比较器中的集成运放大多处于开环或正反馈的状态。

比较器有过零比较器、任意电平比较器、滞回比较器和窗口比较器几种类型。

1. 过零比较器

如图 7.18 所示，某一输入端接地的比较器称为过零比较器，它一般用于电压过零检测。

图 7.18　过零比较器

过零比较器按输入方式的不同可以分为同相输入和反相输入两种类型。图 7.18 为同相输入方式，当输入 $u_i>0$ 时，u_o 输出高电平，反之则输出低电平。若比较器输入为反相输入方式，那么 u_i 接比较器的反相端，比较器的同相端接地，当 $u_i<0$ 时，u_o 输出高电平，反之则输出低电平。

2. 任意电平比较器

如图 7.19 所示，比较器的某一输入端为恒定电压 U_R，此时比较器为任意电平比较器。U_R 称为参考电压、基准电压或阈值电压。任意电平比较器结构简单，灵敏度高，但它的抗干扰能力差。

图 7.19　任意电平比较器

3. 滞回比较器

如果输入信号因干扰在阈值电压附近变化时，输出电压可能在高、低两个电平之间反复地跳变。滞回比较器有抗干扰能力。滞回比较器的原理图如图 7.20 所示。滞回比较器有两个阈值电压 U_{TH1} 和 U_{TH2}。在输入电压 u_i 逐渐增大的过程中，其阈值 U_{TH1} 为

$$U_{TH1} = \frac{R_3 U_R + R_2 U_o}{R_2 + R_3} = \frac{R_3 U_R + R_2 U_Z}{R_2 + R_3}$$

在输入电压 u_i 逐渐减小的过程中，其阈值 U_{TH2} 为

$$U_{TH2} = \frac{R_3 U_R + R_2 U_o}{R_2 + R_3} = \frac{R_3 U_R - R_2 U_Z}{R_2 + R_3}$$

对于图 7.20 中的滞回比较器，当 u_i 逐渐增大时，输出电压在 U_{TH1} 处由高电平变为低电平；当 u_i 逐渐减小时，输出电压在 U_{TH2} 处由低电平变为高电平。

图 7.20　滞回比较器

7.2.2　初始化配置

在使用比较器之前，要对其进行初始化配置。比较器的配置比较简单，主要包括了 GPIO 配置、比较器配置、中断配置等。

比较器的两个输入端需要通过 GPIO 进行信号输入。在配置 GPIO 时，首先确定比较器输入端对应的 GPIO 引脚，再将其配置为输入方向。同样的，比较器的输出也对应一个 GPIO 引脚，要将其配置为输出方向。

比较器还需要配置参考电压。参考电压可以自己定义大小，也可以直接使用电源电压。有些处理器芯片还包含了参考电压发生器，可以用于产生参考电压。

如果不使能比较器中断，那么在比较器产生结果时，需要程序主动去访问结果数据；如果使能比较器中断，那么在比较器产生结果后会自动进入比中断处理程序。

7.2.3　操作实例

本实例使用 MSP432 的比较器比较输入电压与参考电压的大小关系。参考电压设置为 Vcc/2。参考电压接比较器的正相端，输入电压接比较器的反相端。当输入电压高于参考电压时，比较器输出低电平；当输入电压低于参考电压时，比较器输出高电平。本实例中，模拟信号从引脚 P5.7 输入，因此须将此引脚配置为比较器输入；比较结果从引脚 P7.2 输出，因此将此引脚配置为比较器输出。由于本示例代码较简单，这里不给出程序流程图，仅介绍代码中用到的库函数。

1. bool COMP_E_initModule (uint32_t comparator, const COMP_E_Config * config)

功能描述		初始化比较器模块
参数描述	comparator	选择使用的比较器模块号
	config	比较器配置结构体
返回值		若配置成功则返回 True，否则返回 False

其中，比较器配置结构体有以下几个字段。

positiveTerminalInput：选择比较器正相端输入。

negativeTerminalInput：选择比较器反相端输入。

outputFilterEnableAndDelayLevel：选择输出过滤器延迟状态。

invertedOutputPolarity：选择输出是否翻转。

powerMode：选择比较器模块的功率模式。

2. void COMP_E_setReferenceVoltage (uint32_t comparator, uint_fast16_t supplyVoltage-ReferenceBase, uint_fast16_t lowerLimitSupplyVoltageFractionOf32, uint_fast16_t upperLimit-SupplyVoltageFractionOf32)

功能描述	在指定端口产生一个参考电压，参考电压的计算公式为：Vbase*（Numerator/32）。若 Numerator 的最大值和最小值相等，则产生一个参考电压；若 Numerator 的最大值和最小值不相等，则可以产生滞回的两个阈值	
参数描述	comparator	选择使用的比较器模块号
	supplyVoltageReferenceBase	选择电压源或参考电压最大值 Vbase
	lowerLimitSupplyVoltageFractionOf32	计算参考电压算式中 Numerator 的最大值
	upperLimitSupplyVoltageFractionOf32	计算参考电压算式中 Numerator 的最小值
返回值	空	

3. void COMP_E_enableModule (uint32_t comparator)

功能描述	使能比较器模块	
参数描述	comparator	选择使用的比较器模块号
返回值	空	

下面给出具体代码。

```
#include <ti/devices/msp432p4xx/driverlib/driverlib.h>
#include <stdint.h>
#include <stdbool.h>

//比较器配置结构体
const COMP_E_Config compConfig =
{
    COMP_E_VREF,
    COMP_E_INPUT6,
    COMP_E_FILTEROUTPUT_DLYLVL4,
    COMP_E_NORMALOUTPUTPOLARITY
};

int main (void)
{
    volatile uint32_t ii;

    MAP_WDT_A_holdTimer();
    //GPIO 配置
```

```
MAP_GPIO_setAsPeripheralModuleFunctionOutputPin(GPIO_PORT_P7,GPIO_
                                          PIN2,GPIO_PRIMARY_
                                          MODULE_FUNCTION);
MAP_GPIO_setAsPeripheralModuleFunctionInputPin(GPIO_PORT_P5,GPIO_PIN7,GP
                                          IO_TERTIARY_MODULE_FUNCTI
                                          ON);
    //初始化比较器模块
    MAP_COMP_E_initModule(COMP_E1_BASE,&compConfig);
    //设置参考电压
MAP_COMP_E_setReferenceVoltage(COMP_E1_BASE,COMP_E_REFERENCE_AMPLIFIER_
                                DISABLED,16,16);
MAP_COMP_E_disableInputBuffer(COMP_E1_BASE,COMP_E_INPUT6);
    //使能比较器模块
    MAP_COMP_E_enableModule(COMP_E1_BASE);

    for (ii=0;ii<400;ii++);
    while(1)
    {
        MAP_PCM_gotoLPM0();//进入LPM0
    }
}
```

将以上代码下载到 MSP432 并运行后，将输出引脚 P7.2 接到示波器，在引脚 P5.7 上输入一个电压。若输入电压大于 Vcc/2，可以看到示波器上产生一个低电平信号；若输入电压小于 Vcc/2，可以看到示波器上产生一个低电平信号。

7.3 数模转换器（DAC）

数模转换器（Digital-to-Analog Converter，DAC）是将数字量转换成模拟量输出的一种外设。在实际的应用中，DAC 可以方便地产生规则（梯形波和三角波）或不规则的模拟波形，用来控制一些模拟设备，在音频方面有广泛应用。

7.3.1 DAC 简介

DAC 将输入的二进制数字转换为模拟量，以电压或电流的形式输出。它实际上是一个译码器。一般常用的线性数模转换器，其输出模拟电压 u_o 和输入数字量 D_n 之间成正比关系，其转换公式如下。其中，V_{REF} 为参考电压。

$$u_o = kD_n V_{REF}$$

一个数字量的每一位都有位权，如二进制数 110，从高位到低位的位权分别为 4、2、1。为了将数字量转换为模拟量，就要将每一位按其位权大小转换成相应的模拟量，然后将代表各位的模拟量相加，这样就实现了从数字量到模拟量的转换。这一转换过程用公式表示如下。

$$u_o = kD_n V_{REF} = kd_{n-1} \cdot 2^{n-1} \cdot V_{REF} + kd_{n-2} \cdot 2^{n-2} \cdot V_{REF} + \cdots + kd_0 \cdot 2^0 \cdot V_{REF}$$

也就是说，DAC 的输出电压 u_o，等于代码为 1 的各位所对应的各分模拟电压之和。

DAC 一般由数码缓冲寄存器、模拟电子开关、参考电压、解码网络和求和电路等几部分组成，其结构框图如图 7.21 所示。该图中，数字量以串行或并行方式输入，并存储在数码缓冲寄存器中；寄存器输出的每位数码驱动对应数位上的电子开关，将在解码网络中获得的相应数位权值送入求和电路；求和电路将各位权值相加，便得到与数字量对应的模拟量。

图 7.21　DAC 结构框图

7.3.2　DAC 类型

根据解码网络的不同，DAC 可以分为权电阻网络 DAC、倒 T 型电阻网络 DAC、权电流型 DAC 等多种类型。

R-2R 倒 T 型 DAC 是应用最为广泛的一种 DAC，一个四级 T 型网络的原理图如图 7.22 所示。图中 $S_0 \sim S_3$ 是模拟开关，由输入数码 D_i 控制。当 $D_i=1$ 时，S_i 接运算放大器反相输入端（虚地），电流 I_i 流入求和电路；当 $D_i=0$ 时，S_i 将电阻 2R 接地。即无论 S_i 处于何种位置，与 S_i 相连的 2R 电阻均接"地"（地或虚地）。

该图中：

$$v_o = -i_\Sigma \cdot R_f = -\left(\frac{I}{2}D_3 + \frac{I}{4}D_2 + \frac{I}{8}D_1 + \frac{I}{16}D_0 \right)R_f$$

$$I = \frac{V_{REF}}{R}$$

可以得到

$$v_o = -\frac{V_{REF}}{2^4} \cdot \frac{R_f}{R}(2^3 D_3 + 2^2 D_2 + 2^1 D_1 + 2^0 D_0)$$

当 $R_f = R$ 时：

$$v_o = -\frac{V_{REF}}{2^4}(2^3 D_3 + 2^2 D_2 + 2^1 D_1 + 2^0 D_0)$$

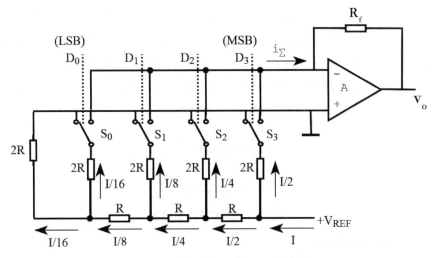

图 7.22 R-2R 倒 T 型 DAC 原理图

以上介绍的是以四级网络为例的 R-2R 倒 T 型 DAC，类推到 n 级网络，可以得到

$$v_o = -\frac{V_{REF}}{2^n} \cdot \frac{R_f}{R}(2^{n-1}D_{n-1} + 2^{n-2}D_{n-2} + \cdots + 2^0 D_0)$$

倒 T 型电阻网络 DAC 中，由于流过各支路的电流恒定不变，因此在开关状态变化时，不需要电流建立时间，提高了该电路的转换速度。但是，模拟开关上的电压降可能会影响 ADC 精度。

7.3.3　DAC 的技术指标

DAC 的主要技术参数有分辨率、精度、建立时间、温度系数等。

分辨率是表示一个 DAC 能分辨的最小输出电压的参数，它可用输入数字量的位数来表示，如一个 8 位的 DAC，它的分辨率为 8 位。此外，它也可以用最小输出电压与最大输出电压之比，如一个 n 位的 DAC，它的分辨率为 $1/(2^n-1)$。

精度是指 DAC 实际输出与理想输出之间的接近程度。实际输出与理想输出不一致的原因有很多，比如参考电压的波动、分压网络电阻值偏差、运算放大器的零点漂移等。DAC 的分辨率对精度有影响，但二者并不能等同。

建立时间是指当输入的数字量发生变化时，输出电压变化到相应稳定电压值所需时间。DAC 中常用建立时间来描述其速度，而不使用 ADC 中常用的转换时间。

温度系数是指在输入不变的情况下，输出模拟电压随温度变化产生的变化量。由于 DAC 内部电路中电阻阻值随温度变化，因此 DAC 的输出电压也会随之变化。一般将满刻度输出条件下，温度每升高 1℃，其输出电压变化的百分数作为温度系数。

7.3.4　操作实例

由于 MSP432 片上外设没有提供可直接使用的 DAC 器件，因此，本实例外接了一个

DAC 芯片——DAC7512 来演示 DAC 的基本功能。

　　DAC7512 是一个 12 位的数模转换器，其片内精密输出放大器可实现轨到轨输出。DAC7512 采用多功能三线串行接口，可以在高达 30MHz 的时钟频率下工作，并可兼容 SPI、QSPI、Microwire 和 DSP 接口，其引脚图如图 7.23 所示。

图 7.23　DAC7512 引脚图

图中 6 个引脚的功能如下。

- SYNC：电平触发控制输入（低电平有效）。此信号变为低时，使能输入转换寄存器同时数据在紧接的时钟下降沿送入。
- V_{out}：模拟输出端口。
- GND：接地。
- V_{DD}：输入电压，电压值为+2.7V～+5.5V（MSP432 提供+3.3V 的电压）。
- D_{IN}：串行数据输入口。数据以 16 位方式在时钟信号的下降沿存入 16 位输入转换寄存器。
- SCLK：串行时钟输入。

　　DAC7512 的内部结构图如图 7.24 所示。它的参考电压来自它的 V_{DD} 输入，这种结构决定了它可以实现最宽的动态输出范围。DAC7512 集成了上电复位电路，一旦给它上电，其寄存器全部置零同时输出电压也为零，直到发生有效的写入事件。

　　DAC7512 非常适合便携式电池供电的设备，由于其内部包含了一个省电模块，它连接到串行接口，在 5V 时可以将电流消耗降至 50nA，功耗非常低。

图 7.24　DAC7512 内部结构图

　　本实例使用 MAP432 和 DAC7512 输出方波。实例中，MSP432 通过 SPI 将数据发给 DAC7512，数据由 D_{IN} 引脚进入 DAC7512，由 DAC7512 进行数模转换后，从 V_{OUT} 引脚输出一个方波信号，输出信号可以通过示波器进行检测、显示。本实例的程序流程图如图 7.25 所示。

图 7.25　DAC 实例程序流程图

同样的，下面仅给出本实例中用到的库函数。

1. bool SPI_initMaster (uint32_t moduleInstance, const eUSCI_SPI_MasterConfig * config)

功能描述		将 SPI 初始化为主机模式
参数描述	moduleInstance	选择使用的 SPI 模块号
	config	SPI 配置结构体
返回值		若初始化配置成功则返回 True，否则返回 False

其中，SPI 配置结构体的参数如下。

selectClockSource：选择时钟源。

clockSourceFrequency：时钟源频率。

desiredSpiClock：SPI 时钟频率。

msbFirst：控制移位寄存器方向。

clockPhase：时钟相位。

clockPolarity：时钟极性。

spiMode：SPI 模式，可选择三线模式或四线模式。

2. void SPI_enableModule (uint32_t moduleInstance)

功能描述	使能 SPI 模块	
参数描述	moduleInstance	选择使用的 SPI 模块号
返回值	空	

3. void SPI_transmitData (uint32_t moduleInstance, uint_fast8_t transmitData)

功能描述	发送数据	
参数描述	moduleInstance	选择使用的 SPI 模块号
	transmitData	要发送的数据
返回值	空	

下面给出具体代码。

```c
#include "driverlib.h"
volatile uint16_t txdata;    //定义发送数据变量
volatile uint8_t  temp,ii;  //定义临时变量
const eUSCI_SPI_MasterConfig spiMasterConfig =
{
    EUSCI_B_SPI_CLOCKSOURCE_ACLK,    //ACLK 时钟源,也可设定为 SMCLK
    32768,                           //ACLK = LFXT = 32.768khz
    0,                               //SPI 时钟
    EUSCI_B_SPI_MSB_FIRST,           //MSB 优先发送
EUSCI_B_SPI_PHASE_DATA_CHANGED_ONFIRST_CAPTURED_ON_NEXT,    //默认时钟相
    EUSCI_B_SPI_CLOCKPOLARITY_INACTIVITY_HIGH,              //高电极性
    EUSCI_B_SPI_3PIN                                        //三线模式
};//调用 SPI 结构体,设置 SPI 通信 eusciB 模块,时钟相,SPI 时钟这里可以任意
void delayus()//延时函数
{
  for(ii=0;ii<25;ii++);
}
int main(void)
{
    txdata=2047;//输出 1.65v 对应 DAC 转换数据
    MAP_WDT_A_holdTimer();
    //设置时钟频率
    MAP_CS_setExternalClockSourceFrequency(32768,0);
```

```
MAP_CS_initClockSignal(CS_ACLK,CS_LFXTCLK_SELECT,CS_CLOCK_DIVIDER_1);
  //SPI 时钟初始化
  MAP_CS_startLFXT(CS_LFXT_DRIVE0);
  //调用此 LFXT 低速晶振前,必须先调用 CS_setExternalClockSourceFrequency()函数,设
  //置外部晶振
  MAP_GPIO_setAsPeripheralModuleFunctionOutputPin(GPIO_PORT_PJ,
           GPIO_PIN0 | GPIO_PIN1,GPIO_PRIMARY_MODULE_FUNCTION);

    MAP_GPIO_setAsPeripheralModuleFunctionInputPin(GPIO_PORT_P1,
           GPIO_PIN5|GPIO_PIN6,GPIO_PRIMARY_MODULE_FUNCTION);
  //32.768khz 晶振选中
    MAP_GPIO_setAsOutputPin(GPIO_PORT_P3,GPIO_PIN5);
    MAP_SPI_initMaster(EUSCI_B0_MODULE,&spiMasterConfig);
   //SPI 主机初始化
    MAP_GPIO_setOutputHighOnPin(GPIO_PORT_P3,GPIO_PIN5);
  //DAC 芯片要求 SYNC 先置高
    MAP_SPI_enableModule(EUSCI_B0_MODULE);
    MAP_GPIO_setOutputLowOnPin(GPIO_PORT_P3,GPIO_PIN5);
    //SYNC 置低表示 DAC 准备接收数据
  while(1)
    {
        temp=txdata>>8;
        MAP_SPI_transmitData(EUSCI_B0_MODULE,temp);//先发送高字节 8 位
        delayus();//每次发完必须延时,等待数据进入 DAC 输入缓存器
        temp=txdata&0x00ff;
        MAP_SPI_transmitData(EUSCI_B0_MODULE,temp);//后发送低字节 8 位
        if(txdata==0)
             txdata=2047;
        else
             txdata=0;
        delayus();
        MAP_GPIO_setOutputHighOnPin(GPIO_PORT_P3,GPIO_PIN5);
        //一次写入后,要更新数据时在将 SYNC 拉高,表示要写新数据
        delayus();//保持大于 33ns 的高电平确保下一写入无误
        MAP_GPIO_setOutputLowOnPin(GPIO_PORT_P3,GPIO_PIN5);
    }
  }
```

将以上代码下载到 MSP432 并运行后，将示波器探头连接到 DAC7512 的 V_{OUT} 引脚，可以在示波器上看到一个方波。由于 MSP432 的电源电压为 3.3V，因此 DAC7512 的参考电压即为 3.3V。实例中 MSP432 向 DAC7512 发送的数据为 0 或 2047，那么输出的电压即为 0V 或 1.65V，即示波器显示一个峰值电压为 1.65V 的方波。

7.4　习题

（1）ADC 的主要技术指标有哪些？

（2）简述 ADC 的一般工作流程。

（3）简述 ADC 的类型及其特点。

（4）举例说明几种类型 ADC 的优缺点。

（5）采用过采样技术为什么能提高 ADC 的分辨率？过采样要取得好的效果，有哪些前提要求？

（6）一个 n 位的逐次比较式 ADC，理论上需要多少个时钟完成一次模数转换？

（7）简述模拟比较器（AC）的类型及特点，一般用于哪些场合？

（8）在 MSP432 LaunchPad 上，外接一个可变电阻器（电位器），编程实现通过改变可变电阻器阻值，控制发光二极管 LED 的亮度变化，类似于调光台灯的效果。

（9）假设一个 12 位的 DAC，满量程输出为 0～5V。要用数字频率合成方法输出一个幅度为 1～4V、周期为 100ms 的三角波。请写出设计思路及伪代码。

第8章 通信外设

在很多嵌入式系统中，微控制器（MCU）需要与外部器件、设备进行数据交互，通信外设就是完成这一功能的。本章将介绍与嵌入式系统相关的一些通信技术和概念，详细阐述几种主要的串行通信外设的基本原理和编程结构，并在此基础上给出这些通信外设的初始化配置方法和操作实例。

8.1 数字通信系统概述

现代微处理器系统的一个重要指标就是它的通信能力，即它和周围环境中其他系统交换信息的能力。通信接口可以更新固件或加载本地参数，还可以在分布处理过程中交换应用程序的信息。

数字通信系统一般由发送器、接收器和通信介质三个部分构成。发送器的主要工作是处理要发送的信息，将其构造成一定格式的帧；接收器用于接收信息并解析信息；通信介质则是发送器和接收器之间的桥梁，为信息提供物理介质，通常为双绞线、光纤或无线射频。

按照一次传输的数据位个数，数字通信可以分为串行通信和并行通信。所谓串行通信，指的是数据是一位一位地由端口发送或接收；而并行通信指的是数据的各个数据位（一般为 8 位及其整数倍）在多条数据线上同时被传输。由于并行通信的各个数据位同时传输，因此它的传输速度快、效率高，但它抗干扰能力差，且需要的资源也较多，因此一般用于短距离、高带宽的大数据量传输。串行通信的最大优势在于它节省传输线，尤其在远程通信时，这一点尤其重要，但相对而言，串行通信的数据传送效率就没有并行通信高。随着材料和差分信号传输技术的发展，串行通信速率也有了很大突破，串行通信方式越来越受到工程师们的欢迎。

按照传输时是否有同步时钟，数据通信可以分为同步通信和异步通信。同步通信是指通信双方使用同一个参考时钟源进行数据传输，而异步通信是指通信双方分别有自己的时钟源而不使用公共的参考时钟，但必须使用相同的波特率。由于异步通信没有同步时钟，因此在数据的头尾需要加上起始位和结束位，以达到"同步"的效果，否则将会出现接收错误。这些"同步"信息也会增加一些额外的开销。异步通信一般用于低速数据传输，而同步通信比异步通信的速率高很多，适用于高速传输。

除此之外，数字通信中还有几个重要的概念，即单工、半双工和全双工。单工通信规定通信双方在任何时刻都只能进行单向的数据传输，即一方固定为发送器；另一方固定为接收器。双工通信中通信双方可以双向传输信息。双工通信又可以分为半双工通信和全双工通信。半双工通信规定在同一时刻，信息只能单向传输，而在全双工通信中，任何时刻通信双方都可以同时进行信息收发、实现同时双向信息传输。

8.2　UART 接口

UART（Universal Asynchronous Receiver/Transmitter）即"通用异步串行接收/发送器"，是一种通用串行接口，可以实现全双工数据传输。UART 口具有极低的资源消耗、较高的可靠性、简洁的协议以及高度的灵活性，因此非常符合嵌入式设备的应用需求，几乎所有的 MCU 都把 UART 作为一个基本的通信接口，用来实现与其他嵌入式设备或 PC 的数据通信。

8.2.1　UART 简介

UART 是一种串行、异步、全双工的通信收发器。

当设备发送数据时，发送移位器将发送缓存区中的数据进行并-串转换。CPU 把准备发送的数据写入 UART 的数据寄存器，再通过 FIFO（First Input First Output，先入先出队列）传送到串行发送器。控制逻辑按预先设定的帧格式输出串行数据流。数据流由一个起始位开始，然后是数据位，最后再根据设定的帧格式发送校验位和停止位。

当设备接收数据时，接收逻辑在检测到一个有效的开始脉冲（起始位）后，按预先设定的帧格式逐位接收数据位、校验位和停止位，再将接收到的数据位进行串-并转换、存放到接收数据缓冲区（FIFO）。此外，接收器还对数据进行校验位、帧错、溢出错误检查，将状态反映在 UART 的状态寄存器中供 CPU 查阅。

基本的 UART 通信字符帧的格式如图 8.1 所示。

图 8.1　UART 帧格式

图中各位的意义如下。

- 起始位：先发出一个逻辑"0"的信号，表示传输字符的开始（起同步作用）。
- 数据位：紧接着起始位之后。数据位的个数可以是 5、6、7、8 等，构成一个字符，从最低位开始传送（LSB 被先发送）。通常采用 ASCII 码。
- 校验位：字符位后加上这一位（可选），使得"1"的位数为偶数（偶校验）或奇数

（奇校验），以此来校验数据传送的正确性。

- 停止位：它是一个字符帧传输的结束标志。可以是 1 位、1.5 位、2 位的高电平。
- 空闲位：处于逻辑"1"状态，表示当前线路上没有数据传送。

图 8.2 是 8 个数据位、无校验位、1 位停止位的 UART 帧格式示例图。

图 8.2　UART 帧格式示例

UART 通信线路比较简单，即数据发送线（TX），数据接收线（RX），同时接口还配有一路接地信号。图 8.3 展示了两个 UART 模块之间直接通信的连接方法，双方的 TXD 和 RXD 需交叉连接。

图 8.3　UART 模块之间相互通信

嵌入式系统除了可以通过 UART 直接与其他系统进行数据交换之外，也可以通过 RS232 转换器与 PC 进行数据交换。图 8.4 展示了一个 UART 模块和 PC（RS232 接口）通信的连接方法。

图 8.4　UART 模块与 PC（RS-232）通信

RS232 是美国电子工业协会（EIA）制定的串行通信标准，又称 RS-232-C，R 它是一个全双工的通信标准，可以同时进行数据接收和发送的工作。传统的 RS232C 接口标准有

22 根线，采用标准 25 芯 D 型插头座。自 IBM PC/AT 开始使用简化了的 9 芯 D 型插座，简称 DB9。DB9 接口的外形图如图 8.5 所示。

图 8.5　DB9 接口外形图

DB9 接口的引脚定义如表 8.1 所示。

表 8.1　DB9 接口的引脚定义

引　　脚	简　　写	说　　明
Pin1	CD	调制解调器通知计算机有载波被侦测到
Pin2	RXD	接收数据
Pin3	TXD	发送数据
Pin4	DTR	计算机告诉调制解调器可以进行传输
Pin5	GND	地线
Pin6	DSR	调制解调器告诉计算机一切准备就绪
Pin7	RTS	请求发送
Pin8	CTS	允许发送
Pin9	RI	振铃提醒

最简单的串口通信只使用数据发送（TXD）、数据接收（RXD）、地（GND）三根线，简称为三线通信。如需要硬件进行流控，则要增加请求发送（RTS）、允许发送（CTS）两根线，即五线通信。由于现在电话线调制解调器（Modem）已经很少采用，RS-232 串口上的其他信号线基本不用。

RS232 对电气特性、逻辑电平和各种信号线功能都作了规定。在 RS-232-C 中任何一条信号线的电压均为负逻辑关系。即逻辑"1"为-5～-15V；逻辑"0"为+5～+15V。噪声容限为 2V。也就是说，要求接收器能识别高到-3V 的信号作为逻辑"1"，以及低至+3V 的信号作为逻辑"0"。使用较高的电平电压进行传输可增加线路的抗干扰能力、延长通信距离。RS232 可靠传输距离一般为 50～100 英尺。

8.2.2 波特率

由于 UART 是异步通信，通信双方不使用公共时钟，因此双方必须有相同的波特率才能正常通信。一般来说，在异步通信中，发送器确定波特率，接收器必须知道该波特率，并在检测到起始位后立即和发送器同步。异步通信中通信设备之间的时钟是相互独立的，因此，即使两个时钟在某一时刻同步了，也不能保证过一些周期之后，它们还是同步的。

波特率是衡量数据传送速率的指标。在信息传输通道中，携带数据信息的信号单元叫码元，每秒钟通过信道传输的码元数称为码元传输速率，简称波特率，其单位为波特（Baud，symbol/s）。通俗地讲，波特率就是指一个设备在一秒钟内发送（或接收）了多少码元的数据。

另一个容易与波特率混淆的概念是比特率。每秒钟通过信道传输的信息量称为位传输速率，即每秒钟传送的二进制位数，简称比特率，其单位为比特每秒（b/s）。波特率与比特率的关系也可换算成：

比特率=波特率*单个调制状态对应的二进制位数

例如，假设每秒钟传送 240 个字符，每个字符格式包含 10 位（1 个起始位，1 个停止位，8 个数据位），则这时波特率为 240Baud，比特率为 2400b/s。

常用的波特率有 300、600、1200、2400、4800、9600、19200、38400、43000、56000、57600、115200 等。

一般填入波特率寄存器中的值都是通过如下的公式求出来：

$$UART\_BR = MCLK/（BaudRate \times N）$$

式中，N 为波特率因子，大多数芯片取 N=16。有些芯片波特率计算精度较高，它们有两个波特率寄存器 UART_BR1 和 UART_BR2，其中 UART_BR1 用来存放上式计算出来的整数部分，而 UART_BR2 则用来存放上式计算出来的小数部分，这样计算出来的波特率就更精确，误差更小。

8.2.3 MSP432 中的 UART

MSP432 上包含了 8 个兼容不同通信协议的模块——4 个 eUSCI_A 和 4 个 eUSCI_B。其中，eUSCI_A 兼容 UART、SPI。eUSCI_B 兼容 I2C、SPI。在同一个模块固件下，一个模块可以支持多路串行通信。

当 eUSCI_A 模块配置为 UART 模式时，其发送端和接收端的结构图如图 8.6 和图 8.7 所示。

图 8.6　UART 发送端结构

发送端主要由发送移位寄存器，发送缓冲器，发送状态机和红外编码器组成。当 MSP432 要发送数据时，发送缓冲器中要发送的值装入发送移位寄存器中，再一位一位地从发送端口 UCAxTXD 中发送出去。

图 8.7　UART 接收端结构

接收端则主要由接收状态机、接收缓冲寄存器、接收移位寄存器、红外解码器、错误检测单元组成。当 MSP432 接收数据时，数据从 UCAxRXD 一位一位送入接收移位寄存器，然后装入接收缓冲寄存器中。接收端在接收数据时可以实现错误检测、解码、侦听等功能。

硬件方面，MSP432 片上直接设计了能实现串口通信的电路，通信端口连通 XDS110 仿真器。调试时，只需直接将 USB 接口和 PC 主机连接就可以实现 UART 的通信，TI 将实现这个功能的接口称为"背通道"，用这个通道还支持硬件的流控制（RTS 和 CTS），UART 背通道还可用来建立开发时需要 GUI 和 PC 通信的其他程序。

此外，通信仿真时，主机端会产生一个虚拟的 COM 端口来和 UART 通信。用户就可以使用任何应用程序和 COM 端口连接，包括终端应用程序，如 Hyperterminal 或 Docklight，实验时，用串口助手来验证通信即可。

8.2.4　初始化配置

在使用 UART 模块进行通信时，首先要对其进行初始化配置。UART 的配置与其他外设类似，首先要进行时钟、GPIO 的配置。

UART 时钟对 UART 的正常工作和波特率的产生有重要的作用，因此，必须选择一个合适的时钟频率。UART 使用两根线进行通信，因此，需要将发送端口配置为输出方向，将接收端口配置为输入方向。

配置好时钟和 GPIO 引脚后，就要进行对 UART 模块的初始化配置。UART 模块的初始化配置包括数据帧格式的配置和波特率的配置。数据帧格式的配置包括数据位的长度、停止位的位数、数据校验方式等。波特率的配置包括波特率生成方式和波特率大小的配置。选定通信所需的波特率后，通过公式计算出需要填入波特率寄存器的值，然后将该值填入波特率寄存器即可。

如果不使能 UART 接收中断，那么在接收寄存器接收到数据后，需要软件主动去访问数据。如果使能了 UART 接收中断，那么在接收寄存器收到数据后，会自动产生中断，执行中断处理程序中的代码。

8.2.5　操作实例

本实例以 MSP432 为例，展示了 MSP432 通过 UART 与 PC 通信的过程。本实例中，MSP432 将通过串口收到的字符发回给 PC，并在串口调试工具中显示出来。UART 帧格式被配置为一个起始位，一个停止位，无校验位。P1.2 与 P1.3 分别为接收端口与发送端口。本实例使用的波特率为 9600Baud。本实例的程序流程图如图 8.8 所示。

图 8.8　UART 程序流程图

下面给出本实例中用到的库函数。

1. bool UART_initModule (uint32_t moduleInstance, const eUSCI_UART_Config *config)

功能描述	初始化 UART 模块	
参数描述	moduleInstance	指定使用的 UART 模块
	config	UART 配置结构体
返回值	若配置成功则返回 True，否则返回 False	

其中，UART 配置结构体的参数如下。

selectClockSource：选择时钟源。

clockPrescalar：写入波特率寄存器的数。

firstModReg：第一阶段的调整器。

secondModReg：第二阶段的调整器。

parity：校验位，可选择无校验位、奇校验或偶校验。

msborLsbFirst：控制发送/接收移位寄存器的方向，可选择 LSB 或 MSB。

numberofStopBits：停止位的位数，可选择一位或两位。

uartMode：选择 uart 模式。

overSampling：选择波特率产生方式。

2. void UART_enableInterrupt (uint32_t moduleInstance, uint_fast8_t mask)

功能描述	使能 UART 模块指定中断	
参数描述	moduleInstance	指定使用的 UART 模块
	mask	指定中断类型
返回值	空	

3. uint_fast8_t UART_getEnabledInterruptStatus (uint32_t moduleInstance)

功能描述	得到 UART 模块产生中断的中断类型
参数描述	moduleInstance	指定使用的 UART 模块
返回值	UART 模块产生中断的中断类型

4. void UART_clearInterruptFlag (uint32_t moduleInstance, uint_fast8_t mask)

功能描述	清除 UART 模块指定中断标志	
参数描述	moduleInstance	指定使用的 UART 模块
	mask	指定中断类型
返回值	空	

5. void UART_transmitData (uint32_t moduleInstance, uint_fast8_t transmitData)

功能描述	UART 模块发送一个字节的数据	
参数描述	moduleInstance	指定使用的 UART 模块
	transmitData	数据
返回值	空	

6. uint8_t UART_receiveData (uint32_t moduleInstance)

功能描述	UART 模块接收一个字节的数据
参数描述	moduleInstance	指定使用的 UART 模块
返回值	接收到的数据

下面给出具体代码。

```c
#include <ti/devices/msp432p4xx/driverlib/driverlib.h>
#include <stdint.h>
#include <stdbool.h>

//UART 配置结构体
const eUSCI_UART_Config uartConfig =
{
        EUSCI_A_UART_CLOCKSOURCE_SMCLK,           //时钟源
          78,                                     //BRDIV = 78
        2,                                        //UCxBRF = 2
        0,                                        //UCxBRS = 0
        EUSCI_A_UART_NO_PARITY,                   //无校验
        EUSCI_A_UART_LSB_FIRST,
        EUSCI_A_UART_ONE_STOP_BIT,                //一个停止位
        EUSCI_A_UART_MODE,                        //UART 模式
        EUSCI_A_UART_OVERSAMPLING_BAUDRATE_GENERATION
};

int main (void)
{
    MAP_WDT_A_holdTimer();

    //GPIO 配置
    MAP_GPIO_setAsPeripheralModuleFunctionInputPin(GPIO_PORT_P1,
    GPIO_PIN1 | GPIO_PIN2 | GPIO_PIN3, GPIO_PRIMARY_MODULE_FUNCTION);

    //配置 DCO 频率
    CS_setDCOCenteredFrequency(CS_DCO_FREQUENCY_12);

    //配置 UART
    MAP_UART_initModule(EUSCI_A0_BASE, &uartConfig);
    MAP_UART_enableModule(EUSCI_A0_BASE);

    //使能中断
    MAP_UART_enableInterrupt(EUSCI_A0_BASE,EUSCI_A_UART_RECEIVE_INTERRUPT);
    MAP_Interrupt_enableInterrupt(INT_EUSCIA0);
    MAP_Interrupt_enableSleepOnIsrExit();
    MAP_Interrupt_enableMaster();

    while(1)
    {
        MAP_PCM_gotoLPM0();//进入 LPM0
    }
}

//UART 中断处理程序
void EUSCIA0_IRQHandler (void)
{
```

```
uint32_t status = MAP_UART_getEnabledInterruptStatus(EUSCI_A0_BASE);
MAP_UART_clearInterruptFlag(EUSCI_A0_BASE,status);//清除中断标志

if(status & EUSCI_A_UART_RECEIVE_INTERRUPT_FLAG)
{
    //发送接收到的数据
    MAP_UART_transmitData(EUSCI_A0_BASE,MAP_UART_receiveData(EUSCI_
                         A0_BASE));
}
}
```

将上述代码下载到 MSP432 并运行后，打开 PC 端串口调试工具，在串口调试工具发送数据端输入字符并发送，可以看到串口调试工具数据接收端显示相同的字符。

8.3 SPI 接口

串行外设接口（Serial Peripheral Interface，SPI）是由美国摩托罗拉公司推出的一种同步串行传输规范，常作为单片机外设芯片串行扩展接口，是一种高速同步串行输入/输出端口。SPI 一般用在控制设备与外部设备通信中。常用在外部输入/输出接口或外设扩展口设备，如转换寄存器、显示驱动器、ADC 设备等。在点对点的通信中 SPI 接口不需要进行寻址操作，且为全双工通信，用此方式实现通信，显得简单、高效。

8.3.1 SPI 简介

SPI 是一种串行、同步、全双工的通信方式。SPI 总线一般由四条线组成，分别是串行时钟线（SCLK）、主机输入/从机输出数据线（MISO）、主机输出/从机输入数据线（MOSI）和低电平有效的从机选择线（SSEL），这四条线的具体描述见表 8.2。

表 8.2 SPI 四条线的具体描述

引 脚 名 称	描 述
SCK	串行时钟，用于同步 SPI 接口间数据传输的时钟信号。该时钟信号总是由主机驱动，并且从机接收
SSEL	从机选择，SPI 从机选择信号是一个低有效信号，用于指示被选择参与数据传输的从机
MISO	主入从出，MISO 信号是一个单向的信号，它将数据由从机传输到主机
MOSI	主出从入，MOSI 信号是一个单向的信号，它将数据从主机传输到从机

SPI 的典型结构如图 8.9 所示。

图 8.9　SPI 典型结构

从图中可以看出，SPI 以主-从模式工作。在软件的控制下，SPI 总线可以构成各种简单的或复杂的系统，比如 1 个主 MCU 和几个从 MCU 构成的系统、几个从 MCU 相互连接构成的多主机系统（分布式系统），其中最常见的是 1 个主 MCU 和 1 个或几个从 I/O 设备构成的系统。

当器件作为主机时，器件使用一个 I/O 引脚拉低相应从机的选择引脚（SSEL），传输由主机发送数据来启动，时钟（SCK）信号由主机产生。通过 MOSI 发送数据，同时通过 MISO 引脚接收从机发出的数据。

当器件作为从机时，传输在从机选择引脚（SSEL）被主机拉低后开始，接收主机输出的时钟信号，在读取主机数据的同时通过 MISO 引脚输出数据。

当主机通过从机选择线选择了进行通信的从机时，两者是如何进行数据传输的呢？

SPI 设备间的数据传输又被称为数据交换，即在通信过程中设备不是仅仅充当"发送者"（Transmitter）或者"接收者"（Receiver）的身份。在一个 SPI 时钟周期内，通信双方会完成如下操作。

（1）主机通过 MOSI 线发送 1 位数据，从机通过该线读取这 1 位数据；

（2）从机通过 MISO 线发送 1 位数据，主机通过该线读取这 1 位数据。

这是通过移位寄存器来实现的，如图 8.10 所示，主机和从机各有一个移位寄存器，且二者连接成环。随着时钟脉冲，数据按照从高位到低位的方式依次移出主机寄存器和从机寄存器，并且依次移入从机寄存器和主机寄存器。当寄存器中的内容全部移出时，相当于完成了两个寄存器内容的交换。

图 8.10　SPI 移位寄存器串行发送示意图

也就是说，当主机发送一个数据时，同时也接收到一个数据。从机在接收一个数据时，同时也发送了一个数据。主机和从机的发送数据是同时完成的，两者的接收数据也是同时完成的。所以为了保证主从机正确通信，应使得它们的 SPI 具有相同的时钟极性和时钟相位。

时钟极性（CPOL）决定串口时钟在空闲时是高电平还是低电平。当 CPOL=0 时，串口时钟在空闲时保持低电平；当 CPOL=1 时，串口时钟在空闲时保持高电平。

时钟相位（CPHA）决定数据在第几个时钟跳变沿被采样。当 CPHA=0 时，数据在串行同步时钟的第一个跳变沿数据被采样；当 CPHA=1 时，数据在串行同步时钟的第二个跳变沿数据被采样。

根据时钟极性和时钟相位的不同，SPI 时序图可以分成四种模式，图 8.11 是一个常见的 SPI 四种模式的时序图。从图中可以看出，当 CPOL=0，CPHA=0 时，数据在时钟上升沿被捕获，在时钟下降沿改变；当 CPOL=0，CPHA=1 时，数据在时钟下降沿被捕获，在时钟上升沿改变。

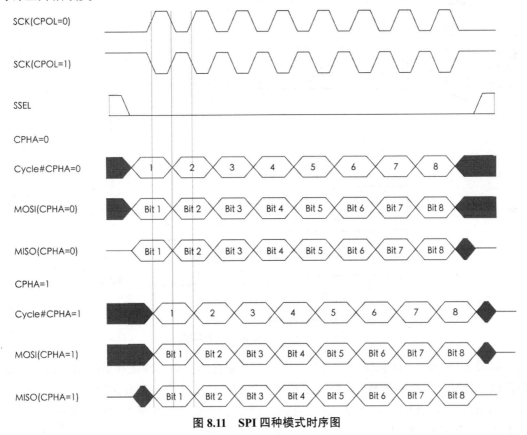

图 8.11　SPI 四种模式时序图

8.3.2　MSP432 中的 SPI

eUSCI_A 和 eUSCI_B 都支持 SPI。当它配置为 SPI 模式时，其结构图如图 8.12 所示。SPI 内部硬件大致可以分为时钟发生模块、数据发送模块和数据接收模块。时钟发生模块用来产生位同步时钟信号，数据发送模块和数据接收模块用来完成 SPI 数据的发送和接收。MSP432 中的 SPI 模块既可以做主设备又可以做从设备，使用时只需按具体情况配置数据接口即可。

图 8.12　MSP423 中的 SPI 结构图

如图 8.13 所示，eUSCI 配置为主机时，在数据传到发送缓冲寄存器时 eUSCI 开始数据传输。当发送移位寄存器为空时，发送缓冲寄存器中的数据传到移位寄存器中，然后通过 UCxSIMO 传输到从机。到达 UCxSOMI 的数据在发送数据相反的时钟沿被移入接收移位寄存器，到达相应的位数后，数据传入接收缓冲寄存器，并置位接收中断标志位，表明一个 RX/TX 操作完成。发送和接收是同时进行的。

在主机模式下，第四根线的方向可以是输入也可以是输出，这都是由 SPI 模块的配置决定的。当第四根线用作输入时，其作用是避免与其他主机的冲突；当第四根线用作输出时，其作用是使能从机。

图 8.13 MSP432 主机模式

如图 8.14 所示，eUSCI 配置为从机时，模块内部不产生位时钟，传输数据需要的时钟由外部主机提供，通过 UCxCLK 输入。数据在时钟开始前写入发送缓冲寄存器并传到发送移位寄存器。到达 UCxSIMO 的数据被移入接收移位寄存器，并在到达规定位数后，被传到接收缓冲寄存器，并置位接收中断标志，指示数据已接收完成。如果在新数据到达时，上一次的数据还没有被读走，那么将产生一个错误标志。

在从机模式下，第四根线 STE 用作输入，由主机驱动。当从机处于不活动状态时，所有的接收动作都停止，UCxSOMI 配置为输入，移位操作终止，直到从机重新变成活动状态。

图 8.14 MSP432 从机模式

8.3.3 初始化配置

在使用 SPI 进行通信时，首先要对其进行初始化配置。同样的，首先需要配置其 GPIO。SPI 一般由四条线组成，因此需要配置四个 GPIO 口。当单片机需要被配置为主机模式时，则将 SCK、MOSI、SSEL 配置为输出，MISO 配置为输入；当单片机需要被配置为从机模式时，则将 SCK、MOSI、SSEL 配置为输入，MISO 配置为输出。

从 8.3.1 中的内容中可以知道，SPI 时钟在 SPI 的工作中十分重要，因此，必须选择一个合适的时钟。在配置主设备的 SPI 时钟时，要考虑从设备的时钟要求，因为主设备的时钟极性和时钟相位都是以从设备为基准的。时钟有四种模式，只有选择与从设备匹配的模式，才能保证数据的正确传输。

如果不使能接收中断，那么当单片机通过 SPI 接收到数据时，程序不会产生中断，此时，软件需要主动去访问接收寄存器得到的数据；如果使能接收中断，那么单片机接收数据时会产生中断，然后进入中断处理程序执行相应的代码。

8.3.4　操作实例

本实例以 MSP432 为例，展示了 MSP432 作为主机时采用三线 SPI 与从机的通信方式。本实例中，被发送的数据从 0x01 开始递增，在发送数据的同时，主机接收到从机的数据，接收的数据为上一个被发送的值。P1.5 为时钟线，P1.6 为 MOSI 线，P1.7 为 MISO线。本实例的程序流程图如图 8.15 所示。

图 8.15　SPI 程序流程图

下面给出本实例中用到的库函数。

1. bool SPI_initMaster (uint32_t moduleInstance, const eUSCI_SPI_MasterConfig *config)

功能描述	初始化 SPI 模块为主机模式	
参数描述	moduleInstance	指定使用的 SPI 模块
	config	SPI 配置结构体
返回值	若配置成功则返回 True，否则返回 False	

其中，SPI 配置结构体的参数如下。

selectClockSource：选择时钟源。

clockSourceFrequency：时钟源频率。

desiredSpiClock：SPI 时钟频率。

msbFirst：选择数据为 MSB 还是 LSB。

clockPhase：设置时钟相位。

clockPolarity：设置时钟极性。

spiMode：设置 SPI 模式，可选择三线或者四线模式。

2. void SPI_enableInterrupt (uint32_t moduleInstance, uint_fast8_t mask)

功能描述	使能 SPI 模块指定中断	
参数描述	moduleInstance	指定使用的 SPI 模块
	mask	指定中断类型
返回值	空	

3. void SPI_transmitData (uint32_t moduleInstance, uint_fast8_t transmitData)

功能描述	SPI 模块发送数据	
参数描述	moduleInstance	指定使用的 SPI 模块
	transmitData	指定要发送的数据
返回值	空	

4. uint_fast8_t SPI_getEnabledInterruptStatus (uint32_t moduleInstance)

功能描述	获取 SPI 模块产生中断的中断类型	
参数描述	moduleInstance	指定使用的 SPI 模块
返回值	SPI 模块产生中断的中断类型	

5. void SPI_clearInterruptFlag (uint32_t moduleInstance, uint_fast8_t mask)

功能描述	清除 SPI 模块指定中断标志	
参数描述	moduleInstance	指定使用的 SPI 模块
	mask	指定中断类型
返回值	空	

6. uint8_t SPI_receiveData (uint32_t moduleInstance)

功能描述	获取 SPI 模块接收的数据	
参数描述	moduleInstance	指定使用的 SPI 模块
返回值	SPI 模块接收的数据	

下面给出具体代码。

```
#include <ti/devices/msp432p4xx/driverlib/driverlib.h>
#include <stdint.h>
#include <stdbool.h>

static volatile uint8_t RXData = 0;
static uint8_t TXData = 0;

//SPI 配置结构体
const eUSCI_SPI_MasterConfig spiMasterConfig =
{
        EUSCI_B_SPI_CLOCKSOURCE_SMCLK,      //时钟源
        3000000,                             //SMCLK = DCO = 3MHZ
        500000,                              //SPICLK = 500khz
        EUSCI_B_SPI_MSB_FIRST,
        EUSCI_B_SPI_PHASE_DATA_CHANGED_ONFIRST_CAPTURED_ON_NEXT,//相位
        EUSCI_B_SPI_CLOCKPOLARITY_INACTIVITY_HIGH,              //极性
        EUSCI_B_SPI_3PIN                                        //3 线模式
};


int main(void)
{
    WDT_A_holdTimer();

    //配置 GPIO
    GPIO_setAsPeripheralModuleFunctionInputPin(GPIO_PORT_P1,
    GPIO_PIN5|GPIO_PIN6|GPIO_PIN7,GPIO_PRIMARY_MODULE_FUNCTION);

    SPI_initMaster(EUSCI_B0_BASE,&spiMasterConfig);
    SPI_enableModule(EUSCI_B0_BASE);

    //使能中断
    SPI_enableInterrupt(EUSCI_B0_BASE,EUSCI_B_SPI_RECEIVE_INTERRUPT);
    Interrupt_enableInterrupt(INT_EUSCIB0);
    Interrupt_enableSleepOnIsrExit();


    TXData = 0x01;//初始化数据
    //等待前一个数据发送完毕
    while(!(SPI_getInterruptStatus(EUSCI_B0_BASE,
                    EUSCI_B_SPI_TRANSMIT_INTERRUPT)));
    //向从机发送数据
    SPI_transmitData(EUSCI_B0_BASE,TXData);
    PCM_gotoLPM0();
```

```
    }
//SPI 中断处理程序
void EUSCIB0_IRQHandler(void)
{
    uint32_t status = SPI_getEnabledInterruptStatus(EUSCI_B0_BASE);
    uint32_t jj;
    SPI_clearInterruptFlag(EUSCI_B0_BASE,status);//清除中断标志
    if(status & EUSCI_B_SPI_RECEIVE_INTERRUPT)
    {
      while(!(SPI_getInterruptStatus(EUSCI_B0_BASE,
                        EUSCI_B_SPI_TRANSMIT_INTERRUPT)));
      RXData = SPI_receiveData(EUSCI_B0_BASE);  //取得接收到的数据
      printf("received data %d\n",RXData);      //通过串口打印数据

      //发送下一个数据
      SPI_transmitData(EUSCI_B0_BASE,++TXData);
      for(jj=50;jj<50;jj++);
    }
}
```

将以上代码下载到 MSP432 并运行后，将 MSP432 连接到 PC，打开串口调试工具，可以看到，串口调试工具数据接收区持续输出"received data 0""received data 1""received data 2"……

8.4　I2C 接口

I2C BUS（Inter IC BUS）是 Philips 推出的芯片间串行传输总线，它以 2 根连线实现了完善的双向同步数据传输，可以极方便地构成多机系统和外围器件扩展系统。I2C 总线采用了器件地址的硬件设置方法，通过软件寻址完全避免了器件的片选线寻址方法，从而使硬件系统具有最简单而灵活的扩展方法。

8.4.1　I2C 简介

I2C 是一种串行、同步、半双工的通信方式。它只需要两根线即可完成通信，也正因如此，它只能实现半双工的通信。I2C 的速率不高，一般为 100kHz。因此，在基于低速传感器（如温湿度）、EEPROM 等数据传输频率要求不高的情况下，I2C 通信是很好的选择。另外，I2C 是二线总线接口，PCB 布线非常方便，这也是硬件设计时值得考虑的一个优势。

I2C 总线在物理上由两条信号线和一条地线构成。两条信号线分别为串行数据线（SDA）和串行时钟线（SCL），它们通过上拉电阻连接到正电源，且总线速率越高，总线上拉电阻就越小，举个例子，100Kbit/s 的总线速率通常使用 5.1kΩ 的上拉电阻。I2C 总线连接图如图 8.16 所示。从图中可以看出，I2C 总线是个多主机总线，所有的设备都同等地连到 SDA 和 SCL 上。I2C 工作时，这些设备都可以作为总线的主控制器，任何一个设备

都能像主控器一样工作，并控制总线。

图 8.16　I2C 总线连接图

I2C 总线接口的内部结构如图 8.17 所示。每一个 I2C 总线器件内部的 SDA、SCL 引脚电路结构都是一样的，引脚的输出驱动与输入缓冲连在一起。其中输出为漏极开路的场效应管，输入缓冲为一只高输入阻抗的同相器。由于 SDA、SCL 为漏极开路结构，因此它们必须接上拉电阻。当总线空闲时，两根线均为高电平。由于 I2C 总线上各设备的 SDA 及 SCL 都是"线与"关系，因此连到总线上的任一设备输出的低电平，都将使总线的信号变低。

图 8.17　I2C 总线接口内部结构

另外，引脚在输出信号的同时还将引脚上的电平进行检测，检测是否与刚才输出一致，为"时钟同步"和"仲裁"提供了硬件基础。

为了更好地理解 I2C 主线，下面先介绍几个 I2C 的常用术语。

- 发送设备：发送数据到总线上的设备。
- 接收设备：从总线上接收数据的设备。
- 主机：启动数据传送并产生时钟信号的设备。
- 从机：被主设备寻址的设备。

每个 I2C 模块由主机和从机两个部分组成，每个从机由唯一地址进行标识，其地址是由芯片内部硬件电路和外部地址同时决定的。I2C 总线可以构成多主数据传送系统，但只有带 CPU 的器件可以成为主机。在同一总线上同一时刻只能有一个主机，但可以有多个从机，从机的数量受地址空间和总线的最大电容的限制。主机主要用来驱动 SCL 线并发起传输，从机不能发起传输，只能对主机产生响应，并受主机控制。

早期的 I2C 总线采用 7 位寻址模式。但由于应用功能的迅速提升，I2C 总线也增强为 10 位寻址模式，以满足更大寻址空间的需求。

1. 7 位寻址模式

7 位寻址模式下 I2C 数据的传输格式如图 8.18 所示。可以看到，第一个字节由 7 位从机地址和 R/W（读/写）位组成。不论总线上传送的是地址信息还是数据信息，每个字节传输完毕后，接收设备都会发送一个响应位（ACK）。

图 8.18　7 位寻址模式下 I2C 数据格式

2. 10 位寻址模式

10 位寻址模式下 I2C 数据的传输格式如图 8.19 所示。可以看到，第一个字节由二进制位 11110 和从机地址的最高两位以及读/写控制位 R/W 组成。第一个字节传输完毕依然还是响应位，第二个字节是 10 位从机地址的低 8 位，后面是响应位和数据。

图 8.19　10 位寻址模式下 I2C 数据格式

3. 重复产生起始信号

在不停止传输的情况下，主机可以改变 SDA 上传输的数据流方向，方法是主设备再次发送起始信号，并重新发送从地址和读/写控制位 R/W，该情况下 I2C 数据的传输格式如图 8.20 所示。

| 1 | 7 | 1 | 1 | 8 | 1 | 1 | 7 | 1 | 1 | 8 | 1 | 1 |
| S | 从机地址 | R/W̄ | ACK | 数据 | ACK | S | 从机地址 | R/W̄ | ACK | 数据 | ACK | P |

图 8.20　重复产生起始信号时 I2C 数据格式

那么，图 8.18～图 8.20 中的起始信号与停止信号是如何产生的呢？

I2C 总线协议定义了两种信号，以便开始和结束数据传输，即起始信号和停止信号。如图 8.21 所示，当 SCL 为高电平时，SDA 线由高到低的跳变被定义为起始信号；当 SCL 为高电平时，SDA 线由低到高的跳变被定义为停止信号。总线在起始条件之后被视为忙状态，在停止条件之后被视为空闲状态。需要注意的是，起始信号和停止信号是一种电平跳变时序信号，而不是一个电平信号。

图 8.21　起始信号和停止信号

为了保证数据有效性，I2C 总线进行数据传送时，时钟信号为高电平期间，数据线上的数据必须保持稳定，只有在时钟线上的信号为低电平期间，数据线上的高电平或低电平状态才允许变化，否则会被误判为起始位或停止位而造成错误。

图 8.18～图 8.20 中的 ACK 位（应答位）是保证数据正确传输的关键。总线上所有传输都要带有应答。发送设备（可以是主机或从机）在应答周期过程中释放 SDA 线，即 SDA 为高电平。为了响应传输，接收设备必须在应答时钟周期过程中反馈一个应答信号。应答信号为低电平时，规定为有效应答位（ACK），表示接收器已经成功地接收了该字节；应答信号为高电平时，规定为非应答位（NACK），表示接收器没有成功接收该字节。若要反馈有效应答位 ACK，接收设备必须在应答时钟周期过程中拉低 SDA，并且确保在时钟的高电平期间为稳定的低电平。

当从机不能响应主机时，从机必须将 SDA 线保持在高电平状态，使得主机可产生停止条件来终止当前的传输。如果主机在传输过程中被用作接收设备，则必须应答从机发起的传输。在它收到最后一个字节数据后，主机发送一个 NACK 信号，以通知被控发送设备结束数据发送，并释放 SDA 线，以便主控接收器发送停止信号或重复产生起始信号。

图 8.22 展示了当主机为发送设备时 I2C 总线上的数据流程（以 7 位寻址模式为例）。

（1）主机在检测到总线为"空闲状态"（即 SDA、SCL 线均为高电平）时，发送一个起始信号，表示一次通信的开始；

（2）主机接着发送一个命令字节，该字节由 7 位的外围器件地址和 1 位读写控制位 R/W 组成（此时 R/W=0）；

（3）从机收到命令字节后向主机回馈应答信号 ACK；

（4）主机收到从机的应答信号后开始发送第一个字节的数据；

（5）从机收到数据后返回一个应答信号 ACK；

（6）主机收到应答信号后再发送下一个数据字节；

（7）当主机发送最后一个数据字节并收到从机的 ACK 后，通过向从机发送一个停止信号结束本次通信并释放总线，从机收到停止信号后退出与主机之间的通信。

图 8.22　主机为发送设备时 I2C 总线上的数据

需要注意的是，主机通过发送地址码与对应的从机建立了通信关系，而挂接在总线上的其他从机虽然同时也收到了地址码，但因为与其自身的地址不相符合，因此提前退出与主控器的通信。

图 8.23 展示了当主机为发送设备时 I2C 总线上的数据流程（以 7 位寻址模式为例）。

（1）主机发送起始信号后，接着发送命令字节（此时 R/W=1）；

（2）对应的从机收到地址字节后，返回一个应答信号并向主机发送数据；

（3）主机收到数据后向从机反馈一个应答信号；

（4）从机收到应答信号后再向主机发送下一个数据；

（5）当主机完成接收数据后，向从机发送一个非应答信号（NACK），从机收到非应答信号后便停止发送；

（6）主机发送非应答信号后，再发送一个停止信号，释放总线结束通信。

图 8.23　主机为接收设备时 I2C 总线上的数据

在空闲总线上两个主机可以同时开始传输，所以必须要有一个方法来决定哪个主机来控制总线并完成其数据传输。这个方法就是时钟同步和仲裁。单主机系统不需要时钟同步和仲裁。

仲裁解决了两个或两个以上设备同时发出起始信号的冲突。只有在总线空闲时，主机才可以启动传输。在起始信号的最少保持时间内，两个或两个以上的主机都有可能产生起始信号。在这些情况下，当 SCL 为高电平时仲裁机制在 SDA 线上产生。在仲裁过程中，若某一个竞争的主机在 SDA 上设置 1（高电平），而另一个主机发送 0（低电平），那么前者将关闭其数据输出并退出，直至总线再次空闲。

仲裁过程中，I2C 总线要对来自不同主机的时钟进行同步处理，来确定一个确定的时钟进行逐位仲裁。一旦主机 A 的时钟变为低电平，它会保持 SCL 线处于低电平状态直到时钟到达高电平。然而，如果另一个主机 B 的时钟依旧是低电平，主机 A 的时钟的从低到高的变化并不会改变 SCL 线的状态。SCL 拉低的时间由最长的低电平周期决定，短的低电平周期的主机在这时进入等待状态。当所有主机的低电平周期都结束了，时钟线才回到高电平。这时所有主机时钟的电平状态和 SCL 的状态一致，所有主机开始计数它们的高电平周期。第一个结束高电平的主机将 SCL 线重新拉低。也就是说，同步 SCL 时钟的低电平周期由所有主机中最长的低电平周期决定，高电平周期由最短的高电平周期决定。

8.4.2　MSP432 中的 I2C

MSP432 的 eUSCI_B 模块支持 I2C，其内部结构图如图 8.24 所示。eUSCI_B 内部有 4 个自身地址寄存器（UCBxI2COA），用来存放模块作为从设备时的从地址。

当 MSP432 配置为从机模式时，UCBxI2COA0 寄存器保存着自身的地址，当接收到主机传来的地址数据时，把该地址与自身地址进行对比，如果符合，产生一个中断标志。

如果主机向 MSP432 请求数据，则 eUSCI_B 模块将自动配置成发送模式。此时，SCL 线将一直保持低电平，直到待发送的数据写入发送缓冲寄存器为止。然后，产生一个应答并发送数据。一旦数据传送到移位寄存器中，将产生一个中断标志。主机确认数据后，MSP432 发送下一个写入发送缓冲寄存器中的数据。如果缓冲器为空，在应答期间将停止总线工作，并保持 SCL 为低电平，直到新数据写入发送缓冲寄存器为止。

如果主机要向 MSP432 发送数据，那么 MSP432 进入从机接收模式。在接收完第一个数据字节后，将置位接收中断标志。eUSCI_B 模块将自动应答接收到的数据，并可接收下一个数据字节。

如果主机发送一个 NACK 信号，并紧随一个停止条件，那么将置位停止标志。如果一个 NACK 信号后，紧随一个重复起始条件，那么 eUSCI_B 的 I2C 状态机将返回到地址接收状态。

当 MSP432 配置为主机模式时，需要在从机地址寄存器中写入从机地址，eUSCI_B 模块会一直等待到总线空闲，然后产生一个起始条件并发送从机地址。

图 8.24　MSP432 中的 I2C 模块结构

8.4.3　初始化配置

在使用 I2C 进行通信时，首先要对其进行初始化配置。

首先是 GPIO 的配置。I2C 只需要两根线即可进行通信，也就是说，只要配置两个 GPIO 口即可。若要将单片机配置为主机，那么将 SCL 配置为输出；若要将单片机配置为从机，那么将 SCL 配置为输入。

由于 I2C 对传输速度的要求不高，因此 I2C 总线时钟一般配置为几千赫兹。

如果不使能接收中断，那么当单片机通过 I2C 接收到数据时，程序不会产生中断，此时，软件需要主动去访问接收寄存器得到的数据；如果使能接收中断，那么单片机接收数据时会产生中断，然后进入中断处理程序执行相应的代码。

一般来说，作为主机的单片机还要使能 NACK 中断，这样当主机没有收到从机的 ACK 时，主机程序将会自动进入中断处理这个事件。

8.4.4　操作实例

本实例以 MSP432 为例，展示了 I2C 总线上数据传输的过程。在本实例中，MSP432 为主机设备，并且外接了一块 TMP75 作为 I2C 的从机设备。TMP75 是一个数字温度传感器，是负温度系数（NTC）和正温度系数（PTC）热敏电阻的理想替代产品。该器件无须校准或外部组件信号调节即可提供 ± 1℃ 的精度。片上 12 位 ADC 可以提供低至 0.0625℃ 的分辨率。TMP75 的引脚图如图 8.25 所示，各引脚功能见表 8.3。在本实例中，SDA 和 SCL 分别接到 MSP432 的 P6.4 和 P6.5 引脚。

图 8.25　TMP75 引脚图

表 8.3　TMP75 各引脚功能

引　脚		输入/输出方向	功　　能
编号	名称		
1	SDA	输入/输出	串行数据线，需要接一个上拉电阻
2	SCL	输入	串行时钟线，需要接一个上拉电阻
3	ALERT	输出	温度超过阈值时警报输出，需要接一个上拉电阻
4	GND	—	接地
5	A2	输入	地址选择线
6	A1		

续表

引　脚		输入/输出方向	功　　能
编号	名称		
7	A0	输入	地址选择线
8	V+	输入	电压

三根地址选择线决定了 TMP75 作为从机时的从机地址，具体的对应关系可查阅 TMP75 的数据手册。在本实例中，将三根地址线都接地，此时从机地址为 0x48。

图 8.26 展示了 TMP75 作为从机向主机发送数据时的时序，可以看到两者工作流程如下。

（1）主机发出起始信号并发送从机地址 0x48，此时主机为发送模式，TMP75 收到地址后发出应答信号。

（2）主机发送寄存器指针数据，TMP75 收到后发出应答信号。

（3）主机重新发出起始信号并发送从机地址 0x48，此时主机为接收模式，TMP75 收到地址后发出应答信号。

（4）主机开始接收数据，直到主机发出停止信号。

图 8.26　TMP75 通信时序图

本实例的程序流程图如图 8.27 所示。

图 8.27　I2C 程序流程图

下面给出本实例中用到的库函数。

1. void I2C_initMaster (uint32_t moduleInstance, const eUSCI_I2C_MasterConfig *config)

功能描述	初始化 I2C 模块为主机模式	
参数描述	moduleInstance	指定使用的 I2C 模块
	config	I2C 配置结构体
返回值	空	

其中，I2C 配置结构体的参数如下。

selectClockSource：选择时钟源。

i2cClk：设置 I2C 时钟频率。

dataRate：设置数据传输速率。

byteCounterThreshold：设置自动停止信号的字节数。

autoSTOPGeneration：设置是否自动发出停止信号。

2. void I2C_setSlaveAddress (uint32_t moduleInstance, uint_fast16_t slaveAddress)

功能描述	设置从机地址	
参数描述	moduleInstance	指定使用的 I2C 模块
	slaveAddress	从机地址
返回值	空	

3. void I2C_setMode (uint32_t moduleInstance, uint_fast8_t mode)

功能描述	设置 I2C 设备的模式	
参数描述	moduleInstance	指定使用的 I2C 模块
	mode	I2C 设备的模式，可选择发送或接收模式
返回值	空	

4. void I2C_masterSendStart (uint32_t moduleInstance)

功能描述	I2C 主机发出起始信号	
参数描述	moduleInstance	指定使用的 I2C 模块
返回值	空	

5. void I2C_masterReceiveStart (uint32_t moduleInstance)

功能描述	I2C 主机发送一个起始信号，开始接收数据	
参数描述	moduleInstance	指定使用的 I2C 模块
返回值	空	

6. void I2C_ masterReceiveSingleByte (uint32_t moduleInstance)

功能描述	I2C 主机接收一个字节数据	
参数描述	moduleInstance	指定使用的 I2C 模块
返回值	空	

下面给出具体代码。

```
#include <ti/devices/msp432p4xx/driverlib/driverlib.h>
#include <stdint.h>
#include <stdbool.h>
#include<stdio.h>


#define SLAVE_ADDRESS 0x48
volatile uint8_t rec;
```

```
//I2C 配置结构体
const eUSCI_I2C_MasterConfig i2cConfig =
{
        EUSCI_B_I2C_CLOCKSOURCE_SMCLK,              //时钟
        12000000,                                   //时钟频率
        EUSCI_B_I2C_SET_DATA_RATE_1MBPS,            //传输速率为 1Mbps
        0,
        EUSCI_B_I2C_NO_AUTO_STOP                    //无自动停止
};

int main(void)

{

    MAP_WDT_A_holdTimer();                          //关闭看门狗
    //将 P6.4 和 P6.5 设置为 I2C 的时钟线和数据线
    MAP_GPIO_setAsPeripheralModuleFunctionInputPin(GPIO_PORT_P6,
          GPIO_PIN4 + GPIO_PIN5,GPIO_PRIMARY_MODULE_FUNCTION);

    MAP_I2C_initMaster(EUSCI_B1_BASE,&i2cConfig);              //初始化 I2C 模块

    MAP_I2C_setSlaveAddress(EUSCI_B1_BASE,SLAVE_ADDRESS); //设置从机地址
    //设置为发送模式
    MAP_I2C_setMode(EUSCI_B1_BASE,EUSCI_B_I2C_TRANSMIT_MODE);
    MAP_I2C_enableModule(EUSCI_B1_BASE);                      //使能 I2C 模块

    MAP_I2C_masterSendStart(EUSCI_B1_BASE);//发送起始信号
    MAP_I2C_masterSendSingleByte(EUSCI_B1_BASE,0);           //发送 1 个字节

    MAP_I2C_setSlaveAddress(EUSCI_B1_BASE,SLAVE_ADDRESS);    //设置从机地址
    //设置为接收模式
    MAP_I2C_setMode(EUSCI_B1_BASE,EUSCI_B_I2C_RECEIVE_MODE);
    MAP_I2C_masterReceiveStart(EUSCI_B1_BASE);               //主机开始接收数据

    while (1)
    {
      rec= MAP_I2C_masterReceiveSingleByte(EUSCI_B1_BASE);//得到接收到的数据
      printf("%d\n",rec);                                //通过串口打印数据
    }
}
```

　　将以上代码下载到 MSP432 后，将 MSP432 与 TMP75 相连接，同时将 MSP432 连接到 PC，打开串口调试工具，可以看到串口调试工具数据接收区打印温度值。

8.5　CAN 总线

　　CAN 是控制器局域网络（Controller Area Network，CAN）的简称，最早由德国 BOSCH 公司推出，用于汽车内部测量与执行部件之间的通信，后成为国际标准，是国际

上应用最广泛的现场总线之一。

　　CAN 总线网络结构如图 8.28 所示。CAN 总线网络挂在 CAN_H 和 CAN_L 上，各个节点通过这两条线实现信号的串行差分传输，为了避免信号的反射和干扰，还需要在 CAN_H 和 CAN_L 之间接上 120Ω 的终端电阻。CAN 总线具有在线增减设备，即总线在不断电的情况下也可以向网络中增加或减少节点。一条总线最多可以容纳 110 个节点，通信波特率为 5Kbps～1Mbps，在通信的过程中要求每个节点的波特率保持一致（误差不能超过 5%），否则会引起总线错误，从而导致节点的关闭，出现通信异常。

图 8.28　CAN 总线结构

　　在 CAN 总线上，电平信号分为显性电平和隐形电平两种。当 CAN_H-CAN_L < 0.5V 时，电平信号表现为隐性电平，逻辑信号表现为高电平（逻辑 1）；当 CAN_H-CAN_L > 0.9V 时，电平信号表现为显性电平，逻辑信号表现为低电平（逻辑 0）。发送方通过使总线电平发生变化，将消息发送给接收方。

　　CAN 总线具有以下特点。

- CAN 总线上任意节点均可在任意时刻主动的向其他节点发起通信，节点没有主从之分，但在同一时刻优先级高的节点能获得总线的使用权，在高优先级的节点释放总线后，任意节点都可使用总线；

- CAN 总线传输波特率为 5Kbps～1Mbps，在 5Kbps 的通信波特率下最远传输距离可以达到 10Km，即使在 1Mbps 的波特率下也能传输 40m 的距离。在 1Mbps 波特率下节点发送一帧数据最多需要 134μs；

- CAN 总线采用载波监听多路访问、逐位仲裁的非破坏性总线仲裁技术。在节点需要发送信息时，节点先监听总线是否空闲，只有节点监听到总线空闲时才能够发送数据，即载波监听多路访问方式。在总线出现两个以上的节点同时发送数据时，CAN 协议规定，按位进行仲裁，按照显性位优先级大于隐性位优先级的规则进行仲裁，最后高优先级的节点数据毫无破坏的被发送，其他节点停止发送数据（即逐位仲裁无破坏的传输技术）。这样能大大地提高总线的使用效率及实时性；

- CAN 总线所挂接的节点数量主要取决于 CAN 总线收发器或驱动器，目前的驱动器一般都可以使同一网络容量达到 110 个节点；

- CAN 总线定义使用了硬件报文滤波，可实现点对点及点对多点的通信方式，不需要软件来控制。数据采用短帧发送方式，每帧数据不超过 8 字节，抗干扰能力强，每帧接收的数据都进行 CRC 校验，使得数据出错概率极大限度地降低。CAN 节点在错误严重的情况下具有自动关闭的功能，避免了对总线上其他节点的干扰；
- CAN 总线通信介质可采用双绞线、同轴电缆或光纤，选择极为灵活。可大大节约组网成本。

CAN 总线本身只定义 ISO/OSI 模型中的第一层物理层（PLS）和第二层数据链路层，其中数据链路层又分为逻辑链路控制子层（LLC）和媒体访问控制子层（MAC），所以实际上为三层结构，其结构图如图 8.29 所示。数据发送节点数据流为 LLC→MAC→PLS，然后将数据发送到总线上；而对于挂在总线上的所有节点（包括发送节点）的接收数据流为 PLS→MAC→LLC。

图 8.29　CAN 分层结构

图 8.29 中各层的功能如下。
- PLS 层：电气连接、物理信号的定时、同步、位编码解码。
- MAC 层：完成数据的封装/拆装、帧编码、媒体访问管理、错误检测、出错标定、应答、串行化/解除串行化等。
- LLC 层：为数据创送和远程数据请求提供服务，确认由 LLC 子层接收的报文实际已被接收，并为恢复管理和通知超载提供信息。

8.6　USB 接口

USB（Universal Serial Bus）是通用串行总线的缩写，是连接计算机系统与外部设备的一种串口总线标准，也是一种输入/输出接口的技术规范。由于使用方便，USB 已被广泛应用于各种需要与 PC 相连的外部设备，如 U 盘、移动硬盘、无线网卡、手机、MP3 播放器等。

USB 最大的特点是支持热插拔和即插即用。当设备插入时，主机枚举到此设备并加载所需的驱动程序。USB 在速度上远比并行端口与串行接口等传统计算机用标准接口快。USB 需要使用 USB 控制器来实现其各种规范功能，目前一些相对高端的 MCU 已经集成了 USB 控制器。

USB 经历了数代的发展，最新一代是 USB 3.1，传输速度可达 10Gbit/s。通常 USB 1.1 是较普遍的 USB 规范，其全速方式的传输速率为 12Mbps（实际数据速率约为 1.5MB/s），低速方式的传输速率为 1.5Mbps。USB 2.0 规范是由 USB 1.1 规范演变而来的。它的传输速率达到了 480Mbps，足以满足大多数外设的速率要求。

USB 可以支持多种应用，各应用对硬件接口的大小需求不同，因此 USB 也需要有多种类型的接口，以适应不同的应用需求。根据接口形状的不同，USB 接口类型可以分为三大类，即 Type、Mini 和 Micro。

图 8.30　USB Type-A

Type 类型包括 Type-A、Type-B 和 Type-C。Type-A 的接口形状如图 8.30 所示，它呈长方形，一般用于 PC 中，是最常见的 USB 接口。Type-B 的接口形状如图 8.31 所示，它一般用于外部设备的连接，如移动硬盘、打印机等。随着 USB 3.0 的推行，现在很多 USB Type-A 和 Type-B 都已经进化到 USB 3.0 的标准，传输速度比 USB 2.0 高出 8 倍以上，区别 USB 2.0 与 USB 3.0 最简单的方式是看 USB 接口是否有蓝色装饰。Type-C 是最新的 USB 接口，它的形状如图 8.32 所示，它最大的特点就是支持双面插入。目前众多厂商都推出了 Type-C 接口，如苹果手机等。

图 8.31　USB Type-B

图 8.32　USB Type-C

Mini 类型包括 Mini-A 和 Mini-B。Mini-A 和 Mini-B 的接口形状见图 8.33 和图 8.34，它们一般用于数码相机、测量仪器等移动设备。

图 8.33　Mini USB-A

图 8.34　Mini USB-B

Micro USB 在 USB 2.0 时代就已经出现，它较小巧，适用于移动设备。Micro 类型包括 Micro-A 和 Micro-B。Micro-A 和 Micro-B 的接口形状见图 8.35 和图 8.36，它们比早期部分手机使用的 Mini USB 接口更小，目前安卓手机的充电与数据接口使用的就是 Micro USB B 接口。

图 8.35　Micro USB-A

图 8.36　Micro USB-B

　　USB 是一种电缆总线，它定义了两种角色：主机和设备。USB 总线完成在主机和设备之间进行数据传输的功能。任何 USB 系统都只能有一个主机。主机和 USB 总线的接口称为主机控制器。主机控制器由硬件和软件组成。主机通过主机控制器与设备进行通信。主机的功能主要有检测 USB 设备的插入和卸载、管理在主机和设备之间的控制流、管理在主机和设备之间的数据流、收集状态和动作信息、给与之连接的 USB 设备提供电源等。设备分为 USB Hub 和功能设备。USB Hub 用于提供更多的连接点，功能设备则提供某些具体的功能，比如 U 盘、键盘等。

　　图 8.37 是一个 USB 系统，显示了 USB 各部分之间的关系。USB 系统可以分为三层，由下往上分别为接口层、设备层和功能层。接口层是实际的数据流传输层，主机和设备之间的数据交互实际上是在这一层完成的。设备层包含了 USB 基本的协议栈，在这一层，主机和设备执行各种 USB 命令，逻辑上，是 USB 系统软件和 USB 逻辑设备之间的数据交互。最后，功能层提供了用户所需的各种功能，在主机端，用户可以编写软件和 USB 设备驱动程序，在设备端则可以编程各种功能单元来满足需求。

图 8.37　USB 系统

　　图 8.38 是 USB 的拓扑结构。可以看到，它由三种元素组成，分别是主机、Hub（集线器）和设备。在使用 PC 作为主机的 USB 系统中，PC 就是第一层主机和根 Hub，用户可以将设备直接与 Hub 相连，也可以将 Hub 连接下一层的 Hub，从而形成了树形结构。在一个 USB 系统中，USB 设备和 Hub 总数不超过 127 个。

　　USB 总线有 4 种数据传输方式，分别是控制传输、同步传输、中断传输和同步传输。

- 控制传输（Control）：一般用于短的、简单的对设备的命令和状态反馈，例如用于总线控制的 0 号管道。任何一个 USB 设备都必须支持一个与控制类型相对应的端点 0（默认端点）。

图 8.38　USB 拓扑结构

- 同步传输（Isochronous）：按照有保障的速度（可能但不必然是尽快地）传输，可能有数据丢失，例如实时的音频、视频。这种类型保留了将时间概念包含于数据中的能力，但同步传输方式的发送和接收方都必须保证传输率的匹配，不然会造成数据的丢失。
- 中断传输（Interrupt）：用于必须保证尽快反应的设备（有限延迟），例如鼠标、键盘。
- 批量传输（Bulk）：使用余下的带宽大量地（但是没有对于延迟、连续性、带宽和速度的保证）传输数据，例如普通的文件传输。批量传输方式并不能保证传输的速率，但可保证传输的可靠性，当出现错误的时候会要求发送方重发。

当一个 USB 设备首次接入 USB 总线时，主机要进行总线枚举，总线枚举是 USB 设备的重要特征。只有对设备进行了正确的枚举之后，主机才能确认设备的功能，并与设备进行通信，其具体过程如下。

（1）设备连接及上电，USB 设备接入 USB 总线并上电。

（2）主机检测到设备，设备连接并上电后，主机通过检测设备在总线的上拉电阻检测到有新的设备连接并确定设备速度。然后发出一个复位信号，设备接收到复位信号以后才可以对总线的处理操作做出响应，然后设备就使用默认地址（00H）作为自己的暂时地址。

（3）主机发出一个标准设备请求 GetDeviceDescriptor，以获取设备描述符、默认管道的最大数据长度等信息。主机主要是对 Length 域感兴趣，发送内容一定要正确，特别是

第 2 字节 type 一定为 0x01，即 Device；否则，主机将不响应，或者重复 2 次后放弃。这时由于主机对 Device 的描述符将有多长实际上都不知道，所以这个步骤只是试探性的，目的是得到真正长度，后面才会读取设备描述符。

（4）主机发出下一个请求 SetAddress。当 USB 设备连接以后，由主机负责给设备分配一个唯一的地址（之前都是用默认地址 00H 通信，后面通信就使用这个分配的地址）。

（5）主机发出 GetDeviceDescriptor，读取全部设备描述符，一般为 18 字节，分为多次传输。如果不正确，主机将不响应或重复 2 次后放弃。

（6）主机读取配置描述符 GetConfigDescriptor。

（7）主机除了读取设备描述符和配置描述符外，还要读取接口描述符和端点描述符。那么这次还是使用读取配置描述符的方法 GetConfigDescriptor 来读取全部的配置描述符、接口描述符和端点描述符的集合。次数根据描述符的大小决定（端点个数不同，描述符大小不同），如果不正确，主机将不响应或再重复 2 次后放弃。

（8）主机获取了设备的配置信息后，选择其中一个配置，并用 SetConfig 命令将所选择的配置种类通知 USB 设备。在该过程结束后，设备可用，总线枚举过程结束。

当设备从 USB 总线上拔出时，HUB 将发送一个信号通知主机，主机使与该设备相连的端口禁用，及时更新它的拓扑结构并回收设备所占有的主机资源和带宽。

8.7　习题

（1）什么是串行通信、并行通信？

（2）什么是同步通信、异步通信？

（3）什么是全双工、半双工、单工通信？

（4）简述 UART 的帧格式。

（5）简述 UART 的编程结构（主要寄存器）。写出 UART 初始化、并发送 40 个字符的程序流程图。

（6）画出在 RS232 传输线上，传送字符'E'的波形图。设 9600bps、8 个数据位、偶校验、一个终止位。

（7）简述 I2C 总线结构（画图说明）与主要特征。

（8）简述 I2C 的起停止条件及总线仲裁原则。

（9）简述 SPI 总线结构（画图说明）与主要特征，以及 SPI 时钟极性、相位的概念。

（10）USB 接口的特点有哪些？USB 硬件包括哪些部分？

（11）简述 USB 的枚举过程。

（12）说明 USB 几种数据传输类型的特点，并分别列举一个应用实例。

（13）请查阅资料，分析 CAN 与 RS-485 的性能、特点和应用领域。

第9章 嵌入式软件设计

设计开发一个嵌入式应用系统，除了硬件产品设计，大量的工作在于软件的设计、实现和调试方面。嵌入式系统的软件一般有两种开发形式，一种是基于裸机的开发：开发的软件无须任何操作系统的支持，大多用于不太复杂的系统软件开发；一种是基于嵌入式操作系统的开发：应用于较复杂的多任务嵌入式系统软件开发。此外，本章将补充一些嵌入式 C 语言的基础知识，并对嵌入式系统的软件组成与结构、嵌入式系统的开发方法进行说明。

9.1 嵌入式系统软件组成

与 PC 软件的开发不同，开发嵌入式系统的软件通常需要考虑下列问题。
- 嵌入式操作系统。
- 操作系统与应用软件的集成。
- 软件的结构。
- 硬件支持，操作系统支持，程序的初始化和引导等各方面。

嵌入式软件的开发必须使用相应的软件开发方式，并且根据软件的需求选择系统结构。

9.1.1 嵌入式系统软件架构

无操作系统的嵌入式应用软件采用单任务程序实现系统功能，此单任务程序通常由一段用汇编语言编写的启动代码 BootLoader 和用高级语言（如 C、C++等）编写的驱动程序和系统应用程序组成。其结构如图 9.1 所示。

图 9.1　无操作系统嵌入式系统软件架构

BootLoader 是在操作系统内核运行之前执行的一段小程序。在嵌入式 Linux 和 Windows CE 等操作系统中，内核装载程序通常都称为 "BootLoader"。它将操作系统内核从外部存储介质拷贝到内存中，并跳转到内核的首条指令。在嵌入式系统中，BootLoader 严重依赖于硬件，每种不同的 CPU 体系结构都有不同的 BootLoader，几乎不可能建立一个通用的 BootLoader。此外，BootLoader 还依赖于具体的嵌入式板级设备的配置。

驱动程序顾名思义就是 "驱使硬件动起来" 的程序，它直接与硬件打交道，运行一系列可以让设备工作起来的程序，包括内存读/写、设备寄存器读/写、中断处理程序等。驱动程序给应用软件提供有效的、易接受的硬件接口，使得应用软件只需要调用这些接口就可以使硬件完成所有要求的工作。

在相对复杂的没有操作系统的应用中，驱动程序按以下规则进行设计：每个硬件设备的驱动程序都会被单独定义为一个软件模块，它包含硬件功能实现的.c 文件和函数声明的.h 文件。在开发中需要用到某个设备时，只要包含它们相应的.h 文件，然后调用此文件中定义的外部接口函数即可。由此可见，即便是在没有操作系统的情况下，硬件也可以实现一定程度的透明性。这样就在一定程度上使得程序更加具有可继承性，复杂应用变得简单，并且开发难度也有所降低。

在包含操作系统之时，硬件、设备驱动、操作系统和应用程序之间的层次关系如图 9.2 所示，应用程序通过操作系统 API 和操作系统交互。硬件操作也是通过操作系统来实现的，因为包含在操作系统中的设备驱动程序被分成了两个部分，面向硬件操作的设备驱动程序直接和内核打交道，面向操作系统设计的设备驱动程序接口独立于具体的设备。由此可见，设备驱动程序成了连接硬件和操作系统的桥梁，相对于无操作系统的应用程序开发，设备驱动程序不再给应用软件工程师直接提供接口，而对外呈现为操作系统的 API。如果设备驱动都按照操作系统给出的独立于设备的接口而设计，应用程序将可使用统一的系统调用接口来访问设备。

图 9.2　带操作系统嵌入式系统软件架构

9.1.2　初始化引导程序 Bootloader

微控制器上电后，无法从硬件上定位 main 函数的入口地址，因为 main 函数的入口地址在微控制器的内部存储空间中并不是绝对不变的，所以每一种微控制器（处理器）都必须有初始化引导程序。

初始化引导程序负责微控制器从"复位"到"开始执行 main 函数"中间这段启动过程。常见的 51，ARM 或 MSP430 等微控制器都有各自对应的启动文件，开发环境往往自动完整地提供了这个启动文件，不需要开发人员再行干预启动过程，开发人员只需从 main 函数开始设计应用程序即可，这样能大大减小开发人员从其他微控制器平台迁移至另一平台的难度。

相对于 ARM 上一代主流 ARM7/ARM9 内核架构，新一代 Cortex 内核架构的启动方式有了比较大的变化。Cortex-M4 内核的启动代码可以有以下三种执行模式。

（1）通过 boot 引脚设置可以将中断向量表定位于 SRAM 区，即起始地址为 0x2000000，同时复位后 PC 指针位于 0x2000000 处；

（2）通过 boot 引脚设置可以将中断向量表定位于 Flash 区，即起始地址为 0x8000000，同时复位后 PC 指针位于 0x8000000 处；

（3）通过 boot 引脚设置可以将中断向量表定位于内置 Bootloader 区。

Cortex-M4 内核规定，起始地址必须存放堆顶指针，而第二个地址则必须存放复位中断入口向量地址，这样在 Cortex-M4 内核复位后，会自动从起始地址的下一个 32 位空间取出复位中断入口向量，跳转执行复位中断服务程序。

9.1.3　板级支持包 BSP

板级支持包 BSP（Board Support Packet，BSP）与具体的硬件平台密切相关，简单地说，就是由初始化和驱动程序两部分组成。

1. BSP 概念

BSP 是嵌入式系统的基础部分，也是实现系统可移植性的关键。它负责上电时的硬件初始化、启动 RTOS 或应用程序模块、提供底层硬件驱动，为上层软件提供访问底层硬件的支持。BSP 针对具体的目标板设计，其结构和功能随目标板的不同而呈现较大的差异。在将嵌入式系统移植到一种新的 CPU 时，必须提供相应的 BSP。BSP 在嵌入式系统中所处的位置如图 9.3 所示。

图 9.3　嵌入式系统结构中的 BSP

2. BSP 在嵌入式软件运行过程中的重要性

与传统 PC 上的软件运行不同，嵌入式软件的运行从上电复位就开始启动，首先进行板级初始化，然后再执行系统引导及应用程序初始化等过程。图 9.4 给出了基于 RTOS 的嵌入式软件的主要运行流程，可分为 5 个阶段。

图 9.4　嵌入式软件运行过程

1）上电复位、板级初始化阶段

嵌入式系统上电复位后进行板级初始化工作。板级初始化程序具有完全的硬件特性，一般采用汇编语言实现。不同的嵌入式系统，板级初始化时要完成的工作具有一定的特殊性，但一般都包括 CPU 中堆栈指针寄存器的初始化，BSS 段的初始化和 CPU 芯片级的初始化等工作。

2）系统引导、升级阶段

根据需要进入系统软件引导或系统升级阶段。软件可通过测试通信端口数据或判断特定开关的方式分别进入不同阶段。系统引导阶段将系统软件加载到 RAM 中运行。系统升级阶段可通过网络进行远程升级或通过串口进行本地升级。

3）系统初始化阶段

在该阶段进行操作系统等系统软件各功能部分必需的初始化工作。如根据系统配置初始化数据空间、初始化系统所需的接口和外设等。系统初始化阶段需要按特定顺序进行，如首先完成内核的初始化，然后完成网络、文件系统等的初始化，最后完成中间件等的初始化工作。

4）应用初始化阶段

在该阶段进行应用任务的创建，信号量、消息队列的创建和与应用相关的其他初始化工作。

5）多任务应用阶段

各种初始化工作完成后，系统进入多任务状态，操作系统按照已确定的算法进行任务的调度，各应用任务分别完成特定的功能。

嵌入式系统加电后，首先执行的就是 BSP 中的初始化代码，充分显示了 BSP 在整个嵌入式软件系统中的重要性。如果没有正确的 BSP 软件，后续阶段就无法执行，嵌入式系统也就无法正常启动和运行。

3. BSP 和 BIOS 区别

PC 中的引导加载程序由 BIOS（Basic Input Output System， BIOS）和位于硬盘 MBR 中的 BootLoader 程序组成。BIOS 在完成硬件检测和资源分配后，将硬盘 MBR 中的 Boot Loader 读到系统的 RAM 中，然后将控制权交给 OS 的 BootLoader 程序。BootLoader 的主要任务是将操作系统内核映象从硬盘读入 RAM 中，然后跳转到内核入口点去运行，从而开始操作系统的运行。由此可见，PC 主板上的 BIOS 开始部分所做工作和 BSP 比较类似，主要是负责计算机开启时检测、初始化系统设备、装入操作系统等工作。但是 BIOS 不包含设备驱动程序，而 BSP 却包含；BIOS 的代码是在芯片生产过程中固化的，一般来说开发者无法修改，但程序员却可以修改 BSP，即可以在 BSP 中根据需要任意添加一些和应用相关但与系统无关的硬件设备驱动程序，还可以根据需要修改初始化代码。

9.1.4　设备驱动程序

设备驱动程序是一种可以使应用软件和硬件外设进行交互的特殊程序，它把具体外设的硬件功能，抽象成软件命令接口，应用程序只需调用这个接口，便可控制硬件设备的工作。

用户程序获取数据时会调用驱动程序函数，因为驱动程序了解如何与设备硬件通信以获取数据。当驱动程序从设备获取数据后，它会将数据返回到用户程序中。

例如，应用程序要在 LCD 屏上显示一个字符串，用户只需调用函数 lcd_printf()。

```
lcd_printf ("hello world");
```

设备驱动程序即可自动调用相关的库函数，并进行相应配置，把文本输出至 LCD 显示屏上。

对于裸机系统与和带操作系统的实时嵌入式系统而言，驱动程序的调用接口是相同的。使用驱动程序可使嵌入式系统的开发模块化，大大增强可移植性。

9.1.5　库函数

库函数实现了对底层寄存器操作的封装，它由一系列完成系统 I/O、数据处理操作的 API 组成。MCU 生产厂商在推出微控制器时，也同时提供了一套完整细致的库函数开发包，里面包含了在 MCU 开发过程中所涉及的所有底层操作。

通过在程序开发中引入这样的库函数开发包，可以使开发人员从复杂冗余的底层寄存器操作中解放出来，将精力集中到应用程序的开发上。因此，和直接操作寄存器的方法相比，使用库函数进行 MCU 产品开发是更好的选择。

随着嵌入式系统的功能越来越复杂，学习使用库函数进行嵌入式软件开发是非常重要的，也符合未来的发展趋势。

9.2　嵌入式系统软件设计方法

嵌入式软件与硬件根据不同的需求，需要采用不同的设计方法。好的设计方法可以使嵌入式软件开发结构化，并且能够节省相应的硬件资源。下面将对 4 种常用的嵌入式设计方法进行介绍。

9.2.1　前后台系统

对基于芯片的开发来说，应用程序一般是一个无限的循环，可称为前后台系统或超循环系统，如图 9.5 所示。

很多基于微处理器的产品采用前后台系统设计，例如微波炉、电话机、玩具等。在另外一些基于微处理器应用中，从省电的角度出发，平时微处理器处在停机状态，所有任务都靠中断服务来完成。

图 9.5 前后台示意图

循环中调用相应的函数完成相应的操作，这部分可以看成后台行为，后台也可以叫作任务级。这种系统在任务处理的及时性上比实际可以做到的要差。

中断服务程序处理异步事件，这部分可以看成前台行为，前台也叫中断级。时间相关性很强的关键操作一定是靠中断服务程序来保证的。

9.2.2 中断（事件）驱动系统

嵌入式系统的中断是一种硬件机制，用于通知 CPU 发生了异步事件。中断一旦被识别，CPU 保存部分（或全部）上下文即部分或（全部）寄存器的值，然后 CPU 跳转到专门的子程序去执行，该子程序被称为中断服务子程序（ISR）。中断服务子程序做事件处理，处理完成后，主程序将按如下情况进行执行。

（1）在前后台系统中，程序回到后台程序；

（2）对非占先式内核而言，程序回到被中断了的任务；

（3）对占先式内核而言，让进入就绪态的优先级最高的任务开始运行。

大多数嵌入式微控制器/微处理器具有低功耗方式，低功耗方式可以得知中断的发生与退出。当出现事件的时候，处理器进入中断处理，一旦处理事件完成，立即进入低功耗状态，而没有循环执行的主程序。

主程序在该系统中只完成系统的初始化操作。

```
main() /*完成硬件和数据结构的初始化*/
{
    /* to do:系统的初始化 */
    while(1)
    {
        enter_low_power();
```

```
     }
   }
```

中断服务程序：外部事件发生时进入中断程序，执行相关的处理，处理完成后回到低功耗状态。

```
Isr_1()  /* 其中的一个中断服务程序*/
 {
        /* to do:处理中断事件 */
 }
```

9.2.3　巡回服务系统

当嵌入式微处理器/微控制器的中断源不多时，可以采用软件的方法实现由主循环完成对外部事件的处理，即把软件设计成巡回服务系统。这样即使嵌入式微处理器没有中断源也可以完成软件的设计。即使处理器支持较多的中断，在满足任务处理实时性要求的情况下，一般也要尽量少用中断。因为太多、复杂的中断嵌套处理，会导致系统调试和测试困难、不可预测性增加。

巡回服务系统要处理多个任务时，要使用状态机设计方法。就是把每个任务中可依次顺序执行的步骤划分为不同的状态，并搞清楚状态迁移条件，使用 switch() case 结构来实现步骤处理和状态迁移。

例如，假设 MCU 的 GPIOA 和 GPIOB 分别接入两路异步脉冲信号，如图 9.6 所示，需要分别计数这两个端口上输入脉冲的个数，不用中断处理方式，就可以用下面的伪代码来实现。

图 9.6　2 路异步脉冲计数

```
 main()
 {
   /* to do:系统初始化 */
   state_A=0;
   state_B=0;
   counter_A=0;
   counter_B=0;
```

```
    while(1)
    {
      switch(state_A){
          case 0: if(input_A==0)break; //初始状态,上升沿还未到来
                  counter_A++;             //上升沿到来,计数
                  state_A++;               //标记上升沿到来后的状态
                  break;
          case 1: if(input_A==1)break; //上升沿还未撤去
                  state_A=0;               //下降沿到来,将状态切回初始状态
                  break;
      }
      switch(state_B){                     //同 A 类似
          case 0: if(input_B==0)break;
                  counter_B++;
                  state_B++;
                  break;
          case 1: if(input_B==1)break;
                  state_B=0;
                  break;
      }
    }
}
```

9.2.4　基于定时器的巡回服务系统

巡回服务系统中的处理器总是处于全速运行的状态,能耗较高。若系统的外部事件发生不是很频繁,可以降低处理器服务事件的频率,这样既不会影响响应速度,又节省了能耗,即采用一种基于定时器驱动的巡回服务方法。

```
main()
{
   /* to do:系统初始化 */
   ...
   /* to do:设置定时器 */
   while(1)
   {
     enter_low_power();    /*进入低功耗模式 */
   }
}

Isr_timer()              /*定时器的中断服务程序*/
{
    action_1();           /*执行事件 1 的处理*/
    action_2();           /*执行事件 2 的处理*/
    ...
    action_n();           /*执行事件 n 的处理*/
}
```

注意：在每次定时器溢出中断发生的期间，必须完成一遍事件的巡回处理。如果遗漏了对某个事件的处理，对于某些实时性要求较高的外部事件，在下一次定时器溢出中断来临之前，该事件可能已经失效。

9.2.5　带操作系统的嵌入式软件开发（以 Linux 为例）

嵌入式操作系统是支持嵌入式系统应用的操作系统软件，具有通用操作系统的基本特点，但也有自己的特点。

（1）可定制性：用户可以根据需要来添加或裁剪操作系统内核；

（2）可移植性：可以支持在不同处理器上运行；

（3）实时性：嵌入式系统环境往往要求实时应用，所以要求嵌入式操作系统要提供实时支持；

（4）微内核：由于嵌入式系统的系统资源少，嵌入式操作系统往往内核很小。

典型的嵌入式操作系统如 WindRiver 公司的 VxWorks，Microsoft 公司的 Windows CE，QNX 和 Nuclear 等产品。我国自主开发的嵌入式操作系统有 DeltaCore 和 Hopen。由于 Linux 的开放性标准，嵌入式 Linux 作为嵌入式操作系统在市场上取得了迅速的发展。

1. 嵌入式 Linux 简介

嵌入式 Linux（Embedded Linux）是指对标准 Linux 经过小型化裁剪处理之后，能够固化在容量只有几 KB 或者几 MB 字节的存储器芯片（如 Flash）或者单片机中，适合于特定嵌入式应用场合的专用 Linux 操作系统。嵌入式 Linux 同 Linux 一样，具有低成本、高性能、支持多种硬件平台和网络支持良好等优点。另外，嵌入式 Linux 为了更好地适应嵌入式领域的开发，还在 Linux 基础上做了不少改进，部分举例如下。

1）改善的内核结构

整个 Linux 内核是一个单独的、非常大的程序，这种整体式结构虽然能够使系统的各个部分直接沟通，提高系统响应速度，但与嵌入式系统存储容量小、资源有限的特点不符合。因此，嵌入式系统中经常采用的是一种称为微内核的体系结构，即内核本身只提供一些最基本的操作系统功能，如任务调度、内存管理、中断处理等，而像文件系统和网络协议等这样的附加功能则运行在用户空间中，并且可以根据实际需要进行裁剪。这样就大大减小了内核的体积，便于维护和移植。

2）提高的系统实时性

由于现有的 Linux 是一个通用的操作系统，虽然它也采用了许多技术来加快系统的运行和响应速度，但从本质上来说并不是一个嵌入式实时操作系统。因此，利用 Linux 作为底层操作系统，对其进行实时化改造，从而构建出一个具有实时处理能力的嵌入式系统，如 RT-Linux 已经成功地应用于航天飞机的空间数据采集、科学仪器测控和电影特技图像处理等各种领域。

嵌入式 Linux 同 Linux 一样，也有众多的版本。表 9.1 所列出的嵌入式 Linux 分别是针对不同的需要在内核等方面加入了特定的机制而定制的，在很多嵌入式 Linux 应用中，开发者一般在标准发行版 Linux 内核的基础上直接为自己的硬件平台定制嵌入式 Linux 系统。

表 9.1　嵌入式 Linux 主要版本

uCLinux	源码开放的嵌入式 Linux 典范之作。它主要是针对目标处理器没有存储管理单 MMU 而设计的，其运行稳定，具有良好的移植性和优秀的网络功能，对各种文件系统有完备的支持，并提供标准丰富的 API
RT-Linux	由美国墨西哥理工学院开发的嵌入式 Linux 实时操作系统。它已有广泛的应用
Embedix	根据嵌入式应用系统的特点重新设计的 Linux 发行版本。它提供了超过 25 种的 Linux 系统服务，包括 Web 服务器等。此外还推出了 Embedix 开发调试工具包、基于图形界面的浏览器等。可以说，Embedix 是一种完整的嵌入式 Linux 解决方案
XLinux	采用了"超字元集"专利技术，使 Linux 内核不仅能与标准字符集相容，还涵盖了 12 个国家和地区的字符集。因此，XLinux 在推广 Linux 的国际应用方面有独特的优势
PokerLinux	它可以提供跨操作系统并且构造统一的、标准化的、开放的信息通信基础结构，在此结构上实现端到端方案的完整平台
红旗嵌入式 Linux	由北京中科院红旗软件公司推出的嵌入式 Linux，它是国内做得较好的一款嵌入式操作系统。目前，中科院计算机研究所自行开发的开放源码的嵌入式操作系——Easy Embedded OS（EEOS）也已经开始进入实用阶段

正如上面所说，在"嵌入式开发"的语境中，嵌入式 Linux 通常指一个针对特定硬件设备的完整的系统；而在"嵌入式 Linux 厂商"的语境中，嵌入式 Linux 用于表示以嵌入式系统为需求对象的发行套件，如"嵌入式 Linux 发行套件"是指为嵌入式系统与开发工具量身定制的软件套件，以便建立一个完整的系统。嵌入式 Linux 发行套件所提供的开发工具包括交叉编译器、调试器、引导映像生成器等。

2. 嵌入式 Linux 开发流程

在一个嵌入式系统中使用 Linux 开发，根据应用需求的不同有不同的配置开发方法，但是一般都要经过如下的过程。

1）安装交叉编译器

操作系统一般使用 Linux，有多种 Linux 版本可以选择，如 RedHat、Ubantu 等，选择定制安装或全部安装。通过网络下载相应的 GCC 交叉编译器进行安装，或者安装产品厂家提供的交叉编译器。

嵌入式软件开发所采用的编译为交叉编译，所谓交叉编译就是在一个平台上生成可以在另一个平台上执行的代码。

这里一般将进行交叉编译的主机称为宿主机，也就是普通的 PC，而将程序实际运行环境称为目标机，也就是嵌入式系统环境。由于一般通用计算机拥有非常丰富的资源，能够使用方便的集成开发环境和调试工具等，而目标机的资源非常有限，所以嵌入式系统的开发需要借助宿主机来编译出目标机的可执行代码。

2）交叉调试

嵌入式软件开发需要交叉开发环境，调试采用的是包含目标机和宿主机的交叉调试方法。调试器还是运行在宿主机的通用操作系统上，而被调试的程序则运行在基于特定硬件平台的嵌入式操作系统上。

调试器与被调试程序间可以进行通信，调试器可以控制、访问被调试程序，读取被调试程序的当前状态和改变被调试程序的运行状态。

整个过程中的部分工作在主机上完成，另一部分工作在目标板上完成。首先，是在主机上的编程工作，编程完成源代码文件，再用主机上建立的交叉编译环境生成 obj 文件，并且将这些 obj 文件按照目标板的要求连接生成合适的 image 文件。最后通过重定位机制和下载的过程，将 image 文件下载到目标板上运行。

交叉调试具有以下特点。

（1）调试器和被调试的程序运行在不同的机器上。调试器运行在 PC 或工作站上，而被调试程序运行在各式的专业调试板上；

（2）调试器通过某种通信方式与目标机建立联系，如串口、并口、网络、JTAG 或者专用的通信方式。

3）建立引导装载程序 BootLoader

从网络上下载一些公开源代码的 BootLoader，如 U-BOOT、BLOB、VIVI、LILO、ARM-BOOT、RED-BOOT 等，根据具体的芯片进行移植修改。有些芯片没有内置引导装载程序，例如三星的 ARM7、ARM9 系列芯片，这样就需要编写开发板上 Flash 的烧写程序，网络上有可供免费下载的 Windows 下通过 JTAG 并口简易仿真器烧写 ARM 外围 Flash 芯片的烧写程序，也有 Linux 下的公开源代码的 J-Flash 程序可供下载。如果下载的程序不能烧写自己的开发板，就需要根据具体电路进行源代码修改，这是系统正常运行的第一步。如果购买了厂家的仿真器当然比较容易烧写 Flash，这对于需要迅速开发自己产品的人来说可以极大地提高开发速度，但是其中的核心技术是无法了解的。

4）下载移植好的 Linux 操作系统

如 uCLinux、ARM-Linux、PPC-Linux 等，如果有专门针对所使用的 CPU 移植好的 Linux 操作系统那是再合适不过的，下载此类系统后再添加自己的特定硬件驱动程序进行调试修改。对于带 MMU 的 CPU 可以使用模块方式调试驱动，对于 t-CLinux 这样的系统则需编译进内核再进行调试。

5）建立根文件系统

使用系统裁减工具进行功能裁减，产生一个最基本的根文件系统。开发者可以根据自己的应用需要添加、删除、修改原有的系统程序。例如，默认的启动脚本一般都不会符合应用的需要，所以就要修改根文件系统中的启动脚本，根文件系统在嵌入式系统中一般设为只读，需要使用 mkeramfs、genromfs 等工具才能产生烧写映像文件。

6）建立应用程序的 Flash 磁盘分区

一般使用 JFFS2 或 YAFFS 文件系统，因此需要在内核中提供这些文件系统的驱动。有的系统使用一个线性 Flash（NoR 型）512KB～32MB，有的系统使用非线性 F1ash（NAND 型）8～512MB，有的两个同时使用，需要根据自己的应用需求规划 Flash 的分区方案。

7）开发应用程序

应用程序可以放入根文件系统中，也可以放入 YAFFS、JFFS2 文件系统中，有的应用不使用根文件系统，直接将应用程序和内核设计在一起。

总结起来，一个嵌入式 Linux 系统软件开发分为四个层次。

（1）建立引导加载程序：包括固化在固件（Firmware）中可选的 boot 代码和 BootLoader 两大部分。

（2）移植 Linux 内核：设定嵌入式板子的定制内核以及内核的启动参数。

（3）建立文件系统：包括根文件系统和建立再 Flash 设备之上的文件系统。

（4）开发应用程序：特定的用户应用程序，有时在用户应用程序和内核层之间可能还会包括一个嵌入式图形用户界面。

9.3　嵌入式 C 语言基础

本节将介绍嵌入式 C 语言程序设计的一些基础知识，主要是针对原来使用汇编语言，或对 C 语言不太熟悉的开发者。详细的 C 语言程序设计有很多书籍可以学习参考。对于有 C 语言编程经验的读者，本节内容可以略过。

9.3.1　嵌入式 C 语言程序设计

在嵌入式软件开发中，最常见的是使用 C 语言进行开发。图 9.7 以文件的形式描述了嵌入式系统的交叉开发过程。

如图 9.7 所示，对 C 语言源文件利用 C 编译器生成 file.s 汇编文件，编译由多个 C 文件构成的软件项目需要一个 make 文件（有时也称这个文件为 make 脚本）来指定。有些集成开发环境需要用户自己编写 make 脚本，有些集成开发环境只需要用户输入一些选项，由集成开发环境来生成 make 脚本。汇编文件（包括汇编语言源文件和 C 语言编译后生成的汇编文件）经过汇编器生成 file.o 文件。file.o 文件需要经过链接器生成与目标系统存储器相关的可调式文件 file.out，此文件包含很多调试信息，如全局符号表、C 语言所对应的汇编语句等。事实上，不同的厂商链接器输出的可调试文件格式不一定相同。

软件开发人员还可以利用库管理工具将若干个目标文件合并成为一个库文件。一般来说，库文件提供一组功能相对独立的工具函数集，比如操作系统库、标准 C 函数库、手写识别库等。用户在使用链接工具时，可以将所需要的库函数文件一起连接到生成的可调试文件当中去。在图 9.7 的流程中，这些软件工具还会生成一些辅助性文件。如编译器在编译一个 C 文件时，会生成该文件的列表文件（*.lst，扩展名可能因不同的编译器而不同）。该列表文件采用纯文本的方式将 C 文件的语句翻译成为一组相应的汇编语句。这个工具有助于程序员分析编译器将 C 文件转化成为汇编的过程。链接器除生成内存映像文件外，一般还会生成一个全局符号表文件（*.xrf，扩展名可能因不同的链接器而不同），开发人员可以利用该文件查看整个映像文件中的任意变量、任意函数在内存映像中的绝对地址。File.out 文件可以由调试器下载到目标系统的 SRAM 中进行调试，也可以通过转换工具转换为二进制文件，再利用烧写工具烧录到目标系统的 Flash 中。

图 9.7　软件开发流程图

1. C/C++编译器

一般来说，C/C++语言编译器中功能的实现遵循以下 ISO 标准。

1）ISO 标准 C 语言

C/C++编译器中 C 语言部分遵循 C 语言标准 ISO/IEC 9889：1990，相当于美国国家信息系统编程语言标准定义的 cX3.159-1989 标准，俗称 C89，此定义是由美国国家标准协会出版的。当然 ISO 标准也发布过 1999 年版，但是 TI 公司的编译器（CCS）仅支持 1990 年而非 1999 年版 ISO，这也是为什么在进行不同编译环境之间的软件移植时，在程序编译过程中可能会出现语法不兼容的情况。

2）ISO 标准 C++

C/C++编译器中 C++语言部分遵循 C++语言标准 ISO/IEC14882：1998。C++编译器还支持嵌入式 C++语言，但对某些特定的 C++类型不支持。

ISO 标准的实时支持编译器工具自带有庞大的实时运行数据库。所有的库函数都符合 C/C++标准。该数据库涵盖的功能有标准输入与输出、字符串操作、动态内存分配、数据转换、计时、三角函数、指数函数以及双曲函数分析等。

ANSI、ISO 标准定义了 C 语言中那些受目标处理器特点、实时运行环境或主机环境等因素影响的一些特征。出于实效性考虑，这一功能在不同编辑器之间存在一定差异。

2. 扩展名约定

编译器通过文件扩展名来区分源文件的语言类型。然后根据这种语言类型进行不同的编译。编译器对源文件的扩展名约定如下。

- .c 为扩展名的文件，是 C 语言源代码文件。
- .a 为扩展名的文件，是由目标文件构成的库文件。
- .h 为扩展名的文件，是程序所包含的头文件。
- .i 为扩展名的文件，是已经预处理过的 C 源代码文件，一般为中间代码文件。
- .ii 为扩展名的文件，是已经预处理过的 C++源代码文件，也是中间代码文件。
- .s 为扩展名的文件，是汇编语言源代码文件。
- .S 为扩展名的文件，是经过预编译的汇编语言源代码文件。
- .o 为扩展名的文件，是编译后的程序目标文件（Object File），目标文件经过连接生成可执行文件

9.3.2　编程风格

嵌入式开发过程中示例程序是进行板卡学习和项目开发必不可少的一个辅助工具，为了方便用户快速开发，嵌入式处理器生产厂商通常会在官网提供非常齐全的例程可供下载。简单的例程包括一个.C 文件，现在来一起看看 C 文件的结构。

```c
#include "tm4c123gh6pm.h"            //头文件声明
unsigned char applicationMode = APP_STANDBY_MODE;//变量声明

void InitializeLeds(void);           //子函数声明
void main(void)                      //主函数定义
{
...
}
void PreApplicationMode(void)        //自函数定义
{
...
}
#prama vector=TIMERA0_Vector         //中断函数的入口地址
__interrupt void Timer_A(void)       //中断服务子程序定义
{
```

```
...
}
...
```

由上面的例子可知，.c 源代码有下面的特点。

- 程序一般用小写字母书写。
- 大多数语句结尾必须用分号作为终止符，表示一个语句结束。同一个语句需要写在一行上。
- 每个程序必须有一个主函数，主函数用 main()声明，并且只能有一个主函数。
- 每个程序中的自定义函数和主函数，需要用一对{}括起来。函数名一般采用动宾结构描述函数行为，单词开头首字母大写（除 main 函数外）。
- 程序需要使用 "#include" 预处理命令来包含头文件、库文件，这些文件完成自定义函数和常量的定义。
- 程序可使用#define 预处理命令定义常量。

下面分别介绍嵌入式编程过程中，经常使用的注释、预处理命令等语法。

1. 注释

在文件开头，一般使用一段注释的文字帮助开发者理解程序。以下为 Launchpad 的官方例程中 main.c 文件开始的一段文字，它对该程序实现的功能做了清晰的描述，包括在程序运行过程中可观测的现象描述和所有 release 的版本信息。

```
/**********************************************************************
//blinky.c - Simple example to blink the on-board LED.
//
//Copyright(c)2012-2013 Texas Instruments Incorporated.All rights reserved.
//Software License Agreement
//
//Texas Instruments (TI)f is supplying this software for use solely and
//exclusively on TI's microcontroller products. The software is owned by
//TI and/or its suppliers,and is protected under applicable copyright
//laws. You may not combine this software with "viral" open-source
//software in order to form a larger program.
//THIS SOFTWARE IS PROVIDED "AS IS" AND WITH ALL FAULTS.
//NO WARRANTIES,WHETHER EXPRESS,IMPLIED OR STATUTORY,INCLUDING,BUT
//NOT LIMITED TO,IMPLIED WARRANTIES OF MERCHANTABILITY AND FITNESS FOR
//A PARTICULAR PURPOSE APPLY TO THIS SOFTWARE. TI SHALL NOT,UNDER ANY
//CIRCUMSTANCES,BE LIABLE FOR SPECIAL,INCIDENTAL,OR CONSEQUENTIAL
//DAMAGES,FOR ANY REASON WHATSOEVER.
//
//This is part of revision 2.0.1.11577 of the EK-TM4C123GXL Firmware Package.
**********************************************************************/
```

有时我们会需要在程序中用自然语言写一段话，提醒自己或者告诉别人，某些变量代表什么，某段程序的逻辑是怎么回事，某几行代码的作用是什么，等等。当然，这部分内容不能被编译，不属于程序的一部分，在预处理过程会被过跳过。这样的内容，称为"注释"。C的注释有两种写法。第一种注释可以是多行的，以 "/*" 开头，以 "*/" 结尾。示例如下。

```
/* 流水灯程序
author : tonglewang
version:0.0.1
*/
void main(void) {
volatile unsigned int i;  /*计数值变量,优化为 volatile*/
...
}
```

注释可以出现在任何地方,注释里的内容不会被编译的,因此,随便写什么都行。第二种注释是单行的。写法是使用两个斜杠"//"。从"//"开始直到行末的内容,就都算是注释了。示例如下。

```
void main(void) {
volatile unsigned int i;  //计数值变量,优化为 volatile
...
}
```

注释非常重要,它的主要功能是帮助理解程序。一定不要认为程序是自己写的,自己当然能理解。只要程序稍长一些或者变量名不够直观,那么写时能理解,并不意味着一个星期后自己还能理解。更何况,软件开发是团队工作,没有人希望在阅读他人代码的时候如读天书,恨不得重头在写。所以,在程序中加入足够的、清晰易懂的注释,是程序员的基本修养。

2. 预处理命令

预处理指令是以#号开头的代码行。#号必须是该行除了任何空白字符外的第一个字符。#后是指令关键字,在关键字和#号之间允许存在任意个数的空白字符。整行语句构成了一条预处理指令,该指令将在编译器进行编译之前对源代码做某些转换。下面是部分常用预处理指令。

- #nop,空指令,无任何效果。
- #include 包含一个源代码文件。
- #define 定义宏。
- #undef 取消已定义的宏。
- #if 如果给定条件为真,则编译下面代码。
- #ifdef 如果宏已经定义,则编译下面代码。
- #ifndef 如果宏没有定义,则编译下面代码。
- #elif 如果前面的#if 给定条件不为真,当前条件为真,则编译下面代码。
- #endif 结束一个#if……#else 条件编译块。
- #error 停止编译并显示错误信息。

3. 文件包含

#include 预处理指令的作用是在指令处展开被包含的文件。包含可以是多重的,也就是说一个被包含的文件中还可以包含其他文件。标准 C 编译器至少支持八重嵌套包含。

　　预处理过程不检查在转换单元中是否已经包含了某个文件并阻止对它的多次包含。这样就可以在多次包含同一个头文件时，通过给定编译时的条件来实现不同的效果。示例如下。

```
#define AAA
#include "a.h"
#undef AAA
```

和#include"a.h"的作用完全不同，上面的头文件"a.h"可以访问宏常量 AAA，而#include"a.h"不可以。

　　为了避免那些只能包含一次的头文件被多次包含，可以在头文件中用编译条件来进行控制。示例如下。

```
/*my.h*/
#ifndef MY_H
#define MY_H
...
#endif
```

　　在程序中包含头文件有两种格式。

- #include <my.h>
- #include "my.h"

　　第一种方法是用尖括号把头文件括起来。这种格式告诉预处理程序在编译器自带的或外部库的头文件中搜索被包含的头文件。第二种方法是用双引号把头文件括起来。这种格式告诉预处理程序在当前被编译的应用程序的源代码文件中搜索被包含的头文件，如果找不到，再搜索编译器自带的头文件。

　　嵌入式编程很大程度上其实是对 CPU 或者外设寄存器的配置，所以在编程时记得在程序的开始一定要添加包含的头文件信息。

　　通常头文件里面包含的都是寄存器以及位的定义，通过这些定义，在对寄存器配置时，不需要再去查找寄存器的位置，而是使用头文件中定义的可读性较强的文字进行程序的配置，所以源文件中会有相当多的文字内容。此外，不同的编译环境对头文件的定义不尽相同，例如 CCS 和 KEIL 的头文件名也许是一样，但里面具体的寄存器定义则略有差别，这时候就会出现编译出错的问题，所以在不同编译环境上进行程序的移植时一定要注意这个问题。

　　4. 宏定义

　　宏定义了一个代表特定内容的标识符。预处理过程会把源代码中出现的宏标识符替换成宏定义时的值。宏最常见的用法是定义代表某个值的全局符号。宏的第二种用法是定义带参数的宏，这样的宏可以像函数一样被调用，但它是在调用语句处展开宏，并用调用时的实际参数来代替定义中的形式参数。

　　1）#define 指令

　　#define 预处理指令是用来定义宏的。该指令最简单的格式是：首先声明一个标识

符，然后给出这个标识符代表的代码。在后面的源代码中，就用这些代码来替代该标识符。这种宏把程序中要用到的一些全局值提取出来，赋给一些记忆标识符。

```
#define MAX_NUM 10
int array[MAX_NUM];
for(i=0;i<MAX_NUM;i++)
/*
...
*/
```

在这个例子中，对于阅读该程序的人来说，符号 MAX_NUM 就有特定的含义，它代表的值给出了数组所能容纳的最大元素数目。程序中可以多次使用这个值。作为一种约定，习惯上总是全部用大写字母来定义宏，这样易于把程序宏标识符和一般变量标识符区别开来。如果想要改变数组的大小，只需要更改宏定义并重新编译程序即可。

在开发当中，以下几种情况下可以进行常量定义使编写的代码更加清晰易于修改。

2）与硬件连接相关

```
#define  LED2        GPIO_PIN_0
#define  LED3        GPIO_PIN_4
```

上面的语句，定义了 LED1 和 LED2，分别与电路板 P0 和 P4 相连。这样在程序中对涉及 LED1 和 LED2 的 I/O 端口配置可以使用 LED2、LED3。这样做一方面增强了程序的可读性；另一方面，当硬件连接发生改变，如其中 LED2 不再和 P0 相连，而是和 P2 相连，用户需要做的修改仅仅是在该处将常量定义做修改，即#define LED2　GPIO_PIN_2 即可，在后面的具体函数中无须做任何改变，大大减轻了因硬件改动带来的程序调整的工作量。当然，涉及板上的硬件端口定义比较多，用户可以自己定义一个头文件，如 board_hardware.h，在这里面进行板级常量的定义，然后在 C 文件的开始将这个.h 文件包含进去就可以了。

3）用户自定义常量

该部分和常规 C 编程中使用的一样。在进行编程过程中往往会碰到一些固定值的常量，可以在该处对其进行定义，同样这样做的好处增强了程序的可读性，对后续程序的修改也提供了便利。例如，如果程序中用到了圆周率 π，可以在开始"#define PI 3.14"，这样在程序中如果用到 π，则可以用 PI 代替，后续如果对精度进行调整，只需在 define 处对 3.14 进行修改即可。

示例如下。

```
#define ONE 1
#define TWO 2
#define THREE  (ONE+TWO)
```

注意上面的宏定义使用了括号。尽管它们并不是必需的。但出于谨慎考虑，还是应该加上括号的。示例如下。

```
six=THREE*TWO;
```

预处理过程把上面的一行代码转换成：

```
six=（ONE+TWO）*TWO;
```

如果没有那个括号，就转换成：

```
six=ONE+TWO*TWO;了。
```

宏还可以代表一个字符串常量，例如：

```
#define VERSION "Version 1.0 Copyright(c)2003"
```

4）带参数的#define 指令

带参数的宏和函数调用看起来有些相似。来看以下示例。

```
#define Cube(x)(x)*(x)*(x)
```

可以使用任何数字表达式甚至函数调用来代替参数 x。这里再次提醒大家注意括号的使用。宏展开后完全包含在一对括号中，而且参数也包含在括号中，这样就保证了宏和参数的完整性。来看以下示例。

```
int num=8+2;
volume=Cube(num);
```

展开后为（8+2）*（8+2）*（8+2），如果没有那些括号就变为 8+2*8+2*8+2 了。

下面的用法是不安全的。

```
volume=Cube(num++);
```

如果 Cube 是一个函数，上面的写法是可以理解的。但是，因为 Cube 是一个宏，所以会产生副作用。这里的参数不是简单的表达式，它们将产生意想不到的结果。它们展开后的结果如下。

```
volume=(num++)*(num++)*(num++);
```

很显然，结果是 10*11*12，而不是 10*10*10。

那么怎样安全地使用 Cube 宏呢？必须把可能产生副作用的操作移到宏调用的外面进行。

```
int num=8+2;
volume=Cube(num);
num++;
```

5. 条件编译指令

条件编译指令将决定那些代码被编译，而哪些是不被编译的。可以根据表达式的值或者某个特定的宏是否被定义来确定编译条件。

1）#if 指令

#if 指令检测跟在关键字后的常量表达式。如果表达式为真，则编译后面的代码，直到出现#else、#elif 或#endif 为止；否则就不编译。

2）#endif 指令

#endif 用于终止#if 预处理指令。

```
#define DEBUG 0
main()
{
  #if DEBUG
  printf("Debugging/n");
  #endif
  printf("Running/n");
}
```

由于程序定义 DEBUG 宏代表 0，所以#if 条件为假，不编译后面的代码直到#endif，所以程序直接输出 Running。

如果去掉#define 语句，效果是一样的。

3）#ifdef 和#ifndef

#ifdef 的用法如下。

```
#ifdef 语句1
语句2
...
#endif
```

上面的例子表示，如果宏定义了语句 1，则编译语句 2 及后面的语句，直到#endif 为止；#ifndef 正好相反，同样上面的例子中把#ifdef 替换为#ifndef，则表示，如果没有宏定义语句 1，则编译语句 2 及后面的语句，直到#endif 为止。下面是另一个例子。

```
#define DEBUG
main()
{
  #ifdef DEBUG
  printf("yes/n");
  #endif
  #ifndef DEBUG
  printf("no/n");
  #endif
}
```

另外，可以用#if defined 代替#ifdef，同样，#if !defined 等价于#ifndef。

4）#else 指令

#else 指令用于某个#if 指令之后，当前面的#if 指令的条件不为真时，就编译#else 后面的代码。#endif 指令将中指上面的条件块。举例如下。

```
#define DEBUG
main()
{
  #ifdefDEBUG
  printf("Debugging/n");
  #else
  printf("Notdebugging/n");
  #endif
```

```
    printf("Running/n");
}
```

5）#elif 指令

#elif 指令综合了#else 和#if 指令的作用，放在#if 和#else 之间，当前面的#if 指令的条件不为真时，判断#elif 后面的条件，如果为真，则编译#elif 之后和#else 之间的语句。举例如下。

```
#define TWO
main()
{
  int a;
  #ifdef ONE
  a=1;
  #elifdefined TWO
  a=2;
  #else
  a=3;
  #endif
}
```

程序很好理解，最后输出结果是 2。

6）#error 指令

#error 指令将使编译器显示一条错误信息，然后停止编译。

#error message 表示编译器遇到此命令时停止编译，并将参数 message 输出。该命令常用于程序调试。

编译程序时，只要遇到 #error 就会跳出一个编译错误，既然是编译错误，要它干嘛呢？其目的就是保证程序是按照程序员所设想的那样进行编译的。

程序中往往有很多的预处理指令，举例如下。

```
#ifdef XXX
...
#else

#endif
```

当程序比较大时，往往有些宏定义是在外部指定的（若使用集成开发环境，可在相应编译设置项中设置），或是在系统头文件中指定的，当程序员不太确定当前是否定义了 XXX 时，就可以改成如下这样进行编译。

```
#ifdef XXX
...
#error "XXX has been defined"
#else

#endif
```

这样，如果编译时出现错误，输出了 **XXX has been defined**，表明宏 **XXX** 已经被定义了。

其实就是在编译的时候输出编译错误信息，从而方便程序员检查程序中出现的错误。

下面是另一个简单的例子。

```
#include "stdio.h"
int main(int argc,char* argv[])
{
  #define CONST_NAME1 "CONST_NAME1"
  printf("%s/n",CONST_NAME1);
  #undef CONST_NAME1
  #ifndef CONST_NAME1
  #error No defined Constant Symbol CONST_NAME1
  #endif
  ...

  return 0;
}
```

在编译的时候输出编译信息。

fatal error C1189: #error : No defined Constant Symbol CONST_NAME1

表示宏 CONST_NAME1 不存在，因为前面用#ifndef CONST_NAME1 把这个宏去掉了。

7）#pragma 指令

#pragma 指令没有正式的定义。编译器可以自定义其用途。它的作用是设定编译器的状态或者是指示编译器完成一些特定的动作。#pragma 指令对每个编译器给出了一个方法，在保持与 C 和 C++语言完全兼容的情况下，给出主机或操作系统专有的特征。依据定义，编译指示是机器或操作系统专有的，且对于每个编译器都是不同的。

9.3.3　数据类型及声明

嵌入式编程常用的数据类型如表 9.2 所示。

表 9.2　嵌入式编程常用数据类型

类　　　型	宽度	表 示 形 式	最　小　值	最　大　值
char，signed char	8	ASCII	−128	127
unsigned char，bool	8	ASCII	0	255
short，signed short	16	二进制补码	−32768	32767
unsigned short	16	Binary	0	65535
int，signed int	16	二进制补码	−32768	32767
unsigned int	16	Binary	0	65535
long，signed long	32	二进制补码	−2147483648	2147483647
unsigned long	32	Binary	0	4294967295
long long，signed long long	64	二进制补码	−9223372236854775808	9223372236854775807
unsigned long long	64	Binary	0	18446744073709551615

续表

类　　型	宽度	表示形式	最　小　值	最　大　值
enum	16	二进制补码	−32768	32767
float	32	IEEE 32-bit	1.175495E-38	3.402823E+38
double	32	IEEE 33-bit	1.175495E-38	3.402823E+38
long double	32	IEEE 34-bit	1.175495E-38	3.402823E+38
pointers，references，pointer to data members	16	Binary	0	0xFFFF

其中，ASCII 码使用指定的 8 位二进制数组合来表示，每个 ASCII 码是一个 8 位二进制数，一个 ASCII 码只能表示一个字符。ASCII 码通常是用来表示"字符"的。这里的字符包括了 0~9 十个数字，a~z 的 26 个字母的大小写，各个标点符号，以及回车、空格、退格等一些特殊符号。2's complement（二进制补码）是用来表示带符号数字的。先将十进制数转成相应的二进制数，在最高位前加上 0 或 1 代表数字的正负，就产生了数字的原码，再按一定的规则转换成补码。补码只能表示数字，不能表示字母或标点等特殊字符。Binary（二进制码）所表示值为无符号类型，其最高位的 1 或 0，和其他位一样，用来表示该数的大小。

变量的定义格式如下。

```
类型名　变量名;
```

例如：

```
int number;
```

这里 number 是变量名，int 代表该变量是整数类型的变量，;表示定义语句结束。

不同字长的 CPU，整型变量所占内存空间也有所不同。变量的名字是由编写程序的人确定的，它一般是一个单词或用下划线连接起来的一个词组，说明变量的用途。在 C/C++语言中变量名是满足如下规定的一个符号序列。

（1）由字母、数字或（和）下划线组成；

（2）第一个符号为字母或下划线。

需要指出的是，同一个字母的大写和小写是两个不同的符号。所以，team 和 TEAM 是两个不同的变量名。定义变量时，也可以给它指定一个初始值。示例如下。

```
int numberOfStudents = 80;
```

对于没有指定初始值的变量，它里面的内容可能是任意一个数值。变量一定要先定义，然后才能使用。

变量的赋值是给变量指定一个新值的过程称，通过赋值语句完成。示例如下。

```
number = 36 ;
```

该语句表示把 36 写入变量 number 中。下面给出一些变量赋值语句的例子。

```
int temp;
```

```
int count;
temp = 15;
count = temp;
count = count+1;
temp = count;
```

　　变量里存储的数据可以参与表达式的运算，或赋值给其他变量。这一过程称为变量的引用。示例如下。

```
int total = 0;
int p1 = 5000;
int p2 = 300;
total = p1+p2;
```

　　在程序中需要定义和使用一些变量，一般来说可以在以下几个位置进行变量的声明。

　　（1）函数内部；

　　（2）函数的参数定义；

　　（3）所有函数的外部。

　　这样，根据声明位置的不同，可以将变量分为局部变量，形式参数和全局变量。举例如下。

```
#include "tm4c123gh6pm.h"
int add(int x,int y);      //函数声明
int z = 9;                 //z 为全局变量
void main()
{
int a = 2;
int b = 4;                 //a,b 为局部变量并已初始化
z = add(a,b);
while(1)
{
_NOP();
}
}
int add(int x,int y)       //x,y 为形式参数
```

　　如上所示，变量 z 在函数外部进行声明，为全局变量。全局变量，顾名思义该变量可以被程序中所有函数使用。在运行过程中，无论执行哪个函数都会保留全局变量的值。在CCS 默认的 cmd 配置文件中，全局变量分配在内存 RAM 空间。相对于在函数外定义的全局变量，局部变量则是指在函数内部定义的变量，例如上面程序中的整型变量 a 和 b，和全局变量不同的是，局部变量只能被当前函数使用，且只有在函数调用时局部变量才会生成，同时当函数调用完成后，该变量空间也被释放，直至函数再次调用，该变量才会重新生成，重新赋值。还有一种变量类型为形式参数，定义的子函数 add，括号中的整型数 x和 y 为形参，在 add 子函数中不需要对 x 和 y 进行声明就可以直接使用。

　　变量在定义中，可以使用变量存储类型：auto、static、const 等，下面分别说明。

　　1. auto　自动类型

　　关键字 auto 用于声明变量的生存期为自动，即除结构体、枚举、联合体和函数中定

义的变量视为全局变量，而在函数中定义的变量视为局部变量。无其他修饰，所有的变量默认就是 auto 类型。

2. static 静态类型

static 关键字一共有 3 个不同的用途。

（1）如果它用于函数内部的局部变量的声明时，static 关键字的作用是改变局部变量的存储类型。需要说明的是，一旦函数内部变量被声明为 static，这个函数就有可能变得不可重入。在前文中提到局部变量只有在函数内有效，在离开函数时，内存空间被释放，变量值也会清除，待到再次进入函数时重新生成变量，执行变量的赋值。而 static 静态变量和一般的局部变量的差别在于，在离开函数时，静态变量的当前值会被保留，可在下次进入函数时使用。下面中给出了两段程序，定义 add() 子函数，实现的是整型 a 的累加，可以通过全局变量 z 来观察程序的运行状况。两段代码的差别在于右边将 add 子函数中的变量 a 定义为静态变量。通过断点调试，观察到 z 的变化，程序分别如下。

```c
#include "tm4c123gh6pm.h"
    int add();
    int z;//全局变量
    void main();
{
    While(1)
    {
        z = add();
        _NOP();
    }
}

int add()
{
    int a = 1;
    Return (a++);
}
```

```c
#include "tm4c123gh6pm.h"
    int add();
    int z;//全局变量
    void main();
{
    While(1)
    {
        z = add();
        _NOP();
    }
}
int add()
{
    static int a = 1;/*该变量保持
着每次调用时的最新值,它的有效期等于整个程
序的有效期*/
    Return (a++);
}
```

运行结果分别如下。

```
z = 2;
z = 2;
z = 2;
…
```

```
z = 2;
z = 3;
z = 4;
…
```

很容易理解这样的结果产生的原因：在调用完 add 函数后，局部变量 a 的空间被释放，在再次进入 add 函数时，重新生成变量 a，并初始化为 1，所以 z 的值总是 2。而将 a 定义为静态变量后，初次调用 add 后，a 的值变为 2，根据静态变量的定义，此时 a 的值会被保留，当再次调用 add 函数时，a 不会被再次初始化而是使用上次的值 2，所以会观察到 z 的值依次递增。

（2）如果 static 关键字被用于函数的定义时，这个函数就只能在定义该函数的 C 文件

中引用，该 C 文件外的代码将无法调用这个函数。

（3）在用于全局变量的声明时，static 关键字的作用类似于（2）中函数的情况，这个全局变量的作用域将局限在声明该变量的 C 文件内部，这个 C 文件之外的代码将无法访问这个变量。

3. extern 外部变量

在未作特殊说明的情况下，在某个文件下定义的变量只能被当前文件，甚至是特定函数（局部变量）所使用，这样当工程中包含多个文件时，变量无法被所有文件使用。而 extern 变量则解决了不同文件之间变量的调用问题。将其他文件中已定义的全局变量声明为 extern 型，则该变量不仅可以在当前文件中使用，同时也可以被工程中其他文件中的函数调用。通常在其他文件的.h 文件中将变量声明为 extern 类型。

```
//file1.c
#include "tm4c123gh6pm.h"
int add();
int z;//全局变量
void main()
{
    while(1)
    {
        z = add();
        _NOP();
    }
}
int add()
{
    int a = 1;
    return(a++);
}
```

```
//file2.h
#ifndef FILE2_H_
#define FILE2_H_

#include "tm4c123gh6pm.h"
extern int z;//外部全局变量

int add();

#endif
```

file1 和 file2 为同一工程中的两个源文件，file1 中定义了变量 z，在 file2.c 中通过语句 extern int z，使得 file1 中的 z 变量同样可以在 file2 中使用。

4. const 常量类型

常量限定修饰符，它限定一个变量在程序运行当中不被改变，与局部变量不同，并不存储在数据区，而存储在程序段中。在程序编译时，会对 const 定义的变量进行类型检查，而以#define 宏定义的常数，只存在纯字符替换。

```
const int a;
int const a;
const int *a;
int * const a;
int const * const a;
```

第一行和第二行的含义一样，可根据个人认为比较好的理解方式进行编写，都是声明整数变量 a 是只读的。第三行声明一个指向整数的指针变量 a，这个指针的值是可以改变的，但是这个指针所指向的整数值（*a）是不可以改变的。第四行是声明一个指向整数的指针变量 a，这个指针的值只读，但是指向的整数值可以改变。第五行是声明一个指针变量 a，指针变量的值和所指向的整数值都是只读的，不可以改变。

const 关键字的作用如下。

（1）要阻止一个变量被改变，可以使用 const 关键字。在定义该 const 变量时，通常需要对它进行初始化，因为以后就没有机会再去改变它了。

（2）对指针来说，可以指定指针本身为 const，也可以指定指针所指的数据位 const，或二者同时指定为 const。

（3）在一个函数声明中，const 可以修饰形参，表明它是一个输入参数，在函数内部不能改变其值。

5. register 寄存器类型

这个关键字命令编译器尽可能地将变量存在 CPU 内部寄存器中而不是通过内存寻址访问以提高效率，使变量内容更快的被访问到，用于优化被频繁使用的变量；但它只能作为局部变量使用且数量有限。变量必须为 CPU 寄存器所接受的类型，也就是说，register 变量必须是一个单个的值，并且其宽度应小于或等于 CPU 的字长。

另外，一个自动变量被编译器分配到 CPU 内部的寄存器存储，对这个变量使用&运算符取地址往往是无意义的，因为在许多机器的硬件实现中，并不为寄存器指定与外部存储器统一编址的地址。

6. volatile 类型

作为指令关键字，确保本条指令不会因编译器的优化而省略，且要求每次直接从端口地址读值，而不是使用保存在寄存器，或 cache 里的备份。简单地说就是防止编译器对代码进行优化而未获得实时值，例如 ADC，使用这个标识符的声明，通知编译器该变量不应被优化。在嵌入式软件编程中，这个关键字非常重要，一般只要是非 RAM 单元、任何操作 I/O 端口寄存器的变量前都要使用 volatile 这个关键字，以免因变量被 cache 缓存、导致程序代码无法获得实时的真值。

7. sizeof 关键字

sizeof 是 C 语言中的一个关键字。许多程序员以为 sizeof 是一个函数，其实它是一个关键字，同时也是一个操作符，不过其使用方式看起来的确太像一个函数了。sizeof 关键字的作用是返回一个对象或者类型所占的内存字节数。sizeof 有 3 种使用形式，如下所示。

```
sizeof(var);               /*sizeof(变量);*/
sizeof(type_name);         /*sizeof(类型);*/
sizeof var;                /*sizeof 变量;*/
```

数组的 sizeof 值等于数组所占用的内存字节数，如下所示。

```
char * ss = "0123456789";
sizeof(ss);                     /*结果为4,ss 是指向字符串常量的字符指针*/
sizeof(*ss);                    /*结果为1,*ss 是第一个字符*/

char ss[] = "0123456789";
sizeof(ss);                     /*结果为11,计算到'\0'为止,因此是10+1*/
```

```
sizeof(*ss);                            /*结果为1,*ss 是第一个字符*/

char ss[100] = "0123456789";
sizeof(ss);                             /*结果为100,表示在内存中的大小 100×1 */
strlen(ss);                             /*结果为10,strlen 是到'\0'为止之前的长度*/

int ss[100] = "0123456789";             /*结果为400,ss 表示在内存中的大小 100×4*/
strlen(ss);                             /*错误! strlen 的参数智能是 char* 且必须以
                                          '\0'结尾*/
```

9.3.4　操作符与表达式

C 语言中的"+""–""*""/"等符号，表示加、减、乘、除等运算，这些表示数据运算的符号称为"运算符"。运算符所用到的操作数个数，称为运算符的"目数"。比如，"+"运算符需要两个操作数，因此它是双目运算符。将变量、常量等用运算符连接在一起，就构成了"表达式"。如"n+5""4–3+1"。实际上，单个的变量、常量也可以称为"表达式"。表达式的计算结果称为"表达式的值"。如表达式"4–3+1"的值就是 2，是整型的。如果 f 是一个浮点型变量，那么表达式"f"的值就是变量 f 的值，其类型是浮点型。

C 语言运算操作符有赋值运算符、算术运算符、逻辑运算符、位运算符等多类。常用的 C 语言运算操作符见表 9.3。

表 9.3　常用的 C 语言运算操作符

操　作　说　明	语　　法
加法运算	a+b
前置自加运算	++a
后置自加运算	a++
负号	–a
减法运算	a–b
前置自减运算	– –a
后置自减运算	a– –
乘法运算	a*b
除法运算	a/b
模运算（取余）	a%b

其中，求余数的运算符"%"也称为模运算符。它是双目运算符，两个操作数都是整数类型的。a%b 的值就是 a 除以 b 的余数。除法运算符也有一些特殊之处，即如果 a、b 是两个整数类型的变量或者常量，那么 a/b 的值是 a 除以 b 的商。比如，表达式"5/2"的值是 2，而不是 2.5。

C 语言关系运算符运算的结果是整型，值只有两种：0 或非 0。0 代表关系不成立，非 0 代表关系成立。比如表达式"3>5"，其值就是 0，代表该关系不成立，即运算结果为假；表达式"3==3"，其值就是非 0，代表该关系成立，即运算结果为真。至于这个非 0

值到底是多少，C 语言没有规定，我们编程的时候也不需要关心这一点。C 语言中，总是用 0 代表"假"，用非 0 代表"真"，C 语言中的关系运算符见表 9.4。

表 9.4　C 语言关系运算符

操 作 说 明	语 法
小于比较	a<b
小于等于比较	a<=b
大于比较	a>b
大于等于比较	a>=b
不等于	a!=b
等于	a==b

C 语言逻辑运算符见表 9.5。

表 9.5　C 语言逻辑运算符

操 作 说 明	语 法
逻辑非	!a
逻辑与	a&&b
逻辑或	a||b

对于逻辑与、逻辑或，若通过表达式 a 即可得出结果，则可省去表达式 b 的判断，此为短路径操作。比如，"n && n++"，若 n=0，由 n 为假，判断结束返回假（0 值），而不做 n++ 运算。

C 语言提供了"位运算"的操作，实现对某个变量中的某一位（bit）进行操作，比如，判断某一位是否为 1，或只改变其中某一位，而保持其他位都不变。位运算的操作数是整数类型（包括 long、int、short、unsigned int 等）或字符型的，位运算的结果是无符号整数类型的，C 语言位算符见表 9.6。

表 9.6　C 语言位运算符

操 作 说 明	语 法
按位与	&
按位或	|
按位异或	^
取反	~
左移	<<
右移	>>

左移运算规则是按二进制形式把所有的数字向左移动对应的位数，高位移出（舍弃），低位的空位补零。而对于汇编程序，左移运算会将移出位存储在进位标志中。

右移运算规则是按二进制形式把所有的数字向右移动对应位数，低位移出（舍弃），高位的空位补 0，或者补符号位（即正数补零，负数补 1），这与编译器有关。而对于汇编程序，右移运算也同样会将移出位存储在进位标志中。

具体应用中，如通过掩码置变量某一位为 1，或者清 0。可以通过以下两种方式操作。

（1）直接按位操作。

```
P5OUT = 0x04;    //P5OUT = 0000 0100;
P5OUT |= 0x04;   //等效于 P5OUT = P5OUT | 0x04; 结果 P5OUT = XXXX X1XX
P5OUT &= ~0x08;  //P5OUT = XXXX 0XXX  (X 表示无关)
```

（2）对位掩码进行常量定义，使用符号常量位操作。

```
#define BIT0  (0x0001)//十六进制 16 位写法，配置到端口或寄存器是低八位有效
#define BIT1  (0x0002)
#define BIT2  (0x0004)
#define BIT3  (0x0008)

P5OUT = 0x04;              //P5OUT = 0000 0100;
P5OUT |= BIT2;             //推荐用法 P5OUT = XXXX X1XX
P5OUT &= ~ BIT2;           //推荐用法 P5OUT = XXXX 0XXX
P5OUT |= BIT0|BIT1;        //P5OUT = XXXX XX11
P5OUT |= BIT0 + BIT1;      //推荐用法 P5OUT = XXXX XX11
```

编程中，一般可以通过下式获取变量某位数值。

```
a = P5IN & 2;              //读取 P5.1 位的值到变量 a 中
```

赋值运算符用于对变量进行赋值，或者运算赋值操作。a += b 等效于 a = a + b，但是前者执行速度比后者快。常用的 C 语言赋值运算如表 9.7 所示。

表 9.7　常用的 C 语言赋值运算

操 作 说 明	语 　 法
基本赋值运算	a=b
复合加法赋值运算	a+=b
复合减法赋值运算	a−=b
复合乘法赋值运算	a*=b
复合除法赋值运算	a/=b
复合取模赋值运算	a%=b

C 语言运算还有个特点，若参与运算的变量类型不同，则先转换成同一类型，然后进行计算。运算类型自动转换遵循以下规则。

（1）转换按数据长度增加的方向进行，以保证精度不降低。如 int 型和 long 型运算时，先把 int 量转成 long 型后再进行运算。

● 若两种类型的字节数不同，转换成字节数高的类型。

● 若两种类型的字节数相同，且一种有符号，一种无符号，则转换成无符号类型。

（2）所有的浮点运算都是以双精度进行的，即使仅含 float 单精度量运算的表达式，也要先转换成 double 型，再作运算。

（3）char 型和 short 型参与运算时，必须先转换成 int 型。

（4）在赋值运算中，赋值号两边量的数据类型不同时，赋值号右边量的类型将转换为左边量的类型。如果右边变量的数据类型长度比左边长时，将丢失一部分数据，这样会降低精度，丢失的部分按四舍五入向前舍入。

C 语言中所有运算符的优先级见表 9.8。

表 9.8　C 语言运算符优先级

优　先　级	操　作　符	描　　述
最高	( ) [ ] ->	类型转换、下标操作、指针元素访问
	! ~ + - &	单目运算
	* / %	乘、除、取模
	+ -	加、减
	<< >>	左移、右移
	< <= > >=	关系运算符
	== !=	关系运算符
	&	位与
	^	位异或
	|	位或
	&&	逻辑与
	||	逻辑或
	?	条件表达式
	= += - = *= /= %= &= |= ^= <<= >>=	赋值运算
最低	,	逗号运算

9.3.5　代码调试

调试代码也就是发现代码中的错误并且修正这些错误，对于初学者而言是有一定难度的。初学者在调试代码的过程中，往往会有这样或者那样的困惑。在调试代码之前大家要有一个正确的心态去面对程序可能出现的错误，然后辅助以合适的工具和方法就能方便地找出代码中隐含的错误。当然想 100% 的解决掉程序中的 bug 确实是一件非常难的问题，这是每个程序员都特别渴望但不可及的目标，读者可以努力向它靠拢。

1. C 语言调试常见错误

C 语言的灵活性、指针的应用以及 C 语法的宽容性很容易造成代码的中潜藏着错误，这其中最主要的就是关于内存访问而引起的问题。内存单元的访问越界是 C 语言出错最多的情况。与其他高级语言不同，C 语言内部从不检查数组或者动态内存区的访问是否越界，而是完全由程序员自己负责。这使得 C 语言的效率较高，另一方面编程的灵活性也非常大，但是在获得这些好处的同时，程序员也付出了不小的代价。内存单元越界访问问题主要分为 3 类：堆栈溢出、缓冲区溢出和数组越界。下面详细介绍这些错误的形成原因、在代码运行时可能造成的现象以及应如何避免这些错误。

1）堆栈溢出

所谓堆栈溢出是指由程序中的错误而引起的压栈操作超出原来分配的堆栈大小的问题。在一个多任务系统中，每个任务在创建之初一般都会由操作系统分配一块内存区域作为该任务的堆栈区。该堆栈区的大小一般在任务创建函数的参数中指定。任务创建函数通过动态内存分配函数在系统堆（Heap）中申请一块指定大小的内存区作为堆栈，由于大多数系统的堆栈组织都采用满递减栈的形式，因此实际堆栈顶部的指针是内存分配函数返回的指针加上堆栈容量。堆栈从顶部的高地址向底部的低地址方向增长（压栈），堆栈的大小是有限的，如果程序耗费了太多的堆栈空间，就有可能在压栈的过程中越过堆栈的底部边界而进入其他的内存区域，这就发生了堆栈溢出。

造成堆栈溢出的主要原因如下。

（1）任务的堆栈预留太小。任务创建函数会根据入口参数为任务分配堆栈空间，如果程序员在一开始就为任务分配了太小的堆栈空间，则很容易造成堆栈溢出。

（2）任务中设置了大的临时变量。正如前面讨论的，编译器使用堆栈来实现部分临时变量，如果在程序中声明了大的局部变量，尤其是大的数组，将占用大量的堆栈空间。

（3）过深的函数递归。编译器为每次函数调用构建调用栈，如果程序中的函数调用深度比较深，比如递归调用，将消耗大量的堆栈空间。

从调试的角度出发，如果程序运行时出现以下现象，就有可能是堆栈发生了溢出。

- 如果某些内存单元的值莫名其妙地被改，程序员就应该怀疑是否发生了堆栈溢出。由于超出堆栈底部的堆栈操作将破坏原来存放在这些区域内的数据，因此原来存放在这些内存单元中的数据将被错误地修改。遗憾的是，对于造成堆栈溢出的那段代码而言，如果它不立刻访问这些被破坏的数据，一切工作仍正常进行。直到那些被破坏数据的拥有者开始访问这些数据时，错误才会发生。因此，程序发生错误的地方通常情况并不是造成这些错误的原因。
- 由于与该任务堆栈相邻存放的数据可能是任何其他内存单元，而堆栈中保存了关于函数调用所有的信息，比如返回地址、调用者用到的寄存器的值、被调用者用到的临时变量等，因此其他所有的奇怪问题，比如函数调用不正常、局部变量莫名其妙被改以及其他所有的死机与崩溃都有可能是堆栈溢出造成的。

2）全局数组越界和动态缓冲区越界

既然数据溢出可以发生在堆栈中，它同样可以发生在全局变量和在动态内存中分配的动态缓冲区。全局数组越界如图 9.8 所示：全局数组 int A[5]的合法下标的取值范围应该是从 0～4，但是如果因为某些原因，我们对 A 的访问超越了 A[4]这个边界将使得与 A 数组紧邻的其他数据内容被冲掉了。全局数组和动态缓冲区的越界访问同样会造成严重的问题，致使其他相邻的全局数据或者是堆数据被错误修改等。与堆栈缓冲区溢出相比，由于相邻数据区中一般不包括可执行的代码，因此全局数组和动态缓冲区越界一般不会造成安全问题。但是由于这种溢出的隐蔽性，要准确定位错误的根源是有一定难度的，因此程序员在编写代码时要非常小心地处理可能会造成溢出的函数调用。

低地址

其他全局变量

其他全局变量被冲

高地址

图 9.8　全局数组越界

3）边界情况

除了内存访问越界这些问题外，程序员在调试代码时还应特别注意程序中存在的各种边界条件。事实上，最容易出错的地方往往是最不明显的地方。程序员在编写程序时经常集中精力考虑代码中关键的逻辑和流程，但是往往在一些简单的问题上疏忽大意而造成错误。下面所列的只是这些意外情况的一部分，调试代码时需要对其重点检查。

- 数组的上限。数组上限的问题在前面已经讨论很多了，超出数组所定义的大小将造成缓冲区溢出，但在 C 语言中数组的声明与实际的数组上限值之间差 1，比如声明的数组是 int A[10]，但实际最大的合法下标是 9。

- 循环的次数。考虑一下这个问题，有 100 米长的栅栏，现在每隔 10 米要埋下 1 根电线杆，请问一共需要埋多少根电线杆？如果你的回答是 10 根，那你就错了，正确的答案应该是 11 根。程序员在编写程序时往往会犯类似这样的简单错误。因此在编写循环语句时，程序员要小心地计算循环的上限到底是多少。

- 输入参数的极限情况，如 0、指针为空、负数、最大的情况等。

2. 常见调试方法

1）调试工具

现在常见的开发环境都自带了非常方便的调试工具，像单步调试、进入函数、跳出函数，运行到断点大部分的编程环境都支持，这些对于我们调试程序带来了极大的便利。由于不同的开发环境调试的方法千篇一律，在此就不多做介绍，读者可以针对自己选择的开发环境在互联网上查阅相关资料，熟悉掌握调试方法，这对于提高开发效率非常重要。

2）利用断言

虽然调试工具可以解决一部分常见的错误，但是对于大型程序开发而言，单步调试远远是不够的，但是我们也不能在整个程序里面写满了令人眼花缭乱的 printf 函数，这时断言就非常有用，它能帮助找到程序中的非法情况。Assert 是一种只有定义了 Debug 才起作用的宏，如果参数的计算结果为假，则终止调用程序的执行。断言的作用在于检查程序中"不应该"发生的情况。请看下面的代码，如果定义了 Debug，Assert 将被扩展为一个 if 语句。当 Assert 失败时，也就是 if 语句判断为假时，它就使用预处理程序根据宏_FILE_和宏_LINE_所提供的文件名和行号参数调用_Assert()函数。_Assert()函数的作用是在断言失败时在标准错误输出设备 stderr 上打印出一条错误消息，然后终止，其中_FILE_和_LINE_是两个 C 语言的标准宏，编译器在编译时会用当前 C 文件的文件名字符串常量来替代_FILE_，并用当前行的行号替换_LINE_。

```
#ifdef DEBUG
void _Assert(char*,unsigned);/*原型*/
#define ASSERT(f) if(f) NULL;else  _Assert(_FILE_,_LINE_)
#else
#define ASSERT(f)NULL
#endif

Void_Assert(char*strFile,unsigned uLine)
{
fflush(stdout);
fprintf(stderr,"\nAssertion failed:%s,line%u\n",strFile,uLine);
fflush(stderr);
abort();
}
```

在执行 abort 之前，需要调用 fflush 将所有的缓冲输出写到标准输出设备 stdout 上。同样，如果 stdout 和 stderr 都指向同一个设备，则 fflush stdout 仍然要放在 fflush stderr 之前，以确保只有在所有的输出都送到 stdout 之后，fprintf 才显示相应的错误信息。现在如果用 NULL 指针调用下面给出的 memcpy()函数，Assert 就会抓住这个错误，并显示出如下的错误信息。

```
Assertion failed: string.C,line×××
/*melIlcpy-----复制不重叠的内存块*/
void memcpy(void*pvTo,void "pvFrom,size_t size)
{
void pbTo=(byte*)pvTo;
void pbFrom=(byte*)pvFrom;
ASSERT(pvTo!=NULL&&pvFrom!=NULL);
ASSERT(pbTo>=pbFrom+size||l pbFrom>=pbTo+size);
while(size-->0)
```

```
*pbTo++ = *pbFrom++:
return(pvTo);
```

下面是关于使用断言的一些建议。

● 使用断言捕捉不应该发生的非法情况。

● 在函数的入口处，使用断言检查参数的有效性（合法性）。

● 在编写函数时，要进行反复考查，并且自问："我打算做哪些假定？"一旦确定了假定，就要使用断言对假定进行检查。

● 一般教科书都鼓励程序员们进行防错设计，但要这种编程风格可能会隐瞒错误。当进行防错设计时，如果"不可能发生"的事情的确发生了，则要使用断言进行报警。当程序员刚开始使用断言时，有时会错误地利用断言去检查真正的错误，而不去检查非法的情况。

请看下面的函数 strdup 中的 2 个断言。

```
char*strdup(char*str)
{
    char*strNew;
    ASSERT(str!=NULL);
    strNew=(char*)malloc(strlen(str)+1);
    ASSERT(strNew!=NULL);/*滥用的断言*/
    strcpy(strNew,str);
    return(strNew);
}
```

上面程序中第一个断言的用法是正确的，因为它被用来检查在该程序正常工作时绝不应该发生的非法情况。第二个断言的用法相当不同，它所测试的是申请不到内存的错误情况，该情况是在其最终程序中肯定会出现并且必须对其进行处理的错误情况。所以要注意非法情况和错误情况的区分，非法情况是程序所不能处理的情况，错误情况是程序可以通过控制程序流程进行处理的情况。

3）printf 打印输出调试

在嵌入式系统的调试中，嵌入式系统目标机开发过程中经常需要查看一些参数，标准输出库函数的默认输出设备是显示器，要实现在串口输出，必须重定向标准输出函数。通常的做法是使用标准输出函数 printf 进行打印输出，printf 打印输出是一种常用且便捷的方法。

嵌入式目标机如 MSP432、STM32 等，内部都集成有 USART（Universal Synchronous Asynchronous Receiver and Transmitter）的串口功能，USART 是一个全双工通用同步/异步串行收发接口，它是一个高度灵活的串行通信设备。由于 printf()函数本身是格式化输出函数，一般用于向标准输出设备输出信息。在嵌入式系统调试过程中，如果将目标机中的参数打印到屏幕上，就需要重定向与 printf 函数相关的 fputc、fgetc 函数来发送和接收字符。printf 函数重定向的过程可概括为：首先 printf 函数将目标机上的内容输出到 USART 串口，然后将自定义的 fputc 函数的输出指向串口。要输出的内容通过串口直接输出到宿主机，即可观察具体的变量值。

目标机的串口通信使用 printf 接收和发送数据非常方便，基本不需要写代码，只需要进行简单的配置就可以使用 printf 方法进行打印输出。常用的一种配置方法是对工程属性进行配置。

- 首先在 main 文件中要包含标准输入/输出头文件 "stdio.h";
- 在 main 文件中重定义<fputc>函数，这样在使用 printf 时就会调用自定义的 fputc 函数，来发送字符;
- 在工程属性的选项中勾选 "Use MicroLIB"，MicroLIB 是默认 C 的备份库。

至此完成配置，在工程中可以使用 printf 向串口发送数据了。

4）好的代码风格

正如最好的治疗方法是预防一样，最好的调试与 Debug 方法就是尽可能地在编码阶段少犯错误。事实上，越是在早期排除潜在的问题，排除这个错误的成本就越低。因此，在编写代码的过程中程序员应该时刻小心，尽可能少犯错误。好的代码风格是减少编码错误的一个重要手段。事实上，代码中常见的规则和约定在很大程度上是 C 程序员在长期的编程实践中总结出来的经验和教训，严格遵循这些规则和约定，一方面将减少程序员可能会犯的一些低级错误;另一方面也将大大提高代码的可读性和可维护性。

9.4　本章小结

本章第一部分对嵌入式系统软件的组成结构做了概述，嵌入式系统软件的组成结构主要包括了裸机嵌入式软件、初始化引导程序、设备驱动程序、库函数等几个模块。设计一个嵌入式系统软件可以根据需要选取前后台系统、中断驱动系统、巡回服务系统、基于定时器的巡回服务系统中的一种设计思想进行开发。开发嵌入式系统常用的是 C 语言，在第三部分向读者介绍了 C 语言的相关知识，包括编程中常用的预处理指令、宏定义及条件编译指令、数据类型等知识，最后给出了 C 语言中常见的错误和调试方法。

9.5　习题

（1）简述 BootLoader、BIOS、BSP 的基本概念和功能。

（2）简述 define 与 typedef 的区别。

（3）预处理标识#error 的目的是什么？

（4）嵌入式系统中经常要用到无限循环，用 C 编写死循环有哪些方法？

（5）关键字 static 和 const 的作用是什么？

（6）关键字 volatile 有什么含意？在哪些变量前该使用这个关键字？请给出 3 个不同的例子。

（7）嵌入式实时操作系统 RTOS 的主要特点是什么？

（8）嵌入式系统常用软件设计方法有哪些？

（9）裸机系统软件由哪些部分组成？它们之间的关系是什么？

第 10 章　嵌入式操作系统

前面几章介绍了嵌入式微控制器 MCU 及其主要外设的基本原理，并介绍了几种针对嵌入式系统的软件设计方法。相对比较简单的嵌入式系统可以基于裸机直接开发应用软件，但比较复杂的多任务应用系统，需要基于嵌入式操作系统进行软件设计与开发。

本章首先介绍几种在嵌入式领域应用较为广泛的嵌入式实时操作系统，以及 RTOS 的基本概念和基础知识，然后介绍 FreeRTOS 操作系统，最后举例说明基于 FreeRTOS 操作系统的软件开发方法。

10.1　常用的嵌入式操作系统

到目前为止，嵌入式操作系统（EOS）种类繁多、并且都已基本成熟，常用的 EOS 包括：VxWorks、μC/OS-II、ThreadX、嵌入式 Linux、FreeRTOS 等。这些 EOS 主要功能都比较完善，但各有一些自身的特点，以下将简单介绍这些 EOS。

1. VxWorks

VxWorks 是美国 Wind River System 公司的产品，是目前嵌入式系统领域中应用广泛，具有高市场占有率的嵌入式操作系统。VxWorks 实时操作系统由 400 多个相对独立、短小精悍的目标模块组成，用户可根据需要进行适当裁剪并配置系统；提供基于优先级的任务调度、任务同步与任务通信、中断处理、定时器和内存管理等功能，符合 POSIX（可移植操作系统接口）规范的实时扩展标准，以及多处理器支持；并且具有清晰易懂的用户接口，采用微内核结构，最小可达到 8KB。其良好的可靠性和卓越的实时性被广泛地应用在军事、航空航天等高精尖技术及实时性要求极高的领域中，如军事演习、弹道制导、飞机导航等。在美国的 F-16、FA-18 战斗机、B-2 隐形轰炸机上，甚至连 1997 年 4 月在火星表面登陆的火星探测器、2008 年 5 月登陆的凤凰号，和 2012 年 8 月登陆的好奇号也都使用到了 VxWorks 上。Wind River System 公司同时提供了一套实时操作系统开发环境 Tornado 类似 Microsoft Visual C，但是提供了更丰富的调试、仿真环境和工具。

2. μC/OS-II

μC/OS-II 是由美国嵌入式系统专家 Jean J.Labrosse 用 C 语言编写的基于优先级的抢占式多任务实时操作系统。μC/OS-II 能管理 64 个任务，并提供任务调度与管理、内存管理、任务间同步与通信（信号量、邮箱、消息队列）、时间管理和中断服务等功能，具有执行效率高、占用空间小、实时性能优良和可扩展性强等特点。目前其应用在很多领域，如手机、网络设备、音响设施、不间断电源、飞行器、医疗器械及工业控制上，并且

μC/OS-II 源码公开，便于移植和维护。目前 μC/OS 系统已经出现第三代系统内核，支持现代的实时内核所期待的大部分功能，将 μC/OS-II 中很少使用的功能删除或更新并添加了更高效的功能和服务，比如：将原本 μC/OS-II 不支持的时间片轮转法（round robin）实现，并能很好地在 8 位、16 位、32 位的处理器上很好地工作。

3. ThreadX

ThreadX 是优秀的硬实时操作系统，具有规模小、实时性强、可靠性高、无产品版权费、易于使用等特点，并且支持大量的处理器和 SoC，包括 ARM、PowerPC、SH 4、MIPS、ADI DSP、TI DPS、Nios II 等，系统优先级可于程序执行时动态设定，并且相关配套基础软件完整，因此广泛应用于消费电子、汽车电子、工业自动化、网络解决方案等领域中，并已经成功应用于 Panasonic 公司的 11Mbs 无线网卡，同样在 2005 年，美国国家航空航天局（NASA）成功实施了"深度撞击"飞船对坦普尔 1 号彗星的准确撞击，其中 ThreadX 在其中发挥了关键作用，控制其中全部三套彗星成像仪的运行。

4. 嵌入式 Linux

嵌入式 Linux 是以 Linux 为基础的嵌入式作业系统，其源代码公开，开发人员可以对操作系统进行定制，系统具有嵌入式操作系统的特性。Linux 作为嵌入式系统，它的优点有很多。首先，Linux 开放其源代码，不存在黑箱技术，遍布全球的众多 Linux 爱好者都是 Linux 开发者的强大技术支持；其次，Linux 的内核小、效率高，内核的更新速度很快，Linux 是可以定制的，其系统内核最小只有约 134KB；最后，Linux 是免费的 OS，在成本上极具竞争力。 Linux 还有着嵌入式操作系统所需要的很多特色，突出的就是 Linux 适应于多种 CPU 和多种硬件平台，是一个跨平台的系统。有多种应用软件支持，软件开发周期短，产品上市迅速，实时性能稳定性好、安全性好，从而它被广泛应用在移动电话、个人数字助理（PDA）、媒体播放器、消费性电子产品以及航空航天等领域中。嵌入式 Linux 一般应用于基于 MPU 的嵌入式系统。

5. FreeRTOS

FreeRTOS 是一个迷你实时操作系统内核。作为一个轻量级的操作系统，功能包括任务管理、时间管理、信号量、消息队列、内存管理、记录功能等，可基本满足较小系统的需要。由于 RTOS 需占用一定的系统资源（尤其是 RAM 资源），只有 μC/OS-II、embOS、salvo、FreeRTOS 等少数实时操作系统能在小 RAM 单片机上运行。相对 μC/OS-II、embOS 等商业操作系统，FreeRTOS 操作系统是完全免费的操作系统，具有源码公开、可移植、可裁减、调度策略灵活的特点，可移植到各种单片机上运行。目前很多芯片公司提供的 SDK，一般都基于 FreeRTOS。

6. mbed OS

ARM 公司于 2014 发布了 mbed OS。mbed OS 是一种专为物联网（IoT）中的"物"设计的开源嵌入式操作系统，其包含基于 ARM Cortex-M 微控制器开发连接产品所必需的全部功能，非常适合涉及智能传感、智能家电和穿戴式设备等领域的 MCU 应用系统。mbed 系统是事件驱动的单线程架构，同时也支持多线程编程，对常见硬件外设做了高级抽象的驱动程序，并支持多种网络通信协议（如以太网、WiFi、LoWPAN 和 BLE）和传输层安全（TLS）协议。mbed OS 现在已包含在 ARM MDK 开发工具中。

10.2　RTOS 基础

RTOS（Real-Time Operating System）指的是实时操作系统，相较于大家熟知的通用的多任务操作系统（如 Windows 7、Linux 和 Macintosh 等），其主要的特点就在于"实时性"。当操作系统接收到一个任务后，实时操作系统（RTOS）会在规定的时间内来处理该任务并对此任务做出快速响应。

实时操作系统（RTOS）可以调用一切可利用的资源完成实时任务，使得任务的响应或延时在预定可接受的范围内，保证任务的及时且可靠地执行。在嵌入式开发中，使用实时操作系统可以有效地利用硬件资源，简化应用软件的开发难度，更好地保证系统的实时性和可靠性。

10.2.1　RTOS 的基本概念

RTOS 是嵌入式应用软件的运行平台和开发平台，开发者开发的应用程序都运行在 RTOS 之上，并作为嵌入式软件的目标代码的一部分。RTOS 具有很高的可靠性和可行性，将对于多任务处理这一复杂的功能交由操作系统完成，最大限度降低应用软件的开发难度。

在进一步认识 RTOS 之前首先需要了解一个操作系统中一个重要的概念——内核，它是一个操作系统的核心。是基于硬件的第一层软件扩充，提供操作系统的最基本的功能，是操作系统工作的基础，它负责管理系统的进程、内存、设备驱动程序、文件和网络系统，决定着系统的性能和稳定性。从这个 RTOS 结构来看，内核是底层硬件的抽象层，但一个完整的操作系统并非只具有内核。

由于在嵌入式开发中，硬件资源相对紧缺，所以运行在其上的 RTOS 实时操作系统就要需要更加精简。将操作系统的基本功能（如任务管理、任务调度、任务之间的通信与同步、定时器管理等）集成于其实时操作系统的内核，并且以内核的服务函数的形式交给上层应用程序调用，这也就是 RTOS 的 API（Application Programming Interface）。内核中具有任务调度功能的模块称为调度器，调度器会按照一定的调度算法来执行任务。不同的操作系统内核中的调度算法不尽相同，可在嵌入式平台运行的 RTOS 内核的调度模块一般都采用流行的基于优先级的抢占式调度器和非抢占式调度器，而分别使用这两种调度器的系统又分别称为抢占式操作系统和非抢占式操作系统（如图 10.1 所示）。图中的 ISR（Interrupt Service Routines）为操作系统的中断服务程序。在非抢占式操作系统中，任何正在执行的任务是无法被其他任务抢占处理器资源，如图任务 A 在执行，任务 B 无法打断其执行，任务 A 会一直运行，直到该任务结束，或者转移到等待状态，或者转移到等待所需的 I/O 资源或系统资源状态时，它才会交出处理器资源供其他任务执行。而在抢占式操作系统中则不同，正在执行的任务可以被就绪队列中的其他任务抢占处理器资源，如图 10.1 右图所示，原因可能是任务 B 的优先级高于任务 A，又或者是任务 A 的时间片用完交出处理器资源，视不同的调度算法而定。简言之，任务会在还没有执行结束或者转移到等待状态时，被调度器抢占其处理器资源，供其他任务执行。

图 10.1　非抢占式操作系统与抢占式操作系统

优先级在多任务系统中是个可分配给任务的一个基本属性。一般而言，当系统使用抢占式模式后，系统将处理器分配给高优先级的任务。不同的调度器的区别主要在于如何将处理器分配给所管理的各种任务，使用基于优先级的抢占式调度器其中的调度算法又有单调速率调度（Rate Monotonic Scheduling）和最早截止时间优先调度（Earliest Deadline First Scheduling）等，它们的区别仅是调度器根据哪个因素给任务分配优先级。

为了方便调度和管理各个任务，系统为每个任务开辟其私有的堆栈资源和创建相应的任务控制块 TCB（Task Control Block），任务控制块中又保有任务的状态信息。除去与任务功能有关的 RTOS 内核核心之外，RTOS 同样也具有一般操作系统所具有的功能模块，例如网络协议栈、文件系统和设备驱动程序等，只需将相应功能代码移植到相应的嵌入式平台即可。

实时操作系统也可根据对其任务的截至完成时间划分成两种类型。

（1）软实时系统：仅要求事件响应是实时的，并不要求限定某一任务必须在多长时间内完成，例如：音频-视频播放系统、网页服务等。

（2）硬实时系统：不仅要求任务响应要实时，而且要求在规定的时间内完成事件的处理，例如：核动力装置控制、安全气囊控制系统和车辆防抱死系统（ABS）等。

在软实时系统中，系统会根据应用软件的所规定的时间，在一个弹性的时间内完成某项工作，并不一定要在规定时间内完成，而硬实时系统的任务一定要在规定的时间内完成，并且不允许任何超出时限的错误。由于超时的错误可能会带来损害甚至导致系统失败，或导致系统不能实现它的预期目标，所以硬实时系统在安全领域和需要高可靠性的环境中使用较多，但这并不意味着软实时系统不可靠。随着 RTOS 不断精简优化，软实时系统的可靠性也不断提高，所以其亦可满足一般的使用场景。

对于大部分应用程序而言，精准的时钟尤为重要。为了提供精确的时钟，多数内核的基准是由高精度的实时时钟 RTC（Real-Time Clock）硬件定时器提供。通过对硬件定时器的进行编程，可以实现处理器的固定频率中断操作，此种定时器中断称为系统滴答（Systick—timer tick）作为内核的时序基准，进而满足系统中与时间有关的服务包括软件定时器、任务睡眠 API 呼叫、任务超时的 API 回调以及任务的时间片轮转等。

10.2.2　使用 RTOS 的优势

没有 RTOS 的嵌入式系统中，多采用超循环（Super-Loop）与中断驱动（Interrupt-Drivern）结合的软件结构设计。应用程序按固定顺序执行每个函数，用中断服务程序处理系统时间敏感或关键的部分程序，而在超循环体内做时间不敏感的运算和操作。因此，中断服务程序的设计变得非常重要，需尽可能对其进行优化，一旦软件的结构确定后将很难改变和扩充，不利于系统的升级换代尽管这样的软件结构很适合简单的小系统且能够满足大部分的应用软件开发，但对于较复杂的应用程序其就存在若干弊端。首先，复杂的应用程序开发所涉及的工作大部分都与底层硬件相关，需要较高的专业水品，使得开发费时，开发效率低。其次，此软件结构的超循环和中断服务程序之间的数据交换是通过全局共享变量进行的，这使系统的不安全和不可靠。最后也是较为重要的一点就是尽管这个结构也可以创建实时程序，但无法像 RTOS 那样解决多任务的调度调度、维护和任务计时问题。

使用 RTOS 系统后，可以使嵌入式系统结构的设计更灵活，可适应各种预想不到的扩展因素，也使嵌入式系统的代码的可重用性和可移植性得到提高，并能够充分利用其硬件资源。RTOS 中实现了对多任务的管理和调度，能够在多个任务间进行通信与切换，如图 10.2 所示，便是 uC/OS-II RTOS 系统基于邮箱（Mailbox）的进程通信技术，邮箱用于交互单条消息，在两个任务之间或中断服务例程 ISR 到任务之间，该图中创建的邮箱是通过队列（FIFO）独立建立的，发送消息的任务或 ISR 通过系统内核提供的接口将消息发送到邮箱中，收到消息的邮箱将消息发送给订阅其邮箱的任务，从而完成消息传递。

图 10.2　RTOS 的内存管理与任务间通信

合理的采用 RTOS 应用与嵌入式系统中，有以下益处。

- 硬件资源的充分管理，提高资源的利用率。
- 确定的堆栈使用，方便管理每个任务，实现可预测的内存使用。
- 实现软件系统的多任务机制，开发时只需将重心放在程序流和事件响应中。
- 多任务的并发执行，增加了系统的吞吐量和硬件使用的效率。
- 应用程序代码的可移植性和可重用性更高。
- 由于 RTOS 高可靠性使得嵌入式系统的可靠性和可行性更高。
- 应用程序的开发人员无须再多关心系统的硬件细节，增加了软件开发的效率。
- 整个系统的灵活性更好，改变和增强系统方便，不必做过多的硬件改动。

10.2.3　RTOS 的功能组成

任务主要是指需要程序完成的工作。程序开发人员开发的程序往往需要同时完成一个或几个任务。对于操作系统而言，任务往往定义成需要执行的程序，以及由操作系统维护的相关程序信息。当前被执行的程序或部分程序被称为进程（Process），进程往往又是当前执行的程序或程序的一部分。在操作系统中，进程可能需要多种系统资源，比如用于信息交换的 I/O 资源、存储相关变量的存储器以及执行进程的 CPU 等。进程在操作系统中占用的存储器资源有三种类型：栈存储器、数据存储器和代码存储器，在栈存储器中保存进程的临时数据，如进程的本地变量；数据存储器保存进程的所有的全局变量；代码存储器用于存放进程对应的程序代码，即程序转化为机器可识别的机器指令。

操作系统的进程管理可以从理论上实现了多个任务伪并行。真正的并行的指的是在同一时刻多个任务并行执行，这就必须用多个处理器，而 MCU 微控制器板上资源短缺的情况下，一般都是单核处理器，只能在某一时刻执行一个进程。在操作系统的调度器合理的调度切换下，可以使多个任务共享 CPU 资源，即将 CPU 执行单个进程时的空闲时间充分利用，从而实现进程的伪并发执行，提高处理器 CPU 的利用率。

操作系统的进程管理包括创建进程、为进程配置存储空间、将进程代码载入存储器空间中、分配系统资源、为进程配置进程控制块 PCB（Process Control Block）以及进程结束与进程删除等。线程（Thread）是进程的代码执行的基本支路。换句话说，线程是进程内的单个顺序控制流程，因此在单个进程中可以存在多个执行的线程，同一进程中所有线程共享相同的存储器地址空间区域。每个线程有独有的线程状态、程序计数器以及栈，从而以区别同一进程的其他线程。由此可知，操作系统对于多任务的处理，归根结底就是对于多个进程的处理，进程的执行往往又相当于多个线程的执行。

1. 任务

从开发者的角度，任务是一个无限循环的函数，一旦它被创建后，它便永远不会退出，类似以下代码。

```
void Task(void)
{
        for(;;)
{
        任务处理部分//
    }
}
```

任务代码编写完成后，根据不同的操作系统使用的线程标准（Thread Standard），创建与管理线程。线程标准指的是一组线程类库的集合，下面简单介绍几种常用的线程类库。

1）POSIX 线程

POSIX 是可移植操作系统（Portable Operating System Interface）的缩写。POSIX.4 标准处理实时扩展，POSIX.4a 标准处理线程扩展。用于创建和管理线程的 POSIX 标准库是 Pthreads，并且使用的是 C 语言，定义了 POSIX 线程创建与线程管理函数的集合。

2）Win32 线程

Win32 线程是各种 Windows 操作系统支持的线程。Win32 API（Win32 Application Programming Interface）库提供了 Win32 线程创建与线程管理功能的标准集合。

3）Java 线程

Java 线程是 Java 语言所支持的线程，线程定义在 java.lang 包中。将此包导入之后，便可使用此 Java 线程类支持的线程创建函数，通过继承 Thread 基类的方法与变量实现对 Java 线程的使用。更多有关 Java 线程的使用方法，感兴趣的读者可以访问 Sun 公司有关线程的教程。

至此我们已经从操作系统的角度介绍了目前常用的几类线程标准，应用于多线程系统中实现线程的创建。在嵌入式开发中，POSIX 标准和 Win32 标准为常用线程标准库。其他的非标准的库，如可移植的线程库 Pth，这里不再过多介绍。

由于在操作系统中，任务与进程往往指示相同的代码实体，通常是可以互换使用的。在实时操作系统中，当一个进程被创建后，进程的状态往往一般有以下几种，如表 10.1 所示。

表 10.1　RTOS 常见进程状态

任 务 状 态	说　　　　明
Executing	进程从就绪队列中调入到处理器并执行
Ready	进程已经在就绪队列中，正等待调度器调度执行。处于此状态的进程可能是被其他进程抢占了处理器，也可能是获得了共享资源或 I/O 完成
Blocked	进程被阻塞，此时进程可能正在等待共享资源或者等待 I/O 使用
Completed	当进程已经完成其运算处理、并且自它的入口函数返回，结束进程的执行，并且不会再次被调度器调度

在理解任务这一基本概念后，我们将进一步介绍操作系统对于任务的调度、任务通信

和任务同步等系统功能。

2. 任务调度

已知 RTOS 在嵌入式开发的引入，就是为了解决多任务的并发执行，而为了确定给定时刻应该执行哪个任务，相应的调度操作称为任务调度（Task Scheduling），也称为进程调度（Process Sheduling）。当然不同的操作系统采用不同的调度策略，调度策略的实现采用特定的调度算法，任务调度作为一种服务由内核运行，实现这种调度算法的机构就是内核中的调度器（Sheduler）。

调度器根据是否可以抢占当前执行的任务或进程的 CPU 资源分为非抢占式调度器和抢占式调度器。在实时操作系统中，系统对于任务或进程的"实时性"的要求更高，即系统希望能快速响应某些任务或进程，应用此种情形下抢占式的调度器更能有效保障这一点。这里仅介绍两种在抢占式调度器常用的算法。

先介绍几个在操作系统中与 CPU 调度有关的队列。

- 就绪队列：包含所有已经准备好的执行的进程，其中的进程需要等待 CPU 为其分配时序资源才可以执行，不存在就绪的进程时，为空队列。
- 设备队列：包含等待 I/O 设备的进程集合。
- 作业队列：包含系统中的所有进程。

1）基于优先级的调度算法

操作系统采用这种算法后，在系统设置成抢占式时，任何进入就绪队列的任何高优先级进程都会立即得到调度执行；而在系统设置成非抢占式时，调度器在选择要执行的进程时，就绪队列中高优先级的进程会比低优先级的进程先得到服务。两者的区别在于非抢占式调度，仅在当前进程执行完毕或者当前进程主动放弃 CPU 资源时，进入就绪队列的高优先级进程才会得到调度。

应用这种 RTOS 系统时，应用软件的开发者通常可以根据任务对实时性的响应需求设定不同的优先级。例如，在一个控制马达、键盘和显示器的应用程序中，马达通常比键盘和显示器需要更快的反应时间，因此可以设定马达的进程的优先级高于显示器。值得注意的是，在给任务设定正确的优先级时，采取的原则是尽量减少优先级的层级，这是因为进程抢占其他进程时，系统需要对其进行上下文切换，越少的上下文切换，就表示有越多的时间是花费在执行应用程序代码，所以给任务设定正确的优先级时，采取的原则是尽量减少优先级的层级。其中的上下文切换（Context Switch）是指操作系统中，CPU 切换到另一个进程需要保存当前进程的状态并还原另一个进程的状态，其中包括保存当前任务的运行环境，恢复将要运行任务的运行环境。

基于优先级的算法如图 10.3 所示，三个进程中，进程 1 具有优先级 100 正处于等待状态，则此时就绪队列中有两个进程 2 和进程 3，由于进程 2 相对于进程 3 有更高的优先级 50>20，则调度器从就绪队列中选择进程 2 放入处理器中执行，所以图中进程 2 的状态处于运行态，进程 3 处于就绪状态等待调度器调度。

图 10.3　进程状态图

2）基于时间的调度算法

基于时间的调度算法通常称为 Round-Robin 算法，这就意味着所有的进程的调度机会均等，每个在就绪队列中的进程都是在一个预先设定好的时间片（Time-Slice）中执行。进程的执行起始于第一个进程，它会在时间片内执行；如果时间片消耗完毕，或者进程在时间片消耗完前执行完毕，则执行就绪队列的下一个进程；如果所有的进程执行过之后，调度器会回到初始状态，挑选进程并开始执行，不断重复循环。

算法执行过程如图 10.4 所示，当就绪队列中有 5 个进程并按序排列，调度器首先挑选进程 1 执行，待分配给它的时间片消耗完毕或者在系统给定的时间片内它执行完毕后，调度器转而选择下一个进程 2，就绪队列中的所有进程按此选择执行，待所有 5 个进程按此执行完毕后，调度器将再次选择进程执行。

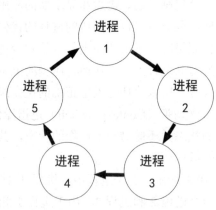

图 10.4　RTOS 模块示意图

3. 任务通信

在多任务/多进程软件开发中，了解各个任务或者说各个进程之间的如何进行通信也是相当重要的，目前各个系统任务通信机制大致分为两类。

（1）基于存储器共享，实现的进程通信机制，例如管道（Pipe）、内存映射方法等。

（2）基于消息的进程之间的信息交换机制，例如消息队列（Message Queue）、邮箱（Mailbox）和信号通信（Signaling）等方式。

在 FreeRTOS 嵌入式操作系统中，任务之间的通信一般采用消息队列和信号通信的两种方式，一般来说，如果一个进程想要与另一个任务进行通信，该进程应该先将消息（Message）发给先入先出（First-In-First-Out，FIFO）队列中，此队列称为消息队列。发送消息的进程一般使用系统提供的 send()函数接口，而消息接收方需要使用相应的receive()函数接口从队列中提取消息。其中具体的 send()和 receive()方法取决于操作系统内核的实现。使用此任务通信的方法可以实现任务与任务之间的通信，也可实现任务与中断服务例程的通信，如图 10.5 所示。

图 10.5　进程与消息队列关系图

信号通信是进程或线程之间通信的基本方式，用于异步通知事件发生，当一个进程或线程发出特定的信号后，指示特定的场景或事件已经发生，而另一个进程或线程正在等待此特定的信号并处于阻塞状态，待接收到该信号后，将转为就绪状态后等待调度器调度。

除以上两种通信方式外，在其他嵌入式操作系统中，如 Windows CE 5.0，嵌入式Linux 中还可以使用内存映射和管道通信方式，内存映射指的是在物理内存中开辟了一块存储空间，进程在需使用该物理内存空间时，将其映射到进程的虚拟地址空间，然后对虚拟地址空间进行读写操作，其操作结果都将被提交到物理存储区域中。而管道通信中，创建管道的进程称为管道服务器（Pipe Server），连接到管道的进程称为管道客户端，可以将管道看作信息流通的导管。

4. 任务同步

在多任务/多进程环境中，多个进程并发执行并且共享系统资源。考虑这样的一个问题，当系统中的两个进程同时尝试访问系统中的某项硬件设备（例如显示器），或者尝试访问共享存储器区域，那么执行结果会产生无法预测的结果。为解决这类问题，最好的办法就是使每个进程了解共享资源的访问情况，使得进程知道共享资源的访问情况，从而避免进程执行产生的冲突，该操作称为任务同步（Task Synchronization）或者是进程同步（Process Synchronization）。

在实时操作系统中，为了实现进程同步或者任务同步，有自旋锁、信号量、临界区对象、事件等方式。这里只对临界区对象和信号量的原理进行阐述。临界区对象其基本含义与互斥量基本相同，只不过临界区对象只能由单个进程的线程之间使用，进程会将临界区对应的代码段放置到进程的临界区域，而且通过调用相应接口系统会为临界区分配存储器区域空间。信号量是用于实现对共享资源访问的互斥实现，可以将其看作是系统的一种资源。需要访问共享资源的进程，首先获取这个信号量，从而告知那些希望获得相同共享资源的其他进程一个事实：该进程当前已经获得并占用这个共享资源。进程中的共享资源可以是进程互斥访问也可以是多个进程共同使用的。根据对共享资源的访问的实现方式，分为以下两类。

互斥量（Mutex Semaphore）为共享资源提供了互斥访问机制，系统每次只能将资源分配给单个进程，并且该进程使用共享资源时，不允许其他进程抢占其资源。它与临界区对象的区别在于它可以被多个进程互斥访问。

计数信号量（Couting Semaphore）其始终记录某个特定的计数器，其取值范围是从 0 到某个固定值之间，从这是限制了系统支持资源并发访问的最大数目。当进程或线程获取信号量对象的时候，计数信号量的计数值将会减 1；当进程或线程释放信号量对象的时候，计数信号量的计数值将会加 1；当已经达到信号量所能支持的最大并发数目时，这时其他进程再要求访问改共享资源时将拒绝访问。

10.3 FreeRTOS

作为嵌入式领域常用的 RTOS，FreeRTOS 系统以其开源、免费和无须商业授权而被大部分公司所使用。FreeRTOS 已经支持大多数厂家的芯片，应用程序的开发者可以直接从 FreeRTOS 的官方网站上下载源码并参考其中的 DEMO（样例程序）进行开发，如此大大加快了开发进度。初学者可以将 FreeRTOS 作为开发软件与硬件之间的中间件，不需要过于深入探究其系统内核的机制，只需了解 FreeRTOS 内核的基本原理以及开发时用到的一些函数接口即可。基于上述目的，下面的知识可能无法覆盖FreeRTOS 的全部内容，但是作为软件开发使用的知识已然足够，对其系统内核机制感兴趣的同学可以去 FreeRTOS 的官方网站 http://www.freertos.org/下载源码及文档学习其具体运行机制。

10.3.1 FreeRTOS 的体系结构

FreeRTOS 的体系结构，包括任务调度机制、系统时间管理机制、内存分配机制、任务通信与同步机制等。FreeRTOS 还提供 IO 库、系统跟踪（Trace）、TCP/IP 协议栈等相关组件，如图 10.6 所示。

图 10.6　FreeRTOS 的体系结构框图

10.3.2　FreeRTOS 的任务调度机制

1. FreeRTOS 任务调度原则

1）从调度方式上分析

（1）可根据用户需要设置为可剥夺型内核或不可剥夺型内核。

（2）设置为可剥夺型内核时，处于就绪态的高优先级任务能剥夺低优先级任务的 CPU 使用权，这样可保证系统满足实时性的要求。

（3）设置为不可剥夺型内核时，处于就绪态的高优先级任务只有等当前运行任务主动释放 CPU 的使用权后才能获得运行，这样可提高 CPU 的运行效率。

2）从优先级的配置上分析

（1）FreeRTOS 系统没有对优先级设置数量上的限制，开发者可以通过修改宏参数 configMAX_PRIORITIES 来指定系统的优先级数量。

（2）可以根据系统需要对不同的任务，指定不同的优先级。其中，优先级为 0 的任务优先级最低。

（3）可以对不同任务设置相同的优先级，同一优先级的任务，轮流在系统的每一个时间片内执行。

（4）若此优先级下只有一个就绪任务，则此就绪任务进入运行态。若此优先级下有多个就绪任务，则需采用轮换调度算法实现多任务轮流执行。

2. 系统调度方式

以图 10.7 为例，设系统的最大任务数为 portMAX_PRIORITIES，在某一时刻进行任务调度时，得到链表数组 pxReadyTasksLists[i]，该图中的 usNumberOfItems=i（i=2... portMAX_PRIORITIES）为优先级标号以及同时得到优先级为 1 的任务链表 pxReadyTasks

Lists[1]且此时链表中的任务个数 usNumberOfItems=3。由此内核可知当前最高就绪优先级为 1，且此优先级下已有 3 个任务已进入就绪态。此时最高就绪优先级下有多个就绪任务，系统需执行轮换调度算法实现任务切换；通过指针 pxIndex 可知任务 1 为当前任务，而任务 1 的 pxNext 结点指向任务 2，因此系统把 pxIndex 指向任务 2 并执行任务 2 来实现任务调度。当下一个时钟节拍到来时，若最高就绪优先级仍为 1，由图 10.7 可见，系统会把 pxIndex 指向任务 3 并执行任务 3。

图 10.7　任务调度示意图

为了加快任务调度的速度，FreeRTOS 通过变量 ucTopReadyPriotity 跟踪当前就绪的最高优先级。当把一个任务加入就绪链表时，如果此任务的优先级高于 ucTopReadyPriority，则把这个任务的优先级赋予 ucTopReadyPriority。这样当进行优先级调度时，调度算法不是从 portMAX_PRIORITIES 而是从 ucTopReadyPriority 开始搜索。这就加快了搜索的速度，同时缩短了内核关断时间。

FreeRTOS 的任务调度算法可由用户自己制定，用户可修改在 FreeRTOS_V8.x.x 的源码（以下说明的参数如未说明 FreeRTOS 的版本都是指 v8.x.xs）中的 FreeRTOSConfig.h

中文件的参数 configUSE_PREEMPTION 和 configUSE_TIME_SLICING 来指定所使用的调度算法，而这里主要介绍 FreeRTOS 中的优先级抢占式调度。

调度算法基于如下假设：

- 每个任务都赋予了一个优先级。
- 每个任务都可以存在于一个或多个状态。
- 在任何时候都只有一个任务可以处于运行状态。
- 调度器总是在所有处于就绪态的任务中选择具有最高优先级的任务来执行。

这种类型的调度方案被称为"固定优先级抢占式调度"。所谓"固定优先级"是指每个任务都被赋予了一个优先级，这个优先级不能被内核本身改变（只能被任务修改）。如前所述，抢占式是指当任务进入就绪态或是优先级被改变时，如果处于运行态的任务优先级更低，则该任务总是抢占当前运行的任务。而在阻塞状态的任务可以等待一个事件，当事件发生时将任务自动回到就绪态，发生在某个特定的时刻的事件比如阻塞超时，通常称为时间事件，用于周期性或超时行为。任务或中断服务例程往队列发送消息或发送任务一种信号量的事件，都将触发同步事件。同步事件通常用于触发同步行为，比如某个外围设备的数据到达。

图 10.8 通过图示某个应用程序的执行流程展现了抢占式调度的行为方式。

图 10.8　执行流程中的主要抢占点

1）空闲任务

空闲任务具有最低优先级，所以每当有更高优先级任务处于就绪态时，空闲任务就会被抢占如图中 t3，t5 和 t9 时刻。

2）任务 3

任务 3 是一个事件驱动任务。其工作在一个相对较低的优先级，但优先级高于空闲任务。其大部分时间都在阻塞态等待其关心的事件。每当其关心的事件发生时其就从阻塞态转移到就绪态。FreeRTOS 中所有的任务间通信机制（队列、信号量等）都可以通过这种方式用于发送事件以及让任务解除阻塞。

事件在 t3、t5 以及 t9 至 t12 之间的某个时刻发生。发生在 t3 和 t5 时刻的事件可以立即被处理，这是由于这些时刻任务 3 在所有可运行任务中优先级最高。发生在 t9 至 t12 之间某个时刻的事件不会得到立即处理，需要一直等到 t12 时刻，这是由于具有更高优先级的任务 1 和任务 2 尚在运行中，只有到了 t12 时刻，这两个任务进入阻塞态，使得任务 3 成为具有最高优先级的就绪态任务。

3）任务 2

任务 2 是一个周期性任务，其优先级高于任务 3 并低于任务 1。根据周期间隔，任务 2 期望在 t1、t6 和 t9 时刻执行。在 t6 时刻任务 3 处于运行态，但是任务 2 相对具有更高的优先级，所以会抢占任务 3，并立即得到执行。任务 2 完成处理后，在 t7 时刻返回阻塞态。同时，任务 3 得以重新进入运行态，继续完成处理。任务 3 在 t8 时刻进入阻塞状态。

4）任务 1

任务 1 也是一个事件驱动任务。任务 1 在所有任务中具有最高优先级，因此可以抢占系统中的任何其他任务。在图 10.8 中可以看到，任务 1 的事件只是发生在 t10 时刻，此时任务 1 抢占了任务 2。只有当任务 1 在 t11 时刻再次进入阻塞态之后，任务 2 才得以机会继续完成处理。

除了上述的优先级抢占式调度算法外，FreeRTOS 同样支持协作式调度，采用一个纯粹的协作式调度器，只可能在运行态任务进入阻塞态或是运行态任务显式调用 taskYIELD()时，才会进行上下文切换。任务永远不会被抢占，而具有相同优先级的任务也不会自动共享处理器时间。协作式调度的这作工作方式虽然比较简单，但可能会导致系统响应不及时。

10.3.3　FreeRTOS 的任务管理

FreeRTOS 中提供多种管理任务的函数供开发者使用，可以对任务进行创建、删除。同时 FreeRTOS 将任务分为几种状态。

1. FreeRTOS 系统的任务创建和任务删除

1）FreeRTOS 系统下的任务创建

（1）当调用 xTaskCreate()函数创建一个新的任务时，FreeRTOS 首先为新任务分配所需的内存。

（2）若内存分配成功，则初始化 TCB（任务控制块）的任务名称、堆栈深度和任务优先级，然后根据堆栈的增长方向初始化任务控制块的堆栈。

（3）FreeRTOS 把当前创建的任务加入到就绪任务队列链表中。

（4）若当前此任务的优先级为最高，则把此优先级赋值给变量 ucTopReadyPriority。

（5）若任务调度程序已经运行且当前创建的任务优先级为最高，则进行任务切换。

2）FreeRTOS 系统下的任务删除

当用户调用 vTaskDelete()函数后，分两步进行删除。

（1）删除的第一步：FreeRTOS 先把要删除的任务从就绪任务链表和事件等待链表中删除，然后把此任务加入到任务删除链表。

（2）删除的第二步：释放该任务占用的内存空间，并把该任务从任务删除链表中删除，这样才彻底删除了这个任务。

（3）从 V9.0 版本开始，如果一个任务删除另外一个任务，被删除任务的堆栈和 TCB 立即释放。如果一个任务删除自己，则任务的堆栈和 TCB 将和上面所述一样，通过空闲任务删除。所以空闲任务开始就会检查是否有任务删除了自己，如果有，空闲任务负责删除这个任务的 TCB 和堆栈空间。

2. FreeRTOS 系统中任务状态

FreeRTOS 系统中任务状态如图 10.9 所示。

图 10.9　FreeRTOS 系统中任务状态图

在图 10.9 中，应用程序可以包含多个任务，每个任务的状态可分为：运行状态和非运行状态。在某一时刻，总是只有一个任务处于运行状态。当某个任务处于运行态时，处理器就正在执行它的代码。当一个任务处于非运行态时，该任务进行休眠，它的所有状态都被妥善保存，以便在下一次调试器决定让它进入运行态时可以恢复执行。具体包含以下 4 种状态：

（1）运行状态：当前被执行的任务处在此种状态，此任务占用处理器资源。

（2）就绪状态：就绪的任务是指不处在挂起或阻塞状态，已经可以运行，但是因为其他优先级更高（或相等）的任务正在"运行"，而没有运行的任务。

（3）阻塞，又称为等待状态：若任务在等待某些事件（如定时事件、同步事件）或资源（如 IO 资源等），则称此任务处于阻塞状态。

（4）挂起，又称为睡眠状态：处于挂起状态的任务对于调度器来说是不可见的，任务只是以代码的形式驻留在程序空间，但没有参与调度，任务挂起的唯一办法就是调用vTaskSuspend()函数，任务唤醒的唯一途径就是调用 vTaskResume()或 vTaskResumeFromSR()函数。

10.3.4　FreeRTOS 任务通信机制

在 FreeRTOS 操作系统中，任务间的通信都是基于队列实现。通过 FreeRTOS 提供的服务、任务或者中断服务子程序可以将一则消息放入队列中，实现任务之间以及任务与中断之间的消息传送。

（1）队列可以保存有限个具有确定长度的数据单元，通常情况下队列被作为 FIFO（先进先出）使用，即数据由队列尾写入，从队列首读出。

（2）队列是具有独立权限的内核对象，并不属于任何任务。

（3）所有任务都可以向同一个队列发送消息或读取消息。

（4）当队列在使用时，通过消息链表查询当前队列是否为空或满。

10.3.5　FreeRTOS 任务同步机制

在 FreeeRTOS 中可以采用二值信号量（Binary Semaphores）和计数信号量（Counting Semaphorea）进行任务之间的同步。

二值信号量在 FreeRTOS 中常常可以在某个特殊的中断发生时，让某项任务解除阻塞，相当于让任务与中断同步。这使得大部分的中断事件处理可以放入其同步事件，而在中断程序只是快速处理少部分工作。这常常被说成将中断处理的工作"推迟"（deferred）到一个"处理"（handler）任务。

如果某个中断处理请求特别紧急，可以将其处理（handler）任务的优先级设为最高，以保证推迟处理（handler）任务随时都抢占系统中的其他任务。这样可以使推迟处理任务成为其对应的 ISR 退出后第一个执行的任务，在时间上紧接着 ISR 执行，相当于所有的处理都在 ISR 中完成一样。

计数信号量，由于中断发生的频率相对较慢的情况下使用的时候是足够且有效的，但是如果在处理（handler）任务完成之前，此时如果还有中断事件发生，那么后续的中断事件将会丢失，此时如果使用计数信号量代替二值信号量，这种丢中断的情形将可以避免。可以将其看作是有多个数据单元的队列，当中断发生后队列中的一个空间将会被使用，其有效数据单元个数就是信号量的"计数（count）值"。

10.3.6　FreeRTOS 移植到微控制器方法

所谓移植，是指一个实时操作系统内核能够在对应的微处理器上运行。嵌入式操作系统的编写者无法一次性完成整个操作系统的所有代码，而必须把一部分与硬件平台相关的代码作为接口保留出来，让用户自行修改并将其移植到目标平台上。

FreeRTOS 的绝大多数代码用 C 语言编写，只有一小部分与具体编译器和 CPU 相关的代码需要开发人员用汇编语言完成，因此移植较为方便。FreeRTOS 的移植主要集中在两个文件里面：portmacro.h 和 port.c。

（1）portmacro.h 主要包含编译器相关的数据类型的定义、堆栈类型的定义以及几个宏定义和函数说明。

（2）port.c 中包含与移植有关的 C 函数，包括堆栈的初始化函数、任务调度器启动函数、临界区的进入与退出、时钟中断服务程序等。

此外，FreeRTOS 只是一个操作系统内核，需外扩第三方的 GUI（图形用户界面）、TCP/IP 协议栈、FS（文件系统）等才能实现一个较复杂的系统。

10.3.7　Amazon FreeRTOS

目前 FreeRTOS 内核已经是 Amazon Web Services（AWS）亚马逊计算服务平台的开源项目，并更名为 Amazon FreeRTOS，它是一款适用于微控制器的操作系统，以 FreeRTOS kerenel v10 为基础，并通过软件库对其进行扩展，从而使得小型低功耗设备安全连接到 AWS IoT Core 等 AWS 云服务或运行 AWS Greengrass 的功能更强大的边缘设备。其主要解决微控制器运行的操作系统往往没有支持连接到本地网络或云的内置功能，它提供核心操作系统运行边缘设备，并提供软件库支持连接到云，从而可以为 IoT 应用程序收集数据并执行操作。目前已有 Microchip、NXP Semiconductors、STMicroelectronics、Taxas Instruments 等大型芯片厂商提供的微控制器提供支持。

10.4　FreeRTOS 操作示例

本节通过 3 个简单的 FreeRTOS 示例程序的演示，向读者展示编写 RTOS 程序的基本流程，以及相关的库函数调用方法。

10.4.1　FreeRTOS 的任务创建及删除示例

本例主要介绍 FreeRTOS 中的任务创建和任务删除等库函数的使用，程序中有两个任务（TASK1\TASK2），在 main 函数和任务 1 中使用 xTaskCreate()分别创建 TASK1、TASK2，而 TASK2 的主要工作就是删除自身，并在 main()函数中使用 xTaskStart

Scheduler()启动内核的任务调度器，观察示例实验结果，了解 FreeRTOS 中的任务创建及删除库函数使用细节。

1. 库函数说明

1）函数：xTaskCreate()

BaseType_t xTaskCreate (TaskFunction_t pxTaskCode， const char * const pcName， const uint16_t usStackDepth， void * const pvParameters， UBaseType_t uxPriority， TaskHandle_t * const pxCreatedTask)		
功能描述		创建任务的一个实例，每个任务实例需要 RAM 资源来存储任务状态（任务控制块），内存区域将从 FreeRTOS 的堆中自动分配。刚创建的任务被初始化位就绪状态，并在没有更高优先级的任务时将转化为运行态，任务可创建在调度器开始之前或之后
参数描述	pvTaskCode	任务只是永不退出的 C 函数，实现通常是一个死循环，参数 pvTaskCode 是一个指向任务的实现函数的指针（效果上仅仅是函数名）
	pcName	具有描述性的任务名。这个参数不会被 FreeRTOS 使用。其单纯地用于辅助调试。识别一个具有可读性的名字总比通过句柄来识别容易得多
	usStackDepth	创建任务时，内核为其分配栈空间的容量。该参数的单位为字（4 字节），或此处为 20，则实际分配的堆栈空间 80 字节。这里需要注意的是栈深度乘以栈宽度的结果千万不能超过一个 size_t 类型变量所能表达的最大值。建议堆栈空间的大小应根据实际需求的预测并结合运行测试的结果来设置
	pvParameters	任务函数接收一个指向 void 的指针（void*），其值即将要传递到任务中的值
	uxPriority	任务执行的优先级。优先级的取值范围可以从最低优先级 0 到最高优先级（configMAX_PRIORITIES－1）
	pxCreatedTask	用于传出任务的句柄。这个句柄将在 API 调用中对该创建出来的任务进行引用，比如改变任务优先级，或者删除任务。如果应用程序中不会用到这个任务的句柄，则 pxCreatedTask 可以被设为 NULL
返回值	pdTRUE	表明任务创建成功
	ErrCOULD_NOT_ALLOCATE_REQUIRED_MEMORY	由于内存堆空间不足，FreeRTOS 无法分配足够的空间来保存任务结构数据和任务栈，因此无法创建任务

2）函数：xTaskDelete()

void vTaskDelete (TaskHandle_t xTaskToDelete)		
功能描述		删除一任务的一个实例，该实例是由 xTaskCreate()或 xTaskCreateStatic()创建。执行完任务删除函数后，被删除的任务无法在回到运行状态，且其内存空间由空闲任务在其运行状态下释放
参数描述	xTaskToDelete	指向将要被删除任务的句柄。如果该参数为 NULL 该函数调用将会删除它自身
返回值	无	

3）函数：xTaskStartScheduler()

void vTaskStartScheduler (void)	
功能描述	启动任务调度器，开始执行任务。开启任务调度器后将会使高优先级的任务进入运行状态
参数描述	无
返回值	无　注意：当调度器开始时，空闲任务才会被自动创建，只有当没有足够的 FreeRTOS 堆内存空间可供空闲任务使用时才会有返回值

4）函数：xTaskDelay()

void vTaskDelay (const TickType_t xTicksToDelay)		
功能描述	用于将任务进入阻塞态，并保持固定数量的节拍中断（tick interrupt）。调用的任务需要保持节拍中断的数量，之后才会返回就绪状态。比如，当节拍计数是 10000 时，任务调用 vTaskDelay（100），它会立即进入阻塞状态并保持阻塞状态，直到节拍计数到达 10100	
参数描述	xTicksToDelay	保持的节拍中断数量
返回值	无	

2. 示例代码

- 程序 1 主程序 main()创建任务 1 在优先级 1 上，并开启任务调度器。
- 程序 2 展现的是任务 1，任务 1 运行时，首先执行打印，再以优先级 2 创建任务 2，现在任务 2 具有最高优先级，所以会立即得到执行。
- 程序 3 展现的是任务 2，任务 2 执行完打印后，然后通过传递 NULL 值以 vTaskDelete()来删除自己。
- 当任务 2 被自己删除之后，任务 1 成为最高优先级的任务，所以继续执行，调用 vTaskDelay()阻塞一小段时间。当任务 1 进入阻塞状态后，空闲任务得到执行的机会，空闲任务会释放内核为已删除的任务 2 分配的内存。任务 1 离开阻塞态后，再一次成为就绪态中具有最高优先级的任务，因此会抢占空闲任务。又再一次创建任务 2，如此往复。

1）程序 1

```
/* FreeRTOS.org includes. */
#include "FreeRTOS.h"
#include "task.h"

/* Demo includes. */
#include "supporting_functions.h"

/* 两个任务函数。*/
void vTask1(void *pvParameters);
void vTask2(void *pvParameters);

/* 用于存放任务 2 的句柄。*/
TaskHandle_t xTask2Handle;
```

```
int main(void)
{
/* 创建优先级为 1 的任务 1 */
xTaskCreate(vTask1,"Task 1",1000,NULL,1,NULL);

/* 开启调度器并开始任务执行. */
vTaskStartScheduler();

/* 如果一切正常,main()函数不应该会执行到这里,但如果执行到这里,很可能是内存堆空间不足
   导致空闲任务和定时器任务(如果配置)无法创建。*/
for(;;);
return 0;
}
```

2）程序 2

```
void vTask1(void *pvParameters)
{
const TickType_t xDelay100ms = pdMS_TO_TICKS(100UL);
/*和大多数任务一样,该任务处于一个死循环中。*/
for(;;)
{
    /* Print out the name of this task. */
    vPrintString("Task1 is running\r\n");

    /* 创建任务 2 为最高优先级 */
    xTaskCreate(vTask2,"Task 2",1000,NULL,2,&xTask2Handle);
        /* The task handle is the last parameter ^^^^^^^^^^^^^^ */

    /* 因为任务 2 具有最高优先级,所以任务 1 运行到这里时,任务 2 已经完成任务,删除了自己。
    任务 1 得以执行,延迟 100ms */
    vTaskDelay(xDelay100ms);
}
}
```

3）程序 3

```
void vTask2(void *pvParameters)
{
/* 任务 2 什么也没做,只是删除自己。删除自己可以传入 NULL 值,这里为了演示,还是传入自己
   的句柄。*/
vPrintString("Task2 is running and about to delete itself\r\n");
vTaskDelete(xTask2Handle);
}
```

3. 运行结果

由图 10.10 运行结果可知开启调度器后任务 1 和任务 2 交替执行并打印相关结果。

```
Task1 is running
Task2 is running and about to delete itself
Task1 is running
Task2 is running and about to delete itself
Task1 is running
Task2 is running and about to delete itself
Task1 is running
Task2 is running and about to delete itself
Task1 is running
Task2 is running and about to delete itself
Task1 is running
Task2 is running and about to delete itself
Task1 is running
Task2 is running and about to delete itself
```

图 10.10　运行结果

4. 执行流程

空闲任务、任务一、任务二的执行时间和切换时间点见图 10.11。

图 10.11　执行流程

10.4.2　FreeRTOS 的任务通信示例

此例主要使用 FreeRTOS 中的实现任务通信所使用的库函数，例中首先创建一个可由多个任务读写的队列，然后创建了两个向队列写数据的任务以及一个从队列读数据的任务。其中这里可以设置写数据任务与读入数据任务具有不同优先级，并出现非常有趣的现象，读者可以仔细阅读程序代码并进行仿真编程，并观察示例结果，熟悉在 FreeRTOS 中通过队列实现任务通信编程方法。

1. 库函数说明

1）函数：xQueueCreate()

QueueHandle_t xQueueCreate (UBaseType_t uxQueueLength, UBaseType_t uxItemSize)

功能描述	创建一个新的队列并且返回 xQueueHandle 句柄以便于对其创建的队列进行引用。当创建队列时，FreeRTOS 从堆空间中分配内存空间，分配的空间用于存储队列数据结构本身以及队列中包含的数据单元。如果内存中没有足够的空间来创建队列，xQueueCreate()将返回 NULL	
参数描述	uxQueueLength	队列能够存储的最大单元数目，即队列深度
	uxItemSize	队列中存储的数据单元长度，以字节为单位
返回值	NULL	FreeRTOS 中没有足够的堆空间分配给队列数据结构和存储区域
	非 NULL 值	表示队列创建成功，返回值应当保存下来，以作为操作此队列的句柄

注意：队列常用于在任务之间和任务与中断之间传输数据。

2）函数：xQueueSendToBack()

BaseType_t xQueueSendToBack (QueueHandle_t xQueue, Const void * pvItemToQueue, TickType_t xTicksToWait);

功能描述	往一个队列的后部发送（写入）一个数据对象	
参数描述	xQueue	需要发送（写入）数据对象的句柄。这个队列句柄常用 xQueueCreate()创建
	pvItemToQueue	指向数据将要把数据复制到的队列指针
	xTicksToWait	阻塞超时时间。如果这个队列已经满了，这个时间即是任务处于阻塞态等待队列空间有效的最长等待时。这个时间特指节拍周期，这里可以用 pdMS_TO_TICKS()宏函数将一个以毫秒为单位的时间转化为节拍周期
返回值	pdPASS	说明数据已经成功发送到队列中。如果设定了阻塞超时时间（xTicksToWait 非 0），在函数返回之前任务将被转移到阻塞态以等待队列空间有效—在超时到来前能够将数据成功写入到队列，函数则会返回 pdPASS
	errQUEUE_FULL	如果由于队列已满而无法将数据写入，则函数将返回 errQUEUE_FULL。如果设定了阻塞超时时间（xTicksToWait 非 0），在函数返回之前任务将被转移到阻塞态以等待队列空间有效。但直到超时也没有其他任务或是中断服务例程读取队列而腾出空间，函数则会返回 errQUEUE_FULL

3）函数：xQueueReceive()

BaseType_t xQueueReceive (QueueHandle_t xQueue, void *pvBuffer, TickType_t xTicksToWait);		
功能描述	从队列中接收（读取）一个数据单元	
参数描述	xQueue	被读队列的句柄。这个句柄即是调用 xQueueCreate()创建该队列时的返回值
	pvBuffer	接收缓存指针。其指向一段内存区域，用于接收从队列中拷贝来的数据。数据单元的长度在创建队列时就已经被设定，所以该指针指向的内存区域大小应当足够保存一个数据单元
	xTicksToWait	阻塞超时时间。如果在接收时队列为空，则这个时间是任务处于阻塞状态以等待队列数据有效的最长等待时间。 如果 xTicksToWait 设为 0，并且队列为空，则 xQueueRecieve()与 xQueuePeek()均会立即返回。这里的阻塞时间与 xQueueCreate()一样是以节拍周期为单位，可以用 pdMS_TO_TICKS()宏函数来转换
返回值	pdPASS	说明数据单元成功地从队列中读取到。 如果设定了阻塞超时时间（xTicksToWait 非 0），在函数返回之前任务将被转移到阻塞态以等待队列数据有效—在超时到来前能够从队列中成功读取数据，函数则会返回 pdPASS
	errQUEUE_EMPTY	如果因为队列已空，无法从队列读出数据，则函数将返回 errQUEUE_EMPTY。 如果设定了阻塞超时时间（xTicksToWait 非 0），在调用的任务将被转移到阻塞态以等待队列有数据。但直到超时也没有其他任务或是中断服务例程发送数据到队列，函数则会返回 errQUEUE_FULL

4）函数：uxQueueMessagesWaiting()

UBaseType_t uxQueueMessagesWaiting (const QueueHandle_t xQueue);		
功能描述	查询队列里已有的数据单元的数量	
参数描述	xQueue	被查询队列的句柄。这个句柄即是调用 xQueueCreate()创建该队列时的返回值
返回值	UBaseType_t	调用该函数时，返回 xQueue 队列的数据单元的数量，返回 0 表明队列为空

2. 示例代码

本例示范创建一个队列，由多个任务往队列中写数据，以及从队列中把数据读出。这个队列创建出来保存 int32_t 类型数据单元。往队列中写数据的任务没有设定阻塞超时时间，而读队列的任务设定了超时时间。往队列中写数据的任务的优先级低于读队列任务的优先级。这意味着队列中永远不会保持超过一个的数据单元。因为一旦有数据被写入队列，读队列任务立即解除阻塞，抢占写队列任务，并从队列中接收数据，同时数据从队列中删除队列即再一次变为空队列。

- 程序 1 展现了写队列任务的代码实现。该任务被创建了两个实例，一个不停地往队列中写数值 100，而另一个实例不停地往队列中写入数值 200。任务的入口参数被用来为每个实例传递各自的写入值。
- 程序 2 展现了读队列任务的代码实现。读队列任务设定了 100 毫秒的阻塞超时时间，所以会进入阻塞态以等待队列数据有效。一旦队列中数据单元有效，或者即使队列数据无效但等待时间未超过 100 毫秒，此任务将会解除阻塞。在本例中，将永远不会出现 100 毫秒超时，因为有两个任务在不停地往队列中写数据。

- 程序 3 包含了 main()函数的实现。其在启动调度器之前创建了 1 个队列和 3 个任务。尽管对任务的优先级的设计使得队列实际上在任何时候都不可能多于一个数据单元，本例代码还是创建了一个可以保存最多 5 个 int32_t 型值的队列。

1) 程序 1

```
static void vSenderTask(void *pvParameters)
{
int32_t lValueToSend;
BaseType_t xStatus;

/*该任务会被创建两个实例,所以写入队列的值通过任务入口参数传递 - 这种方式使得每个实例使
  用不同的值。队列创建时指定其数据单元为 int32_t 型,所以把入口参数强制转换为数据单元要
  求的类型*/
lValueToSend =(int32_t)pvParameters;

/* 和大多数任务一样,本任务也处于一个死循环中*/
for(;;)
{
    /*往队列发送数据
第一个参数是要写入的队列。队列在调度器启动之前就被创建了,所以先于此任务执行。
第二个参数是被发送数据的地址,本例中即变量 lValueToSend 的地址。
第三个参数是阻塞超时时间 - 当队列满时,任务转入阻塞状态以等待队列空间有效。本例中没有设定
超时时间,因为此队列决不会保持有超过一个数据单元的机会,所以也决不会满。*/
    xStatus = xQueueSendToBack(xQueue,&lValueToSend,0);

    if(xStatus!=pdPASS)
    {
        /*发送操作由于队列满而无法完成——这必然存在错误,因为本例中的队列不可能满。*/
        vPrintString("Could not send to the queue.\r\n");
    }
}
}
```

2) 程序 2

```
static void vReceiverTask(void *pvParameters)
{
/*声明用于保存从队列中接收到数据的变量。*/
int32_t lReceivedValue;
BaseType_t xStatus;
const TickType_t xTicksToWait = pdMS_TO_TICKS(100UL);

 /*本任务依然处于死循环中。*/
```

```
for(;;)
{
    /*此调用会发现队列一直为空,因为本任务将立即删除刚写入队列的数据单元。*/
    if(xQueueMessagesWaiting(xQueue) != 0)
    {
        vPrintString("Queue should have been empty!\r\n");
    }

    /*从队列中接收数据
```

第一个参数是被读取的队列。队列在调度器启动之前就被创建了,所以先于此任务执行。
第二个参数是保存接收到的数据的缓冲区地址,本例中即变量 lReceivedValue 的地址。此变量类型与队列数据单元类型相同,所以有足够的大小来存储接收到的数据。
第三个参数是阻塞超时时间 - 当队列空时,任务转入阻塞状态以等待队列数据有效。本例中使用 pdMS_TO_TICKS 宏函数用来将 100 毫秒绝对时间转换为以节拍周期为单位的时间值。*/

```
    xStatus = xQueueReceive(xQueue,&lReceivedValue,xTicksToWait);

    if(xStatus == pdPASS)
    {
        /*成功地从队列中读出数据,并打印出来接收的值*/
        vPrintStringAndNumber("Received = ", lReceivedValue);
    }
    else
    {
        /*等待 100 毫秒也没有接收到任何数据则必然存在错误,因为发送任务在不停地往队列
        中写入数据。*/
        vPrintString("Could not receive from the queue.\r\n");
    }
}
}
```

3）程序 3

```
/* FreeRTOS.org includes. */
#include "FreeRTOS.h"
#include "task.h"
#include "queue.h"

/* Demo includes. */
#include "supporting_functions.h"

/*两个任务被创建。两个发送任务的实例被创建且只有参数不同和一个接收任务的实例被创建*/
static void vSenderTask(void *pvParameters);
static void vReceiverTask(void *pvParameters);

/*声明一个类型为 xQueueHandle 的变量。其用于保存队列句柄,以便三个任务都可以引用此队列*/
QueueHandle_t xQueue;
int main(void)
{
    /*创建的队列用于保存最多 5 个值,每个数据单元都有足够的空间来存储一个 int32_t 型变量*/
```

```
    xQueue = xQueueCreate(5, sizeof(int32_t));

if(xQueue != NULL )
{
    /*创建两个写队列任务实例,任务入口参数用于传递发送到队列的值。所以一个实例不停地往
      队列发送100,而另一个任务实例不停地往队列发送200。两个任务的优先级都设为1。*/

    xTaskCreate(vSenderTask,"Sender1",1000,(void *) 100,1, NULL);
    xTaskCreate(vSenderTask,"Sender2",1000,(void *) 200,1,NULL);

    /*创建一个读队列任务实例。其优先级设为2,高于写任务优先级*/
    xTaskCreate(vReceiverTask,"Receiver",1000,NULL,2,NULL);

    /*启动调度器,任务开始执行*/
    vTaskStartScheduler();
}
else
{
    /* 队列创建失败*/
}

/*如果一切正常,main()函数不应该会执行到这里。但如果执行到这里,很可能是内存堆空间不足
  导致空闲任务无法创建。 */
for(;;);
return 0;
}
```

3. 运行结果

由图 10.12 运行结果可知接收任务实例交替的接收到两个发送任务实例发送过来的数据 100 和 200,两个发送任务实例交替执行并发送数据 100 和 200 进入队列。

图 10.12 运行结果

4. 执行流程

接收者、发送者一、发送者二的切换时间和切换时间点见图 10.13。

1. 接收者由于具有最高权限所以首先运行，它尝试读取队列。此时队列为空所以接收者进入阻塞状态以等待可使用的数据。在接收者阻塞时发送者二执行。

3. 接收者清空队列然后再一次进入阻塞状态。在接收者进入阻塞状态后发送者一开始运行。

2. 发送者二向队列发送数据，使得接收者离开阻塞状态，接收者有最高优先级，所以抢占发送者二。

4. 发送者一向队列发送数据，以使得接收者退出阻塞状态并阻塞发送者一，然后继续重复执行。

图 10.13　执行流程

10.4.3　FreeRTOS 的任务同步（二进制信号量）示例

在此例中介绍 FreeRTOS 中的任务同步所使用的库函数，例中我们采用二进制信号量进行同步，可以在某个特殊中断发生时，在终端中使某一特定任务解除阻塞，相当于使任务与中断同步，在中断的同步任务完成中断事件处理量较大的工作，而在中断服务例程中只是处理少部分工作。通过本示例还可以了解 FreeRTOS 中的中断程序的安装，观察其实验结果，理解 FreeRTOS 中如何使用二进制信号量实现任务与中断同步的方法。

1. 库函数说明

1）函数：xSemaphoreCreateBinary()

SemaphoreHandle_t xSemaphoreCreateBinary (void);		
功能描述	创建一个二进制信号量，并返回一个指向这个信号量的指针。 每一个信号量信号量需要一小部分内存，用来存储信号量状态	
参数描述	无	
返回值	NULL	FreeRTOS 中没有足够的堆空间去创建给信号量的数据结构
	非 NULL 值：	表示信号量创建成功，返回值应当保存下来，以作为操作此信号量的句柄

注意：二进制信号量常用作任务与任务、任务与中断之间的同步。

2）函数：xSemaphoreTake()

BaseType_t xSemaphoreTake (SemaphoreHandle_t xSemaphore, TickType_t xTicksToWait);		
功能描述	"带走（Takes）"或者"获得（Obtians）"一个之前已由 xSemaphoreCreateBinary()创建的二进制信号量	
参数描述	xSemaphore	获取得到的信号量，信号量由定义为 xSemaphoreHandle 类型的变量引用。信号量在使用前必须先创建
	xTicksToWait	阻塞超时时间，任务进入阻塞态以等待信号量有效的最长时间。如果 xTicksToWait 为 0，则 xSemaphoreTake()在信号量无效时会立即返回。这个时间特指节拍周期，这里可以用 pdMS_TO_TICKS()宏函数将一个以毫秒为单位的时间转化为节拍周期
返回值	pdPASS	只有一种情况会返回 pdPASS，那就是调用此函数成功获得二进制信号量。如果设定了阻塞超时时间（xTicksToWait 非 0），在函数返回之前任务将被转移到阻塞态以等待信号量有效。如果在超时到来之前信号量变为有效，亦可被成功获取，返回 pdPASS
	pdFAIL	此次调用无法成功获取该信号量。如果设定了阻塞超时时间（xTicksToWait 非 0），在函数返回之前任务将被转移到阻塞态以等待信号量有效。但直到超时信号量也没有变为有效，所以不会获得信号量，返回 pdFALSE

　　注意：除互斥信号量（Recursive Semaphore，直译为递归信号量，按通常的说法译为互斥信号量）外，所有类型的信号量都可以调用函数 xSemaphoreTake()来获取，但 xSemaphoreTake()不能在中断服务例程中调用。xSemaphoreTake()必须在正在执行的任务中调用，所以其不能在调度器处于初始状态即调度器还未开始之前使用。

3）函数：xSemaphoreGiveFromISR()

BaseType_t xSemaphoreGiveFromISR (SemaphoreHandle_t xSemaphore, BaseType_t *pxHigherPriorityTaskWoken);		
功能描述	"给出"信号量，该函数可以使用于中断处理程序中	
参数描述	xSemaphore	给出的信号量，信号量由定义为 xSemaphoreHandle 类型的变量，引用信号量在使用前必须先创建
	pxHigherPriorityT-askWoken	对某个信号量而言，可能有不止一个任务处于阻塞态在等待其有效。调用 xSemaphoreGiveFromISR()会让信号量变为有效，所以会让其中一个等待任务切出阻塞态。如果调用 xSemaphoreGiveFromISR()使得一个任务解除阻塞，并且这个任务的优先级高于当前任务（也就是被中断的任务），那么 xSemaphoreGiveFromISR() 会在函数内部将 *pxHigher-PriorityTaskWoken 设为 pdTRUE。如果 xSemaphoreGiveFromISR()将此值设为 pdTRUE，则在中断退出前应当进行一次上下文切换。这样才能保证中断直接返回到就绪态任务中优先级最高的任务中
返回值	pdPASS	说明 xSemaphoreGiveFromISR()调用成功
	pdFAIL	如果信号量已经有效，无法给出，则返回 pdFAIL

2. 示例代码

● 程序 1 展现了一个简单的周期性任务用于每隔 500 毫秒产生一个软件中断，之所以采用软件中断，是因为在模拟的 DOS 环境中，很难挂接一个真正的 IRQ 中断。相比之下，使用软件中断要方便得多。需要说明的是，此任务在产生中断之前和之后都会打印输出一个字符串，这样就可以在最终的执行结果中直观地看出整个程序的执行流程。

- 程序 2 展现了展现的是"延迟"（deffered）处理任务的具体实现，即此任务通过使用二值信号量与软件中断进行同步。这个任务也在每次循环中打印输出一个信息，这样做的目的同样是可以在程序的执行输出结果中直观地看出任务与中断的执行流程。

- 程序 3 展现的是中断服务例程，这才是真正的中断处理程序。这段代码做的事情非常少，仅仅是给出一个信号量，以让延迟处理任务解除阻塞。注意这里是如何使用参数 xHigherPriorityTaskWoken 的。这个参数在调用 xSemaphoreGiveFromISR()前被设置为 pdFALSE，如果在调用完成后被置为 pdTRUE，则需要进行一次上下文切换。

- 程序 4 是 main()函数，创建二进制信号量及任务，并安装中断服务例程，然后启动调度器。

1）程序 1

```
static void vPeriodicTask(void *pvParameters)
{
const TickType_t xDelay500ms = pdMS_TO_TICKS(500UL );
/*像大部分任务,这个任务也是在一个无限循环中实现。*/
for(;;)
{
    /*此任务通过每 500 毫秒产生一个软件中断来"模拟"中断事件*/
    vTaskDelay(xDelay500ms);

    /*产生中断,并在产生之前和之后输出信息,以便在执行结果中直观直出执行流程*/
    vPrintString("Periodic task - About to generate an interrupt.\r\n");
    /*这条语句产生中断*/
    vPortGenerateSimulatedInterrupt(mainINTERRUPT_NUMBER);
    vPrintString("Periodic task - Interrupt generated.\r\n\r\n\r\n");
}
}
```

2）程序 2

```
static void vHandlerTask(void *pvParameters)
{
/* As per most tasks,this task is implemented within an infinite loop. */
/*像大部分任务,这个任务也是在一个无限循环中实现。*/
for(;;)
{
    /*使用信号量等待一个事件。信号量在调度器启动之前,即此任务执行之前就已被创建。任
      务被无超时阻塞,所以此函数调用也只会在成功获取信号量之后才会返回。此处也没有必
      要检测返回值*/
    xSemaphoreTake(xBinarySemaphore,portMAX_DELAY);

    /*程序运行到这里时,事件必然已经发生。本例的事件处理只是简单地打印输出一个信息*/
```

```
        vPrintString("Handler task - Processing event.\r\n");
    }
}
```

3）程序 3

```
static uint32_t ulExampleInterruptHandler(void)
{
BaseType_t xHigherPriorityTaskWoken;
```

/* 参数 xHigherPriorityTaskWoken 必须被初始化为 pdFALSE,如果需要上下文切换,这个值
将会在中断安全 API 函数中设为 pdTRUE。 */

```
xHigherPriorityTaskWoken = pdFALSE;
```

/* "给出"这个信号量解除这个任务的阻塞*/

```
xSemaphoreGiveFromISR(xBinarySemaphore,&xHigherPriorityTaskWoken);
```

/*传递参数 xHigherPriorityTaskWoken 的值到 portYIELD_FROM_ISR(),如果 xHigher
PriorityTaskWoken 为 pdTRUE,则会调用 portYIELD_FROM_ISR()将会执行上下文切换。
如果 xHigherPriorityTaskWoken 是 pdFALSE 那么调用 portYIELD_FROM_ISR()将会无
效。portYIELD_FROM_ISR()的实现被用于 Windows 移植包括返回语句,这就是为什么该函数
不明确返回一个值。*/

```
portYIELD_FROM_ISR(xHigherPriorityTaskWoken);
}
```

4）程序 4

```
    /* FreeRTOS.org includes. */
#include "FreeRTOS.h"
#include "task.h"
#include "semphr.h"

#include "supporting_functions.h"
```

/* 此例中同步中断的数量。序号 0 至 2 的中断是由 FreeRTOS Windows 移植自己使用,所以对
于该应用程序而言,序号 3 是第一个可以使用的序号*/

```
#define mainINTERRUPT_NUMBER     3

    /* The tasks to be created. *    //*创建任务*/
static void vHandlerTask(void *pvParameters);
static void vPeriodicTask(void *pvParameters);
```

/* 对于同步中断的服务程序,这个中断将会与这个任务同步*/

```
static uint32_t ulExampleInterruptHandler(void);
```

/*声明一个二进制信号量 */

```
SemaphoreHandle_t xBinarySemaphore;

int main(void)
{
```

/*信号量在使用前都必须先创建,本例中创建了一个二值信号量.*/

```
    xBinarySemaphore = xSemaphoreCreateBinary();
```

```
/* 检查信号量是否创建成功*/
if(xBinarySemaphore != NULL)
{
    /*创建延迟处理任务。此任务将与中断同步。延迟处理任务在创建时使用了一个较高的优先
      级,以保证中断退出后会被立即执行。在本例中,为延迟处理任务赋予优先级 3 */
    xTaskCreate(vHandlerTask,"Handler",1000,NULL,3,NULL);

    /*创建一个任务用于周期性产生软件中断。此任务的优先级低于延迟处理任务。每当延迟处
      理任务切出阻塞态,就会抢占周期任务 */
    xTaskCreate(vPeriodicTask,"Periodic",1000,NULL,1,NULL);

    /*对于该软件中断安装处理程序, */

    vPortSetInterruptHandler(mainINTERRUPT_NUMBER,
    ulExampleInterruptHandler );

    /* 启动调度器,所已创建的任务开始执行*/
    vTaskStartScheduler();
}

/*如果一切正常,main()函数不会执行到这里,因为调度器已经开始运行任务。但如果程序运行到了
  这里,很可能是由于系统内存不足而无法创建空闲任务。第 5 章会提供更多关于内存管理的信息*/
for( ;; );
return 0;
}
```

3. 运行结果

由图 10.14 运行结果可知周期性任务经过创建后,首先打印,再周期性产生中断,然后系统调用中断处理任务,中断处理任务执行完打印后退出,之后周期性任务再一次执行打印。

图 10.14　运行结果

4. 执行流程

中断任务中断服务程序,周期性任务和空间任务的执行时间和切换时间点见

图 10.15。

2. 周期性任务首先打印输出信息然后强制产生一个中断，中断服务程序立即得到执行。

3. 中断服务程序"给出"信号量，使得vHandlerTask()解除阻塞。中断服务程序然后跳到vHandlerTask()，因为该任务是就绪态中具有最高权限。vHandlerTask() 打印信息，再进入阻塞态以等待下一个中断。

1. 大部分时间执行空闲任务，周期性任务每500毫秒阻塞空闲任务。

4. 周期性任务再一次以最高权限执行，它打印第二条语句，然后进入阻塞状态等待下一个周期运行，进入阻塞状态后空闲任务得以运行。

图 10.15　执行流程

10.4.4　基于 FreeRTOS MSP32 的闪灯示例

本示例主要使用 FreeRTOS 中的库函数在 MSP432 的硬件平台上实现简单的闪灯实验，例中首先主要利用 FreeRTOS 的软件定时器（类似硬件定时器的功能）实现 LED1 和 RGB LED2 以不同的频率闪烁，软件定时器使用 FreeRTOS 的特性使用实现硬件定时器功能，由于其定时功能基于系统节拍周期，所以在使用时，定时器的回调函数中建议不要使用类似 vTaskDelay()，vTaskDelayUntil() 的函数来阻塞此任务，因为这几个函数都使用参考 MSP432 软硬件开发环境。本示例使用 Keil uVision 5 IDE 开发环境，不知道如何安装此开发环境的读者可以参考附录安装，请仔细阅读程序代码并进行编程，同时观察实验现象。本示例旨在让读者熟悉在 Keil uVision 5 IDE 开发环境并学会使用 FreeRTOS 系统进行开发编程。

1. 库函数说明

1）函数：xTimerCreate()

TimerHandle_t xTimerCreate (const char * const pcTimerName, const TickType_t xTimerPeriod, const UBaseType_t uxAutoReload, void * const pvTimerID, TimerCallbackFunction_t pxCallbackFunction);		
功能描述	创建一个软件定时器实例并且返回这个定时的句柄	
参数描述	pcTimerName	此定时器的文本名字仅有助于 debug 程序时
	xTimerPeriod	以系统节拍周期为单位指明定时器所需定时的时间，使用时可以使用内置宏 pdMS_TO_TICK() 将毫秒转换成系统节拍周期
	uxAutoReload	若为 pdTRUE 指明定时器耗尽后将会自动重新计时，若为 pdFALSE 时，定时器讲仅定时一次，当定时器耗尽后不会再一次定时

参数描述	pvTimerID	定时器标记，可以使用系统函数 vTimerSetTimerID()和 pvTiemrGet TimerID()设置和获取此参数
	pxCallbackFunction	回调函数句柄，即定时器定时耗尽后将自动调用回调函数
返回值	0 或 NULL	定时器创建失败
	非 NULL 值：	定时器创建成功

2）函数：xTimerStart()

BaseType_t xTimerStart (TimerHandle_t xTimer, TickType_t xBlockTimer);	
功能描述	创建一个软件定时器实例并且返回这个定时的句柄
参数描述	xTimer	需要开始或重新开始的定时器句柄
	xBlockTimer	需要将定时器阻塞的系统节拍周期
返回值	pdPASS	定时器开启成功
	pdFAIL	定时器开启失败

2. 示例代码

在使用 FreeRTOS 的软件定时器功能时，要在 FreeRTOSConfig.h 中的 configUSE_TIMERS 设置为 1 以示开启定时器功能，同样可以设置 configTIMER_TASK_PRIORITY 来设定定时器的优先级，设置 configTIMER_QUEUE_LENGTH 来指明定时器队列的长度，设置 configTIMER_TASK_STACK_DEPTH 指明定时器任务所使用的栈的深度。

程序 1 配置了 LED1 和 RGB LED2 的端口并实现了 LED1 和 LED2 分别以 1s 和 2s 的频率实现闪灯。

1）程序 1

```
/* 标准头文件 */
#include <stdio.h>

/* 内核头文件*/
#include "FreeRTOS.h"
#include "task.h"
#include "timers.h"

/*设置硬件运行此程序*/
static void prvSetupHardware(void);
static void LED1(void *pvParameters);
static void LED2(void *pvParameters);
static void prvConfigureClocks(void);
void CALLBACK_LED(TimerHandle_t xTimer )//回调函数
    {
 uint32_t ulTimerID;
    configASSERT(xTimer);
    ulTimerID =(uint32_t)pvTimerGetTimerID(xTimer);//获取 TimerID 以判断哪个
                                    定时器进入回调函数
```

```
    switch(ulTimerID)
        {
        case 0://LED1 闪灯操作
                GPIO_toggleOutputOnPin(GPIO_PORT_P1,GPIO_PIN0);
                for(int i=0;i<10000;i++);//足够的空循环以明显可见 LED 亮灭
                GPIO_toggleOutputOnPin(GPIO_PORT_P1,GPIO_PIN0);
            break;
        case 1://LED2 闪灯操作
                GPIO_toggleOutputOnPin(GPIO_PORT_P2,GPIO_PIN2);
                for (int i=0;i<10000;i++) ;
                GPIO_toggleOutputOnPin(GPIO_PORT_P2,GPIO_PIN2);
        break;
        }
        }
  int main(void)
  {
  /* Prepare the hardware to run this demo. */
  prvSetupHardware();
  prvConfigureClocks();//config clock
  //创建两个定时器
      TimerHandle_t    LED1_Timers;
  LED1_Timers=xTimerCreate("Timer1",(pdMS_TO_TICKS(1000UL)),pdTRUE,(void*)
0,ALLBACK_LED);//1s
  TimerHandle_t LED2_Timers;
  LED2_Timers=xTimerCreate("Timer2",(pdMS_TO_TICKS(2000UL)),pdTRUE,(void*)
1, CALLBACK_LED);//2s
      /* Start the tasks and timer running. */
  if(LED2_Timers==NULL||LED1_Timers==NULL)
  {
      //error
  }else
  {
     if((xTimerStart(LED1_Timers,0)!=pdPASS)||(xTimerStart(LED2_Timers,0)!
       =pdPASS))
      {
      /* The timer1 or timer2 could not be set into the Active state. */
      }
  }
  vTaskStartScheduler();
  return 0;
  }

  static void prvSetupHardware(void)
  {
  extern void FPU_enableModule(void);

  /* 停止看门狗定时器*/
  MAP_WDT_A_holdTimer();

  /* 使能 FPU */
```

```
    FPU_enableModule();

    /* 选择 P1.2 和 P1.3 为 UART 模式并选择 P1.0 P2.0 作为输出 (LED\RGB LED 蓝)*/
    MAP_GPIO_setAsPeripheralModuleFunctionInputPin(GPIO_PORT_P1,GPIO_PIN2|GP
IO_PIN3,GPIO_PRIMARY_MODULE_FUNCTION);
    MAP_GPIO_setOutputLowOnPin(GPIO_PORT_P1,GPIO_PIN0);
    MAP_GPIO_setAsOutputPin(GPIO_PORT_P1,GPIO_PIN0);
    MAP_GPIO_setOutputLowOnPin(GPIO_PORT_P2,GPIO_PIN2);
    MAP_GPIO_setAsOutputPin(GPIO_PORT_P2,GPIO_PIN2);

}

void vApplicationMallocFailedHook(void)
{
 for(;;);
}

void vApplicationIdleHook(void)
{
}

void vApplicationStackOverflowHook(TaskHandle_t pxTask,char *pcTaskName)
{
 (void) pcTaskName;
 (void) pxTask;

 taskDISABLE_INTERRUPTS();
 for(;;);
}

void *malloc(size_t xSize )
{
 Interrupt_disableMaster();
 for(;;);
}
//配置各个外设时钟
static void prvConfigureClocks(void)) //configure the clock in the main()
{
/*所有的示例都将时钟配置成最大的频率,然而此闪灯示例使用更低的时钟频率*/
 /* The full demo configures the clocks for maximum frequency,wheras this
 blinky demo uses a slower clock as it also uses low power features.

 From the datasheet: For AM_LDO_VCORE0 and AM_DCDC_VCORE0 modes,the maximum
 CPU operating frequency is 24 MHz and maximum input clock frequency for
 peripherals is 12 MHz. */
/*从 datasheet 中可以了解,对于 AM_LDO_VCDREO 和 AM_DCDC_UCOREO 模式最大的 CPU 频率
是 24MHz, 并且对于外设最大的输入时钟频率为 12MHz*/
 FlashCtl_setWaitState(Flash_BANK0,2);
 FlashCtl_setWaitState(Flash_BANK1,2);
 CS_setDCOCenteredFrequency(CS_DCO_FREQUENCY_3);
```

```
   CS_initClockSignal(CS_HSMCLK,CS_DCOCLK_SELECT,CS_CLOCK_DIVIDER_1);
   CS_initClockSignal(CS_SMCLK,CS_DCOCLK_SELECT,CS_CLOCK_DIVIDER_1);
   CS_initClockSignal(CS_MCLK,CS_DCOCLK_SELECT,CS_CLOCK_DIVIDER_1);
   CS_initClockSignal(CS_ACLK,CS_REFOCLK_SELECT,CS_CLOCK_DIVIDER_1);
   /* The lower frequency allows the use of CVORE level 0. *///*更低的频率允许
CUORE Level0 的使用*/
   PCM_setCoreVoltageLevel(CM_VCORE0);
   }
```

3. 运行结果

使用 Keil 打开源码目录：FreeRTOSv9.0.0\FreeRTOS\Demo\CORTEX_M4F_MSP432_ LaunchPad_IAR_CCS_Keil\目录下的 RTOSDemo.uvprojx 文件，将程序写至 main.c 中，并在 FreeRTOSConfig.h 中配置相关参数，使用 Keil IDE 编译代码前需要下载相关的 MSP432 package 并且将编译工具改成 XDS 110 即可编译下载。观察现象 LED1 每隔 1s 闪烁，RGB LED2 蓝灯每隔 2s 闪烁。

10.5 习题

（1）嵌入式实时操作系统 RTOS 的主要特点是什么？

（2）嵌入式系统常用软件设计方法有哪些？

（3）裸机系统软件由哪些部分组成？它们之间的关系是什么？

（4）常见的 RTOS 有哪些？这几种常用的嵌入式操作系统的特点是什么？常用在什么场合？

（5）RTOS 任务之间的通信方式有哪几种？每一种方式的特点是什么？

（6）RTOS 任务之间的同步方式有哪几种？每一种方式的特点是什么？

（7）非实时系统与实时系统有什么本质的区别？什么情况下应该使用实时操作系统？

（8）FreeRTOS 的内核包括哪几部分？调度策略是什么？

（9）时钟中断在 FreeRTOS 作用是什么？试说明其工作原理。

（10）FreeRTOS 的移植需要考虑哪几方面的问题？尝试将最新版本的 FreeRTOS 移植到 MSP432 开发板上。

（11）试在 MSP432 开发板上，使用 FreeRTOS，合理使用按键、LED 指示灯、LCD、温度传感器的硬件资源，设计开发一个多任务的实验例程。

（12）选择一种熟悉的嵌入式操作系统，要求使用嵌入式操作系统常用的系统调用，写一个嵌入式应用软件的框架。

第 11 章　嵌入式系统与物联网

信息社会已经从互联网、移动互联网步入到物联网（Internet of Things，IoT）时代，在未来几年中，将有几百亿的"物"设备接入到 Internet。这些"物"，绝大部分都是各种嵌入式系统设备。将传统的嵌入式系统接入到互联网，不仅拓展了嵌入式系统的功能及应用范围，而且可以为大数据、人工智能等提供坚实的基础。物联网给嵌入式系统带来了巨大的发展空间，同时也对嵌入式系统开发人员提出了更高的要求，需要了解和掌握更多的知识和技术。本章将介绍物联网的相关技术和协议，并结合 AliOS Things 和阿里 IoT 平台，介绍一个基于 MSP432 微控制器和 Wi-Fi 连接的物联网应用示例。

11.1　物联网概述

比尔·盖茨在其 1995 年出版的《未来之路》一书中就曾提出过物联网的雏形，即"物-物"相联的思想。经过几年的技术发展，国际上在 1999 年将物联网定义为：物联网是通过各种信息传感设备（如 RFID、红外感应器、定位系统、扫描器等），按约定的协议把"物"与互联网连接，进行信息交换和通信，以实现对"物"的智能化识别、定位、跟踪、监控和管理的一种网络。简而言之，物联网就是"物-物相连的互联网"。

物联网发展至今已经不仅仅局限于上述概念，新的物联网的定义对物联网的概念进行了扩展，国际电信联盟（国际电联）公布的 2005 年年度报告——《The Internet of things》中正式将"物联网"称为"the Internet of Things"，报告对物联网概念进行了扩展，提出了任何时刻、任何地点、任意物体之间互联（Any Time、Any Place、Any Things Connection），无所不在的网络（Ubiquitous Networks）和无所不在的计算（Ubiquitous Computing）的发展愿景。

物联网从技术上可理解为，物理系统通过一些智能感应装置，将采集到的信息经过网络传输到指定的信息处理中心，实现人与物、物与物之间的自动化信息交互、处理的智能网络。从应用上可理解为物联网把世界上所有的物体都联接到一个网络中，与现有的互联网结合，实现人类社会与物理系统的整合，达到用更加精细并且动态的方法管理生产和生活。

通过充分应用 RFID、传感器、无线通信和云计算等技术，物联网可以应用在社会生产生活的各个方面。物联网在钢铁冶金、石油化工、机械装备制造和物流等领域的应用已经比较普遍。物联网还可以应用在农业资源和生态环境监测、农业生产精细化管理、农产品储运等环节，如采用先进的联网传感节点技术，开展食品安全溯源体系建设，每年可以节省大量的清仓查库费用，并减少粮食损耗。在智能家居方面，联网的智能床垫、智能监测报警器、智能家电等已开始推广，手机 App 可操控各类设备，云端可收集各种数据进行大数据分析，提供更智能的服务和更好的用户体验。总体而言，在物联网应用方面，目前中国是引领世界的。

11.1.1　技术及应用框架

物联网是传感、通信、自动控制、计算机等不同领域跨学科综合应用的产物，其核心技术非常多，从传感器到通信网络、从嵌入式微处理节点到计算机软件系统。但从物联网的整体架构上来说，可以大致分成三层，分别是感知层、网络层、应用层，如图 11.1 所示。

图 11.1　物联网技术架构

1. 感知层

感知层是整个架构的基础，并且通过传感网络将物品的信息接入到网络层。这一层由局域的及传感器网络组成，该层的主要功能是实现信息的采集、转换及收集。传感器用来进行数据采集并实现控制，而传感网络一般是由使用传感器的设备（通常是 MCU 系统）组成的无线自治网络，其中每个传感器节点都具有传感器、微处理器以及通信单元，节点之间相互通信、共同协作来监测各种物理量和事件。因此，这一层的关键技术由传感器技术以及传感器之间的通信技术组成。

2. 网络层

网络层是中间层，由各种私有网络、互联网、有线和无线通信网、网络管理系统等组成。该层的主要功能就是负责传递和处理感知层获取的信息，从而实现更加广泛的互联功能，把感知到的信息无障碍并且安全可靠地进行传送。网络层由接入单元和网络单元组成。接入单元从感知层获取数据并将数据发送到网络单元，是连接感知层的网桥。网络单元可以利用现有的通信网络，通过通信网络可以最终将数据传入互联网。由此可知，目前的物联网需要通信网络作为其重要组成部分，其中通信运营商也将扮演关键的角色，发挥重要的作用。

3. 应用层

应用层是整个物联网架构的最上层，主要完成数据的管理和处理，以及相关的业务逻辑。应用层包括用于支撑该物联网的接入平台和应用服务两部分，该层的主要功能就是提供大量传感设备安全接入，通过分析网络层接收的大量数据，得出有用的数据为用户提供应用服务。物联接入平台是一种独立的服务程序或系统软件，用来实现接口的封装并提供给物联网的应用端（Web 或 App）开发使用。应用层主要通过一些智能计算技术比如云计算、模糊识别、人工智能等技术，对采集的数据和信息进行分类、存储、分析和处理，实现物体的智能化运行。应用层也是物联网和用户（包括人、组织和其他系统）联系的纽带。

虽然各种物联网应用系统非常多，但其基本应用框架是类似的，目前大多采用如图 11.2 所示的应用框架。

图 11.2　物联网应用框架

这里的智能设备是指能通过网络与云端服务器连接的设备，其一般是带联网功能的嵌入式系统设备，通过网络接入模块连接到物联网服务器；而应用客户端通过网络与应用服务器进行交互，一般是手机 App 或者 Web 网页。同时由于物联网中的智能设备数量很多，所以一般物联网应用通常需要搭建一个物联网云平台，使数以万计的智能设备可以高效地接入网络。此类物联网云平台可以自己搭建或者直接租用其他大公司搭建好的 IoT 平台。企业在开发一个物联网应用时，往往需要智能设备、云平台和应用客户端几个方面的专业开发人员共同配合才能完成。

11.1.2　相关技术

物联网应用涉及多个方面，物联网系统设计的相关技术主要包括以下 4 项。

1. 传感器技术

传感器是物联网系统中必不可少的一环。GB7665-87 对传感器的定义是："能感受规定的被测量并按照一定的规律转换成可用信号的器件或装置"。传感器多数由敏感元件、转换元件和基本转换电路三部分组成，如图 11.3 所示。

图 11.3　传感器基本组成框图

敏感元件是对特殊的被测量（物理量、化学量或者生物量）敏感，可以直接感受到被测量的变化，并输出与被测量成确定关系的某一物理量的元件。敏感元件的输出就是转换元件的输入，转换元件把输入转换成电参量。基本转换电路将电参量转换成可供其他仪器使用的电量输出。传感器一般只完成被测参数至电量的基本转换，然后输入到测控电路，再进行放大、运算、处理等进一步转换，以获得被测值。实际上，并非所有传感器都有上述三个部件组成，有些传感器很简单，仅有敏感元件比如热电偶，而有些传感器由敏感元件和转换元件组成，如压电式加速度传感器，但大部分传感器基本都由这几部分组成。智能传感器内部包含更多的电路和功能，可以直接输出经过校正的传感器数据，使用非常方便。

传感器按照被测量分类，能够方便地表示传感器功能，也便于用户按此分类方法选择相应功能的传感器。传感器可以分为力学量、温度、磁学量、光学量、流量、湿度等传感器，例如 SHT30 温湿度传感器， LSM9DS1 九轴加速度传感器等。

2. 无线通信技术

嵌入式设备要完成物联网应用，一般都要用到无线通信技术。无线通信技术很多，如 NFC、BLE、Wi-Fi、ZigBee、LoRa、NB-IoT 等。各种无线技术的特点和差异，主要体现在通信频率、通信距离、通信带宽、功耗等方面，以及无线通信组网协议和网络拓扑结构。如 ZigBee 和 BLE 支持网状（mesh）网结构，Wi-Fi 和 Lora 支持星形网结构。BLE、ZigBee、Wi-Fi 都是短距离通信，而 Lora、NB-IoT 则支持远距离通信。嵌入式设备需要根据实际需求，选择合适的无线通信技术，达到最佳效果。无线网络通信技术在物联网中占有重要地位，随着无线技术日趋成熟，只有更好地掌握无线技术，才能更好地将它应用到物联网之中。

3. 终端技术

物联网应用一般还需要一个客户端 App，使人们能够在自己的手机或者平板电脑终端上进行操作。终端技术直接面对用户，有大量的需求，需要有良好的用户体验和开发效率，技术发展也非常快，很多新的技术、框架不断出现，需要我们不断学习和突破。目前常用的终端技术主要是基于 IOS、Android 的 App 开发，有原生、H5、混合开发等。

4. 物联网云平台技术

物联网应用开发一直存在开发链路长、技术栈复杂、协同成本高、方案移植困难等问题，而物联网云平台技术可以使物联网开发变得简便、高效。物联网云平台一般构筑于云计算中的 PAAS 层，为智能设备提供多种网络接入方式，保证数以万计的智能设备的接入和安全，又为应用客户端提供友好的 API 接口，满足应用客户端在不同场景下的需求。因此，充分利用平台带来的优势，对开发物联网应用有很大帮助。如今国内较成熟的物联网云平台有阿里 IoT、阿里 iLOP（飞燕）、百度 IoT、中移物联等，国外最主要的就是 Amazon 的 AWS IoT、微软的 Azure 和 Azure IoT Centra。

11.2　无线通信技术

在物联网应用中，与嵌入式系统密切相关的是无线通信技术。目前有几种比较流行的无线通信技术，这些无线通信技术各有特点，分别针对不同的应用领域或场景。下面对这几种通信技术作一介绍，并对它们的频率、速率、功耗和传输范围等做比较，让读者可以合理地选择嵌入式系统中的无线通信技术。

11.2.1　NFC

近场通信 NFC（Near-Field Communication）是由飞利浦公司和索尼公司共同开发的一种非接触式的近距离无线通信，用于将两个距离很近（一般 10cm 内）的便携式设备，如智能手机之间建立连接。图 11.4 展示了 NFC 的几个应用场景 NFC 常用于非接触式支付系统，如公交卡、校园卡、电子门票等，同样它也可以应用于社交网络，进行近距离身份认证，分享链接、照片视频或文件等。内置 NFC 芯片的设备可作为电子身份文件，用于其他无线连接方案之前的身份认证过程。

NFC 技术特点如下。

（1）NFC 信息通过射频中无线频率部分的电磁感应耦合方式传递。

（2）内置 NFC 芯片的手机相比仅作为标签使用的 RFID 增加了数据双向传送的功能。

（3）实现安全、迅速的通信，传输范围较 RFID 小，并兼容现有的非接触式智能卡技术。

图 11.4　NFC

11.2.2　ZigBee

ZigBee 是一种低速率、短距离传输的无线网络协议，底层是采用 IEEE 802.15.4 标准规范的媒体访问层（MAC）与物理层（PHY）。其主要特点是低速、低功耗、低成本、支持大量网络节点、支持多种网络拓扑。其规范由 ZigBee Alliance 制定，2001 年纳入 IEEE 802.15.4 标准规范中，该标准使用避免冲突的载波监听多址接入方式作为媒体访问机制。

ZigBee 技术特点如下。

（1）在低功耗待机模式下，2 节 5 号电池可支持 1 个节点工作 6～24 个月，甚至更长。

（2）ZigBee 的响应速度较快，从睡眠转入工作状态只需 15ms，节点连接进入网络只需 30ms。

（3）工作在 20～250Kbps 的通信速率，分别提供 2～250Kbps（2.4GHz）、40Kbps（915MHz）和 20Kbps（868MHz）的原始数据吞吐率，满足低速率传输数据的应用需求。

（4）ZigBee 支持星形、树状形和网状形拓扑结构，其网络拓扑如图 11.5 所示。星形拓扑每个设备只能和 Coordinator 协调者节点通信，如果两个设备需要通信必须通过协调者转发；树状形拓扑中设备只能和它的父节点通信，路由信息是协议栈层处理的，整个路由过程对于应用是完全透明的；网状形拓扑具有类似树状型，只不过具有更多的路由和协调者，并具有更加灵活的信息路由规则。

图 11.5　ZigBee

11.2.3　BLE

蓝牙低功耗 BLE（Bluetooth Low Energy）技术是低成本、短距离、可互操作的鲁棒性无线技术，是蓝牙 4.0 标准的子集，继承了蓝牙技术的一些特性，如 2.4GHz 频段、星形拓扑结构和调频机制等，引入了快速连接机制、超短数据包等特性，并针对低功耗应用进行了简化，如减少广播信道、不使用公钥体制加密和不支持同步数据传输等。BLE4.2后已经支持了 mesh 组网，加上手机的支持，在物联网领域有较好的应用前景，其网络拓扑如图 11.6 所示。

BLE 技术特点如下。

（1）数据传输支持很短的数据封包（8～27 字节），传输速度可达 1Mbps。

（2）使用调节性跳频，减少 2.4 GHz ISM 波段其他技术的干扰。

（3）联机建立仅需 3 毫秒，应用程序可快速启动、并以数毫秒的传输速度完成数据传输。

（4）使用 AES-128 安全加密，采用 24 位的循环冗余校验（CRC），为数据封包提供高度加密性及认证度。

（5）支持点对点、星形和网状网络结构如图 11.6 所示。网状形拓扑中结构是建立多对多节点通信，节点可以直接或间接向一个或多个节点进行信息传递，拓扑中的转发节点可以选择特定路径或者通过受控泛洪转发消息送到范围内的节点。

图 11.6　BLE

11.2.4　Wi-Fi

Wi-Fi（Wireless Fidelity）俗称无线宽带，是 IEEE 定义的一个无线网络通信的工业标准。IEEE 802.11b/g/n 标准，工作在 2.4/5.8GHz 频段，最高传输率能够达到 11～300Mbps。该技术是一种可以将嵌入式设备、个人电脑、手持设备等以无线方式互相连接的一种技术，目的是改善 IEEE 802.1 标准的无线网络产品之间的互通性，使网络的构建和终端的移动更加灵活。设备使用 Wi-Fi 技术接入互联网，不需要使用其他网关设备，是嵌入式设备直接联网的最佳选择，其网络拓扑如图 11.7 所示。

Wi-Fi 技术特点如下。

（1）范围广，适合办公室及单位楼层内部的使用。

（2）通信带宽高，基本可满足各种应用需求。

（3）基础设施完善，组网简洁方便，兼容性、互操作性好。

（4）Wi-Fi 技术在结构上与以太网一致，可快速部署、无缝覆盖。

（5）Wi-Fi 使用 ISM 全球开放频段，用户无须任何许可就可以自由使用该频段上的服务。

图 11.7　WIFI

11.2.5　LoRa

LoRa 是 Semtech 公司推出的一种基于扩频技术的超远距离、低速率无线传输技术，专用于远距离、低带宽、低功耗无线通信，使用 LoRaWAN 协议。这一方案改变了以往关于传输距离与功耗的折中考虑方式，为用户提供一种能实现多节点、远距离、长电池寿命的系统。LoRa 技术适用于封闭系统的传感器数据采集应用，这类应用传感器数据量很小，数据采集间隔时间较长。LoRa 可在全球免费频段运行，包括 433、868、915MHz等。LoRa 系统需要网关设备才能接入互联网。

LoRa 技术特点如下。

（1）接收灵敏度高，高达 157db 的链路预算使其通信距离可达 15 千米（与环境有关）。

（2）接收电流仅 10mA，睡眠电流 200nA，大大延长了电池的使用寿命。

（3）如图 11.8 在 LoRa 的网络结构中，其中基于 LoRa 技术的集中器/网关，支持多信道多数据速率的并行处理，系统容量大。LoRa 网关是 LoRa 节点与 IP 网络之间的桥梁（通过 2G/3G/4G 或者 Wi-Fi/Ethernet），每个网关每天可以处理 500 万次各节点之间的通信

（假设每次发送 10Bytes，网络占用率 10%）。如果把网关安装在现有移动通信基站的位置，发射功率 20dBm（100mW），那么在建筑密集的城市环境可以覆盖 2 千米，而在密度较低的郊区，覆盖范围可达 10 千米。

（4）基于终端节点和集中器/网关的系统，可以支持测距和定位。LoRa 对距离的测量是基于信号的空中传输时间而非传统的信号强度 RSSI（Received Signal Strength Indication），而定位则基于多点（网关）对一点（节点）的空中传输时间差的测量。其定位精度可达 5 米（假设 10 千米的范围）。

图 11.8　LoRa

11.2.6　NB-IoT

窄带物联网 NB-IoT（Narrow nand Internet of Things）是由低功耗广域网无线电技术标准开发，构建于蜂窝网络，只消耗大约 180KHz 的带宽，可直接部署于 GSM 网络、UMTS 网络或 LTE 网络，以降低部署成本、实现平滑升级。支持待机时间长、对网络连接要求较高设备的高效连接。NB-IoT 网络由运营商负责部署，采用类似发放 SIM 卡的方式授权使用。图 11.9 展示了 NB-ToT 的几个物联网应用场景。

NB-IoT 技术特点如下。

（1）基于移动蜂窝网技术，在室外和室内都具有很好的网络覆盖。

（2）通过降低芯片复杂度，减少终端监听网络的频度，采用长周期的 RAU/TAU，减少终端发送位置更新的次数等技术来降低终端功耗，基于 AA 电池，使用寿命可达 10 年。

（3）采用 180KHz 的窄带系统，降低基带的复杂度，提升了频谱效率；简化协议栈带来了 Flash 使用量的减少，同时还使用低采样率，降低了 RF 成本。

图 11.9　NB-IOT

11.2.7　无线通信技术比较

NFC、BLE、ZigBee、Wi-Fi、LoRa、NB-IoT 这几种无线通信技术都是目前物联网应用系统中比较常用的，每种无线技术都有自己的应用适应性，不存在哪个技术好、哪个技术不好的说法。

无线网络技术格局其传输范围大致可分为局域无线技术和广域无线技术，分别如表 11.1 和表 11.2 所示。

表 11.1　局域无线技术比较

通信技术	频　　段	传输范围	速　　率	能量消耗	数据安全	最大节点
NFC	13.56MHz/125KHz	5～10m/<0.2m	106Kbit/s/212Kbit/s/424Kbit/s	被动模式：零 主动模式：15～40mA	标签加密存储	点对点
Bluetooth	2.4GHz	<50m	1～2Mbps	1～15mA	56/128bit加密	8，星形
Wi-Fi	2.4GHz/5GHz	30m～70m	4.5～300Mbps	10～110mA	WPA/WPA2	50
ZigBee	868MHz（EU）/915MHz/2.4GHz	10～100m	20Kbit/s 40Kbit/s 256Kbit/s	1～35mA	AES128bit加密	65535

表 11.2　广域无线技术比较

通信技术	频　　率	传输范围	速　　率	功　　耗	电池寿命
LoRa	435MHz（CLAA）/868MHz（EU）/915MHz	5km（城市）15km（郊区）	<50Kbit/s	极低	10年，视具体应用情况
NB-IoT	800MHz/1800MHz/2100MHz	1～15km	250Kb/s	低	10年，视具体应用情况

由表 11.1 和表 11.2 可知，如今的物联网中应用的系统设备与设备之间的通信有 6 种

主流通信方式，它们都有其使用范围和特点，所以我们应当根据系统需要选择合适的无线通信技术。

11.3　终端技术

由于物联网应用一般都需要一个 App 或 Web 页面，使人们能够在自己的手机或者平板终端通过 App 或浏览器进行操作，有些还需要更复杂的人机交互，所以了解 App 所运行的系统可以更有效地开发应用系统的 App，下面简单介绍目前 2 大主流的终端系统：Android 系统和 iOS 系统。

11.3.1　Android 系统

Android 是谷歌（Google）与开放手机联盟合作开发的基于 Linux 平台的开源手机操作系统。它包括操作系统、用户界面和应用程序和移动电话工作所需的全部软件组建，而且不存在任何阻碍移动产业创新的专有权障碍。开放收集联盟由包括中国移动、摩托罗拉、高通、宏达和 T-Mobile 在内的 30 多家技术和无线应用的领军企业组成。通过与运营商、设备制造商、开发商和其他有关各方结成深层次的合作伙伴关系，从而建立标准化、开放式的移动电话软件平台，在移动产业内形成一个开放式的生态系统。

Android 系统架构主要应用于 ARM 平台，但不限于 ARM。与其他操作系统一样，Android 采用了分层的架构，共分为四层，从高到低分别为应用程序层、应用程序框架层、系统运行库层、Linux kernel 层，如图 11.10 所示。

（1）Linux kernel 层：Android 基于 Linux 2.6 提供核心系统服务，例如，安全、内存管理、进程管理、网络堆栈、驱动模型。Linux Kernel 也作为硬件和软件之间的抽象层，它隐藏具体硬件细节而为上层提供统一的服务。

（2）系统运行层：Android 包含一个核心库的集合，提供大部分在 Java 编程语言核心库类库中可用的功能还有就是 Dalvik 虚拟机用于运行 Android 应用程序。同时本层中包含一个 C/C++库的集合，供 Android 系统的各个组件使用，有几个核心库 Surface Manager（界面管理）、Media Framework（媒体库）、SQLite 以及 SSL（安全套接层协议）等。

（3）应用程序框架层：通过提供开放的开发平台，Android 使开发者能够编制极其丰富和新颖的应用程序。开发者可以自由地利用设备硬件优势、访问位置信息、运行后台服务、设置闹钟、向状态栏添加通知等。开发者可以完全使用核心应用程序所使用的框架 APIs。应用程序的体系结构旨在简化组件的重用，任何应用程序都能发布它的功能且任何其他应用程序可以使用这些功能，这一机制允许用户替换组件。

（4）应用层：Android 装配一个核心应用程序集合，包括电子邮件客户端、日历、地图、浏览器、联系人和其他设置，所有应用程序都是 Java 编程语言写的。一般手机 App

的开发都是应用层的开发。

图 11.10　Android 系统框架

11.3.2　iOS 系统

iOS 是由苹果公司开发的移动操作系统，苹果公司最早于 2007 年 1 月 9 日的 Macworld 大会上公布这个系统，最初是设计给 iPhone 使用的，后来陆续套用到 iPod touch、iPad 以及 Apple TV 等产品上。iOS 与苹果的 Mac OS X 操作系统一样，属于类 Unix 的商业操作系统。原本这个系统名为 iPhone OS，因为 iPad、iPhone、iPod touch 都使用 iPhone OS，所以 2010 WWDC 大会上宣布改名为 iOS（iOS 原为美国 Cisco 公司网络设备操作系统注册商标，苹果改名已获得 Cisco 公司授权）。

iOS 系统分为四级结构，由上至下分别为可触摸层（Cocoa Touch Layer）、媒体层（Media Layer）、核心服务层（Core Services Layer）、核心系统层（Core OS Layer），每个层级提供不同的服务，如图 11.11 所示。

（1）触摸层：为应用程序开发提供了各种常用的框架并且大部分框架与界面有关，本质上来说它负责用户在 iOS 设备上的触摸交互操作，提供用户交互相关的服务。如界面控件、时间管理、通知中心、地图等。

图 11.11　iOS 系统框架

（2）媒体层：主要提供图像引擎、音频引擎、视频引擎框架。如图像相关有 Core Graphics\Core Image\Core Animation\OpenGL ES 等，声音技术相关有 Core Audio\AV Foundation\OpenAL，视频技术相关有 Core Media 等。

（3）核心服务层：提供给应用所需要的基础的系统服务。如网络访问、数据存储、定位功能、重力加速度、浏览器引擎等。

（4）核心操作系统层包括为上层结构最基础的服务如操作系统内核服务、本地认证、安全、加速等。

11.3.3　Web 技术

随着手机的智能化，基于 HTML+CSS+JavaScript 技术的 App 也可以运行在手机上。基于 Web 技术的用户应用，不仅可以在手机上使用也可以在计算机上使用，虽然在手机端效率会相比原生的 App 有所下降，但是由于其很好的可移植性和快速开发的优点，在项目开发中可以作为产品原型开发进行快速迭代。本小节仅就 Web 开发技术做简单的介绍。

1. HTML

HTML（Hypertext Markup Language）超文本标记语言是标准的标记语言，用于创建网页和 Web 应用程序，它与层叠样式表（CSS）和 JavaScript 组成了整个万维网的基石技术。Web 浏览器从 Web 服务器接收 HTML 文件，并在本地存储并渲染成多媒体网页。一个 HTML 页面是由许多 HTML 元素构建的，图像或其他交互式元素都可通过 HTML 嵌入到页面中。HTML 元素用带角括号的标签来描述，如<img/>和<imput/>。浏览器并不显示 HTML 标签，而是利用它们来解析网页内容。HTML 中可以嵌入脚本语言编写的程序，如 JavaScript 代码，这些代码也可以修改网页内容。在 HTML 中包含 CSS，可以定义外观和布局内容等。

2. CSS

CCS（Cascading Style Sheets）层叠样式表是一种用来表现 HTML（标准通用标记语言的一个应用）或 XML（标准通用标记语言的一个子集）等文件样式的计算机语言。CSS 不仅可以静态地修饰网页，还可以配合各种脚本语言动态地对网页各元素进行格式化。CSS 能够对网页中元素位置的排版进行像素级精确控制，支持几乎所有的字体字号样式，拥有对网页对象和模型样式编辑的能力。

CSS 是一种定义样式结构如字体、颜色、位置等的语言，被用于描述网页上的信息格式化和现实的方式。CSS 样式可以直接存储于 HTML 网页或者单独的样式表文件。无论哪一种方式，样式表包含将样式应用到指定类型的元素的规则。外部使用时，样式表规则被放置在一个带有文件扩展名.css 的外部样式表文档中。

样式规则是可应用于网页中元素，如文本段落或链接的格式化指令。样式规则由一个或多个样式属性及其值组成。内部样式表直接放在网页中，外部样式表保存在独立的文档中，网页通过一个特殊标签链接外部样式表。

CSS 名称中的"层叠"（Cascading）表示样式表规则应用于 HTML 文档元素的方式。具体地说，CSS 样式表中的样式形成一个层次结构，更具体的样式覆盖通用样式。样式规则的优先级由 CSS 根据这个层次结构决定，从而实现级联效果。

3. JavaScript

JavaScript 是一种直译式脚本语言，它是一种动态类型、弱类型、基于原型的语言，内置支持类型。它的解释器被称为 JavaScript 引擎，为浏览器的一部分，广泛用于客户端的脚本语言，最早是在 HTML（标准通用标记语言下的一个应用）网页上使用，用来给 HTML 网页增加动态功能。JavaScript 已经被广泛用于 Web 应用开发，常用来为网页添加各式各样的动态功能，为用户提供更流畅美观的浏览效果。通常 JavaScript 脚本是通过嵌入在 HTML 中来实现自身功能的。

（1）是一种解释性脚本语言（代码不进行预编译）。

（2）主要用来向 HTML（标准通用标记语言下的一个应用）页面添加交互行为。

（3）可以直接嵌入 HTML 页面，但写成单独的 js 文件有利于结构和行为的分离。

（4）跨平台特性，在绝大多数浏览器的支持下，可以在多种平台（如 Windows、Linux、Mac、Android、iOS 等）下运行。

JavaScript 脚本语言同其他语言一样，有它自身的基本数据类型，表达式和算术运算符及程序的基本程序框架。JavaScript 提供了四种基本的数据类型和两种特殊数据类型用来处理数据和文字。而变量提供存放信息的地方，表达式则可以完成较复杂的信息处理。

11.4　服务器和云计算

新一代的物联网应用架构中，为了更好地服务终端端用户，往往需要租借专用服务器，从而可以对用户请求做更快地响应，对数据进行存储，而在选择服务器的种类时，需要根据各方面要求进行权衡。

11.4.1　独立服务器和云主机

目前可以选择地服务器大致分为两类：一类为独立服务器；另一类为云主机。独立服务器与传统的网站服务器无太大差异，由公司自己申请域名，购买、搭建和管理服务器；而所谓的云服务器是从一组集群服务器上划分出来的类似独立主机的部分，集群中的每一台服务器上都有云主机的镜像。如果其中一台机器出现故障，就会自动访问到其他机器上面的镜像，有一些服务商把配置比较高的服务器叫作云服务器。而云主机是云计算在基本设施运用上的主要组成部分，这个部分在云计算的金字塔底层，产品主要是源自云计算平台，是新一代的主机租借服务并结合了高功能服务器与优异网络带宽。

独立服务器和云主机的差异主要有以下几点：就费用投入上，云主机相对独立服务器更加灵活和实惠，而若需要长时间运用，独立服务器更好；就网络质量上，独立服务器的网络质量通常相对云主机更有保障；就功能拓展上，与主机用户可以直接在线升级弹性较大，而独立服务器升级空间不大不灵活；就容灾性上，云主机主动备份及冗余，而独立服务器需要用户自行本地备份和异地备份，冗余需求需要更大投入及更高技能水准。

11.4.2　云计算

云主机是云计算在基本设施运用上的主要组成部分，那么了解何为云计算，且它能带来哪些服务对于简化物联网开发有很大的帮助。

云计算（Cloud Computing）是一种基于互联网的计算方式，通过这种方式，共享的软硬件资源和信息可以按需提供给计算机各种终端和其他设备。云计算是继 20 世纪 80 年代大型计算机到客户端-服务器的大转变之后的又一种巨变。用户不再需要了解"云"中基础设施的细节，不必具有相应的专业知识，也无须直接进行控制。云计算描述了一种基于互联网的新的 IT 服务增加使用和交付模式，通常设计通过互联网来提供动态已扩展而且经常是虚拟化的资源。一个应用使用云计算的最大好处，就是富有"弹性"，可以根据业务量的变化动态购买服务资源，而不需要重构系统。

目前美国国家标准和技术研究院对云计算的定义中，明确了三种服务模式。

（1）软件即服务（SaaS）：消费者使用应用程序，但并不掌控操作系统、硬件或运作的网络基础架构。是一种服务观念的基础软件服务供应商，以租赁的概念提供客户服务，而非购买，比较常见的模式是提供一组账号密码。例如：Microsoft CRM 与 Salesforce.com。

（2）平台即服务（PaaS）：消费者使用主机操作应用程序。消费者掌控运作应用程序的环境（也拥有主机部分掌控权），但并不掌控操作系统、硬件或运作的网络基础架构。平台通常是应用程序基础架构。例如：Google App Engine。

（3）基础设施即服务（IaaS）：消费者使用"基础计算资源"，如处理能力、存储空间、网络组件或中间件。消费者能掌控操作系统、存储空间、已部署的应用程序及网络组件（如防火墙、负载平衡器等），但并不掌控云基础架构。例如：Amazon AWS、Rackspace。

三者服务之间没有必定的联系，仅仅是三种不同的服务模式，且都是基于互联网。从用户体验角度而言，它们之间的关系都是独立的，由于它们面对的是不同的用户。从技术角度而言，它们并非简单的继承。由于 SaaS 能够是基于 PaaS 或者直接部署于 IaaS 之上，其次 PaaS 能够构建与 IaaS 之上，也能够直接构建在物理资源之上。

它们之间的关系可以从两个角度看待。从使用者的视角如图 11.12 所示，从开发者的视角则如图 11.13 所示。

图 11.12　从使用者的视角看云计算的三种服务模式

图 11.13　从开发者的视角看云计算

另外，在美国国家标准和技术研究院的云计算定义中，云计算的四种部署模型如下。

（1）公用云（Public Cloud）服务可通过网络及第三方服务供应者，开放给客户使用，"公用"一词并不一定代表"免费"，但也可能代表免费或相当廉价，公用云并不表示用户数据可供任何人查看，公用云供应者通常会对用户实施使用访问控制机制，公用云作为解决方案，既有弹性，又具备成本效益。

（2）私有云（Private Cloud）具备许多公用云环境的优点，例如弹性、适合提供服务，两者差别在于私有云服务中，数据与程序皆在组织内管理，且与公用云服务不同，不会受到网络带宽、安全疑虑、法规限制影响；此外，私有云服务让供应者及用户更能掌控云基础架构、改善安全与弹性，因为用户与网络都受到特殊限制。

（3）社区云（Community Cloud）由众多利益相仿的组织掌控及使用，例如特定安全要求、共同宗旨等。社区成员共同使用云数据及应用程序。

（4）混合云（Hybrid Cloud）结合公用云及私有云，这个模式中，用户通常将非企业关键信息外包，并在公用云上处理，但同时掌控企业关键服务及数据。

11.5　开发平台和操作系统

11.5.1　IoT 开发平台

前面已提到，传统的物联网应用开发需要智能设备及网关端、服务器端和 App 端三方面的专业开发人员共同协作完成，对于初级开发人员往往需要熟悉并运用三方面的开发知识，这无疑增加了初级开发者的学习成本，成为入门物联网开发的阻碍。为达到可以迅速熟悉物联网应用开发的目的，可以使用物联网开发平台，这将大大节省嵌入式初学者的开发时间，提高开发效率，物联网平台的各个模块如图 11.14 所示。

图 11.14　物联网平台的各个模块

其中的智能设备上的通信模块本质只负责与物联网开发平台进行通信，为智能设备的开发者提供简易的联网接口，帮助其快速接入网络；物联网平台负责接收、转发以及处理通信模块和 App 上传的数据，相当于"桥梁"的作用，帮助两方面进行通信，开发者使用管理系统按照规则使用开发平台；手机端的 App 可以根据开发平台提供的 SDK 等与物联网平台进行通信。

物联网开发平台是使用的是 Ali IoT 开发平台，其是阿里云利用在物联网领域研发和积累，按照开放标准、打通物联网云架构基础层、平台层、应用层，包容 NB-IoT、LORA 等异构网络、主流物联网通信协议和技术标准的物联网基础平台。主要解决物联网技术"统一规则"的问题，可以将成千上万个传感器和上百种传输协议，有机形成一个可结构化复用、同时能打通互联网的云架构，并为物联网产业应用场景提供基础服务。其各部分的开发特点如下。

（1）端的接入：基于阿里云提供国内领先的多线路、大流量、高并发的连接和数据处理能力，同时囊括 GPRS、WiFi、LoRa 等异构网络支持和 MQTT、CoAP、HTTP 等主流协议接入，并在端的开发上提供了完善灵活的开发配套。

（2）数据处理：基于阿里云的大数据存储与计算能力，从离线到实时，从机器学习到人工智能，保障了平台既能够处理与存储 PB 级别的海量数据，更能够把大数据做成"小数据"，从而更好地推进变革行业。

（3）应用搭建：充分地运用 Function Compute 和可视化业务编排工具等新兴技术，基于 Serverless 理念打造一站式开发、运行和运维能力。

11.5.2　IoT 操作系统

由于传统的嵌入式操作系统并不支持 MQTT、CoAP、WSF 等通信协议，而目前的物联网应用程序一般需要联网并且结合大数据技术向用户提供更好的服务，所以在智能设备上使用一个 IoT 操作系统有利于快速开发 IoT 应用。AliOS Things 是一个比较合适的 IoT 操作系统，它对于很多物联网应用协议，包括配网、绑定、OTA 等都有较好的支持，并已经在很多主流的 MCU、SoC 上有移植和应用，使用 AliOS Things 可大大加快物联网设备产品的开发。

1. AliOS Things 简介

AliOS Things 是一款由阿里巴巴开发的轻量级物联网操作系统，具有极简开发、云端一体、丰富组件（包括实时操作系统内嵌入式核、连接协议库、文件系统、FOTA、Mesh、语音识别）、安全防护等关键能力，并且可以使用其提供的支持终端设备连接到阿里 IoT 云服务平台。可应用在智能家居、智慧城市、工业等领域，使物联产品开发更容易、设备上云更方便。

2. AliOS Things 系统架构

图 11.15　AliOS Things 系统架构

AliOS Things 的系统架构如图 11.15 所示。自下而上包括的组件如下。

- BSP（Board Support Package）：板级支持包，主要由 SOC 厂商开发和维护。
- HAL（Hardware Abstraction Layer）：硬件抽象层，如 WiFi，USRT。
- Kernel：内核包括 Rhino RTOS 内核、Yloop、VFS、KV Storage。
- Protocol Stack：支持的协议栈包括 LwIP、TCP\IP、uMesh、蓝牙。
- Security：安全机制有 TLS、TFS（Trusted Framework Service）、TEE（Trusted Execution Environment）等。
- AOS API：AliOS Things 将底层封装并为中间层提供 API。
- Middleware：包括由阿里提供的重用的 IoT 组件。
- Examples：易上手的代码例程帮助开发者尽快测试应用程序。

3. AliOS Things 核心组件

AliOS Things 的核心组件有 Kernel、HAL、uMesh，IoT Protocols 等，本节就简单介

绍这几个组件。

Kernel 其基础是代号为 Rhino 的实时操作系统，它实现了多任务机制，多个任务之间的调度，任务之间的同步、通信、互斥、事件，内存分配，trace 功能，多核等机制。可以利用 kernel 提供的 API 来实现一个 RTOS 所具备的能力，也可以利用现有已移植的 CPU 体系架构来达到快速的移植能力。

HAL（Hardware Abstraction Layer）硬件抽象层是为了屏蔽底下不同的芯片平台的差异，从而使上面的应用软件不会因为不同的芯片而改变。目前的 ALiOS Things 定义了丰富的 HAL 抽象层，芯片公司或者用户只要对接相应的 HAL 接口即能满足控制芯片的控制器，从而达到控制硬件外设的目的。其包含的功能有 ADC，Flash，GPIO，I2C，PWM，RNG，RTC，SD，SPI，TIMER，UART，WDG，开发人员可以利用 HAL 的 API 来快速达到控制硬件外设的能力。由于目前的 HAL 层是非常标准的 API，开发人员也可以参考现有移植的 HAL 层的开发，来达到快速移植的能力。

uMesh 实现了 Mesh 链路管理、Mesh 路由、6LoWPAN、AES-128 数据加解密等。它能够支持 mesh 原始数据包、IPv4 或 IPv6 多种数据传输方式。模组之间通过 uMesh 能够形成自组织网络。开发人员可以使用熟悉的 Socket 编程，利用 uMesh 提供的自组织网络实现智能设备的开发和互连，能够使用在智能照明、智能抄表、智能家居等场景。开发人员也可以通过实现 uMesh 提供的 meshHAL 层接口，将 uMesh 移植到不同的通信介质，如 WiFi、802.15.4、BLE 等。

IoT Protocol 目前 AliOS Things 支持 Alink、MQTT、CoAP 三种 IoT 协议，主要是提供开放、可靠的云服务，提供云连接服务，如配网、数据上报等。借助 Alink 组件，可以很方便地实现用户与设备、设备与设备、设备与用户之间的互联互动。

11.6　MQTT 概述

传统的网络协议（如 TCP、UDP、HTTP 等）都不太适合物联网应用场景。MQTT（Message Queuing Telemetry Transport，消息队列遥测传输）是由 IBM 开发的一个即时通信协议。MQTT 是一个客户端服务端架构的发布/订阅模式的消息传输协议，目前同样属于发布/订阅机制的物联网协议还有 STOMP 协议、AMQP 协议以及 DDS 协议。MQTT 的设计思想是轻巧、开放、简单、规范，因此易于实现。这些特点使得它对很多场景来说都是很好的选择，特别在受限的环境如机器与机器的通信（M2M）以及物联网应用，这些场景要求很小的代码封装或者很少的网络带宽开销。

11.6.1　MQTT 特点

MQTT 协议运行在 TCP/IP 或其他提供了有序、可靠、双向连接的网络连接上。它有以下特点。

（1）使用发布/订阅消息模式，提供了一对多的消息分发和应用之间的解耦。

（2）消息传输不需要知道负载内容。

（3）提供三种等级的服务质量：

①"最多一次"，操作环境所能提供的最大努力分发消息，而消息可能会丢失。例如，这个等级可用于环境传感器数据，单次的数据丢失没关系，因为不久之后会再次发送。

②"至少一次"，保证消息可以到达，但是可能会重复。

③"仅一次"，保证消息只到达一次。例如，这个等级可用在一个计费系统中，这里如果消息重复或丢失会导致不正确的收费。

（4）很小的传输消耗和协议数据交换，最大限度减少网络流量。

（5）异常连接断开发生时，能通知到相关各方。

（6）使用 TCP/IP 提供网络连接。

（7）使用 Last Will（遗言机制）和 Testament（遗嘱机制）特性通知有关各方客户端异常终端机制。

11.6.2　MQTT 协议原理

1. MQTT 协议实现方式

实现 MQTT 协议需要客户端和服务器端通信完成，在通信过程中，MQTT 协议中有三种身份：发布者（Publisher）、代理（Broker）（服务器）、订阅者（Subscriber）。其中，消息的发布者和订阅者都是客户端，消息代理是服务器，消息发布者可以同时是订阅者。

MQTT 传输的消息分为：主题（Topic）和负载（Payload）两部分。

（1）Topic，可以理解为消息的类型，订阅者订阅（Subscribe）后，就会收到该主题的消息内容（Payload）。

（2）Payload，可以理解为消息的内容，是指订阅者具体要使用的内容。

2. 网络传输与应用消息

MQTT 会构建底层网络传输：它将建立客户端到服务器的连接，提供两者之间的一个有序的、无损的、基于字节流的双向传输。当应用数据通过 MQTT 网络发送时，MQTT 会把与之相关的服务质量（QoS）和主题名（Topic）关联。

3. MQTT 客户端

一个使用 MQTT 协议的应用程序或者设备，它总是建立到服务器的网络连接。客户端可以：

- 发布其他客户端可能会订阅的信息。
- 订阅其他客户端发布的消息。
- 退订或删除应用程序的消息。
- 断开与服务器连接。

4. MQTT 服务器

MQTT 服务器被称为"消息代理"（Broker），可以是一个应用程序或一台设备。它位于消息发布者和订阅者之间，它可以：

- 接受来自客户的网络连接。
- 接受客户发布的应用信息。
- 处理来自客户端的订阅和退订请求。
- 向订阅的客户转发应用程序消息。

5. MQTT 协议中的订阅、主题、会话

（1）订阅（Subscription）。订阅包含主题筛选器（Topic Filter）和最大服务质量（QoS）。订阅会与一个会话（Session）关联。一个会话可以包含多个订阅。每一个会话中的每个订阅都有一个不同的主题筛选器。

（2）会话（Session）。每个客户端与服务器建立连接后就是一个会话，客户端和服务器之间有状态交互。会话存在于一个网络之间，也可能在客户端和服务器之间跨越多个连续的网络连接。

（3）主题名（Topic Name）。连接到一个应用程序消息的标签，该标签与服务器的订阅相匹配。服务器会将消息发送给订阅所匹配标签的每个客户端。

（4）主题筛选器（Topic Filter）。一个对主题名通配符筛选器，在订阅表达式中使用，表示订阅所匹配到的多个主题。

（5）负载（Payload）。消息订阅者所具体接收的内容。

6. MQTT 协议中的常用方法

MQTT 协议中定义了一些方法（也被称为动作），来表示对确定资源所进行操作。这个资源可以代表预先存在的数据或动态生成数据，这取决于服务器的实现。通常来说，资源指服务器上的文件或输出。主要方法如下。

- Connect：等待与服务器建立连接。
- Disconnect：等待 MQTT 客户端完成所做的工作，并与服务器断开 TCP/IP 会话。
- Subscribe：等待完成订阅。
- Unsubscribe：等待服务器取消客户端的一个或多个 Topics 订阅。
- Publish：MQTT 客户端发送消息请求，发送完成后返回应用程序线程。

11.7　物联网应用示例

前面介绍了一些与物联网系统开发相关的技术，可以看到，要开发一个完整的物联网应用系统涉及很多方面，需要不同专业技术人员共同配合协助才能完成。为了让嵌入式系统开发人员也能实践、体会物联网应用，我们设计开发一个完整的物联网应用示例。

本示例使用了 AliOS Things 和阿里 IoT 云平台，系统结构组成如图 11.16 所示。

图 11.16　案例系统结构图

　　智能设备端选用 MSP432 LaunchPad 开发板，通信模块使用上海庆科的 EMW3080 Wi-Fi 模块，两者使用串口 UART 连接。EMW3080 Wi-Fi 模块内采用了 AliOS Things 物联网操作系统，并集成了连接阿里 IoT 云平台（SDS）的所有通信交互协议，可以看作是一个"傻瓜化"的 Wi-Fi 物联云模块。MSP432 通过串口 UART 与 EMW3080 定义的应用层 AT 命令进行通信，实现与阿里云 SDS 的应用数据交互，同时手机 App 端可以监控开发板的外设状态。

　　本示例主要实现智能设备的用户注册登录、设备配网和数据交互等物联网智能设备所需的基本功能，并以温湿度数值、RGB 灯、串口 echo 调试来展示整个物联网应用的典型范例，开发者在实际开发中可以根据自己的需求，对本案例做一定的裁剪或重构。

　　1. 案例技术路线

　　开发者可以将 MSP432P401R 当作是传统的嵌入式设备，其主要功能是通过其外设与传感器等器件进行数据采集与控制，但不具备网络功能。为了使嵌入式设备接入阿里 IoT 云平台，MSP432 外接了通信扩展模块 EMW3080，利用其 Wi-Fi 与互联网连接。MSP432 与 Wi-Fi 模块通过串口 UART 通信，EMW3080 运行 AliOS-Things，它与阿里云 SDS 的通信是基于 MQTT 协议。阿里云 SDS 提供了很多 IoT 应用服务，如 MQTT 服务器、用户验证和设备绑定等。手机端提供了基于安卓和 iOS 系统开发的 App，与阿里云 SDS 进行数据交互。本案例采用的是 HTML+CSS+JavaScript 结构编写的 App。

　　2. 设备端开发环境

　　MSP432 LaunchPad 使用 CCS 开发环境，开发者可以直接从 TI 官网上下载 CCS 6.1.1 安装相应的开发环境，并同时从 https://github.com/alibaba/AliOS-Thing 上下载 alios-things SDK，通过 CCS IDE 打开如下路径：AliOS-Things\platform\mcu\msp432\IOTMSP432\Examples\MSP432P4xx\mxchip\iot_sdk 导入工程后，通过 USB 连接开发板，在 CCS 下编译下载固件到开发板。

　　3. 手机 App 端

　　手机 App 端需要从 https://www.pgyer.com/TIAnd 选择合适的下载版本并下载安装，使用手机号码进行 App 用户账号的注册、验证、登录，同时保证手机 APP 与现场的路由器连接，手机登录页面如图 11.17 所示。

图 11.17　App 登录页面

4. 设备配网

（1）打开手机 App，单击右上角"+"号，选择设备"TI 开发板"，根据提示进行操作。

（2）长按开发板上盖板的 USER 按键，恢复设备出厂设置，此时开发板 OLED 屏最后一行将打印显示："Restore default"，继而跳转至"Wi-Fi configure..."等待手机配网中。

（3）App 配网输入界面中，设置正确的路由器用户名和密码，启动配网，此后开发板 OLED 屏最后一行将显示设备的联网状态。

● "Wi-Fi connected"代表成功获取路由器的 SSID 和密码。

● "Cloud connected"表示与云服务器连接成功，此时需进行身份认证。

（4）当 App 提示身份验证时，请短按上盖板的 USER 按键，完成身份认证。

（5）以上步骤完成后，App 会自动跳转设备列表页面，显示在线设备。

（6）单击设备图标，进入设备控制页面，整个配网流程图如图 11.18 所示。

图 11.18　设备配网流程

5. 设备数据监测控制以及调试

进入设备控制页面，可对各外部设备参数进行监测控制以及在线调试，如图 11.19 所示。

（1）监测温湿度值和开关状态，可通过拨动开发板上的拨码开关体验。

（2）控制 RGB 灯颜色、饱和度和亮度。

（3）在线调试功能可以从 App 调试界面向设备发送字符串，会在 OLED 屏最后一行打印出来（注意屏幕打印不支持中文），同时 App 发送数据会同步显示在接收区，带来 echo 回显体验效果。

图 11.19　设备控制和数据传输界面

整个示例涉及多个复杂的技术点，为了简化嵌入式系统开发者的开发难度，本示例已经对很多技术、协议和接口做了高度封装，实现了一般 IoT 应用必备的功能，使嵌入式开发者无须关心除嵌入式系统之外的其他技术问题。开发者若需学习该案例完整的技术内容，可查阅参考 EMW3080、AliOS Things 和阿里 IoT 开发平台相关资料。

11.8　习题

（1）简述物联网的定义，分析物联网的"物"的条件。

（2）物联网架构总共分几层，每层的主要组件和功能有哪些？

（3）简述传感器的基本原理及组成。

（4）物联网应用中常用的无线通信技术有哪些？简述各种无线通信技术的特点及适用场景。

（5）独立服务器和云主机的定义以及两者的区别。

（6）简述云计算服务的三个层次，论述云计算与物联网的关系。

（7）简述 IoT 开发平台的框架，并论述作为 IoT 操作系统需要具备哪些特点？

（8）简述 MQTT 的客户端和服务器的功能以及 MQTT 为何适用于物联网的应用。

（9）参照物联网案例，设计开发一个新的物联网应用。如在开发板上接入其他类型的传感器，或控制一个外部装置（如电动窗帘），并可以用手机 App 操控。

第 12 章　低功耗与电磁兼容

嵌入式系统设计中的功耗问题是被关注的热点与难点。由于相当数量的嵌入式设备是由电池来供电的，而且大多数嵌入式设备都有体积和重量的约束，如果功耗问题解决不好，会严重制约嵌入式系统的应用。降低嵌入式系统的功耗不仅能延长电池的使用时间，而且有利于提高系统性能和稳定性，降低系统开销，还可起到节能环保的作用。

另外，随着电子技术的发展，Wi-Fi、ZigBee、蓝牙等无线技术被广泛采用，处理器的主频也越来越高，为了保证各种设备可以在不同的环境下协同共存、可靠工作，伴随而来的电磁兼容（Electromagnetic Compatibility，EMC）问题也越来越值得重视。嵌入式设备是否能可靠地工作、是否能达到电磁兼容的标准，与系统设计、电子元器件的选择和使用、印制电路板的设计与布线、产品的制造工艺都有很大关系。印制电路板布线、设计和制造工艺的好坏往往直接影响系统的可靠性与抗干扰能力。

本章将简要介绍嵌入式系统的低功耗设计方法，以及电磁兼容性的基本概念和设计方法。

12.1　低功耗设计方法

本节介绍在低功耗应用系统设计时使用的一些硬件和软件方法。低功耗系统设计的原则如下。

- 尽量使用低功耗的器件，如低功耗的 MCU、COMS 逻辑器件等；
- 电源电压宜低不宜高；
- 时钟宜慢不宜快；
- 系统宜静不宜动；
- 硬件、软件配合，使系统功耗最低。

下面从详细介绍嵌入式系统低功耗设计方法。

12.1.1　利用 I/O 引脚为外部器件供电

目前一些 MCU（Micro Controller Unit，微控制器）的 GPIO（General Purpose Input Output，通用输入/输出）引脚有较强的驱动能力，可以提供较大的输出电流，并且外部器件的功耗又很低，因此在低功耗设计时可以利用 MCU 的 GPIO 引脚直接为外部器件供电。使用时，只需要把这些外部器件的电源端连接到处理器的 I/O 引脚上即可，如图 12.1 所示，这样设计的优点如下。

- 简化电源控制电路，例如可以省去三极管、场效应管；
- 节省控制电路的功耗，如三极管的基极电流消耗。

除此之外，只要嵌入式控制器的 I/O 接口的驱动能力足以驱动外部设备接口，就可以利用 I/O 引脚直接为外部设备接口供电。这样设计的好处是当不需要外部器件/设备工作时，只要把 MCU 的 I/O 引脚输出 0，即可关闭外部器件或设备，此时外部器件/设备功耗几乎是零。目前，很多放大器、A/D 转换器、传感器均采用这种方式设计低功耗应用系统。

图 12.1　利用 I/O 引脚为外部器件供电

12.1.2　电源管理单元的设计

嵌入式系统的电源管理单元要求系统全速工作时，消耗的功率比较大；如果处于待机状态，消耗的功率较小。MCU 常用的待机方式有两种，一种是空闲（Idle）方式；另一种是掉电（Power Down）方式。空闲方式可以通过中断的发生退出，中断可以由外部事件驱动；掉电方式指的是处理器停止，中断不响应，因此需要复位才能退出掉电方式。一般低功耗设计采用的方案是通过定时器的输出，对 CPU 产生中断或复位。CPU 被唤醒后，再控制相关的外设，进入工作状态。

12.1.3　动态改变 CPU 的时钟频率

单片机的工作频率和功耗有很大关系：频率越高，功耗越大。一般情况下，数字电路消耗的电流与工作时钟频率成正比。如 MSP430F6638 单片机工作在电源为 3.0V、主频为 8MHz、激活模式（AM）下，闪存程序执行时电流典型值为 270μA/MHz；在关断模式（LPM4.5）下，供电电压为 3.0V 时，电流仅为 0.3μA。在很多低功耗的场合，采用低时钟频率实现低功耗是非常有效的。

关于时钟控制的另一种方法是动态改变处理器的时钟频率。CPU 在等待事件发生时，可利用一个 I/O 引脚控制振荡器上的并联电阻，增大电阻将会降低内部时钟频率，同时也会降低处理器消耗的电流。一旦事件发生，电阻可以被接入，处理器将全速运行处理事务。实现这一技术的方法如图 12.2 所示：将 I/O 引脚设定为输出高电平，电阻 R1 的加入将增加时钟频率；I/O 引脚输出低电平时，内部时钟频率会降低。

图 12.2　改变时钟频率降低功耗

另外，还可以用软件控制 MCU 内部的 PLL（Phase-Locked Loop，锁相环）、时钟分频器等，在不同的工作状态使用不同的时钟提供给 CPU。当处理任务重时，选择较高的时钟频率；当处理任务较轻、甚至无任务处理等待时，选择较低的时钟频率。

12.1.4　软件系统的低功耗设计

嵌入式系统的低功耗设计，一般需要软件配合硬件，才能达到理想的效果。本节将从以下几个方面介绍基于低功耗要求的软件设计方法。

- 编译技术与低功耗。
- 硬件软件化。
- 减少处理器的工作时间。
- 优化算法。
- 降低工作频率。
- 延时程序的设计、睡眠方式的使用。
- 显示装置的设计。

1. 编译低功耗优化技术

编写嵌入式系统的应用软件，同一个功能可以由不同的软件算法实现，也可以使用不同的指令实现相同的功能。对于这一点，编程人员可以通过对指令的分析，采用高效率的指令，降低系统的功耗。例如实现某一个功能，简单指令和复杂指令执行的时间不同，对存储器的访问方式和频度也不同，因此消耗的功率不同。

编译器根据高级语言的语句生成汇编语言指令，进而生成机器码，这种算法大部分根据功能实现，很少考虑到功耗因素。事实上，编译优化也可以降低系统的功耗。

由于嵌入式系统的各种应用的不均衡性，使得系统运行时各部件负载显著不均衡，造成了不必要的能量消耗。例如，一个控制系统可能包括 A/D、D/A 转换等功能部件，但是这些部件不一定每时每刻都在工作。在系统对应用程序的优化处理上，硬件和操作系统技术采取的措施是利用过去程序行为的一个窗口来预测将来的程序行为，仅能够在小窗口范围内和低级的程序抽象级别上进行可能的代码重构。而在编译时对功率和能量的优化技术是对硬件和 OS 技术的有效补充，编译器具有能够分析整个应用程序行为的能力，它可以对应用程序的整体结构按照给定的优化目标进行重新构造。在每一个应用的执行过程中，对每一个功能部件的负载都是不均衡的，程序和数据的局部性也是可变的。因此，利用编译器对应用程序进行降低能量消耗的优化和程序变换对降低系统消耗有重要的作用，仅通过对应用程序的指令功能均衡优化和降低执行效率就有可能比优化前节省 50%的能量消耗。当然，降低功耗的优化比改善性能的优化更为复杂。

总之，通过编译技术降低功耗的基本原理是通过功耗指标来进行编译的代码优化。目前已经有一些嵌入式编译器支持功耗优化。

2. 硬件软件化

只要是硬件电路，就必定要消耗功率。在整机的总体设计中，应遵循硬件软件化原则，尽量压缩硬件，用软件来替代以往用硬件实现的功能。如许多仪表中用到的对数放大电路、抗干扰电路等都是用软件代替硬件来实现，测量系统中用软件滤波代替硬件滤波器等。软件算法的复杂化又会增加 CPU 的负荷和计算时间，从而增加功耗。因此硬件软件化是一个需要综合成本、性能、功耗等因素，分析后决策的问题。

3. 采用事件驱动方式，减少处理器的工作时间

嵌入式系统中，CPU 的运行时间对系统的功耗影响很大，故应尽可能缩短 CPU 的工作时间，使它较长时间处于空闲模式或掉电模式，这是软件设计降低单片机系统功耗的关键。在工作时，用事件中断唤醒 CPU，让它在尽量短的时间内完成对信息或数据的处理，然后进入空闲或掉电方式。在关机状态下，要让 CPU 进入掉电方式，用特定的引脚或系统复位将它唤醒。这种设计软件的方法，就是采用事件驱动的程序设计方法。

4. 采用快速算法

数字信号处理中的很多运算，采用如 FFT（Fast Fourier Transform，快速傅里叶变换）和快速卷积等，可以节省大量运算时间，从而减少功耗。在精度允许的情况下，使用简单函数代替复杂函数作近似，也是减少功耗的一种方法。

5. 通信系统中提高通信的波特率

在多机通信中，通过对通信模块的合理设计，尽量提高传送的波特率，意味着通信时间的缩短，并且其发送、接收均应采用中断处理方式，而不采用查询方式。

6. 数据采集系统中使用合适的采样速率

在测量和控制系统中，数据采集部分的设计应根据实际情况，不能只考虑提高采样率的问题。因为过高的采样速率不仅增加了 ADC（Analog to Digital Converter，模数转换器）/DAC（Digital to Analog Converter，数模转换器）的功耗，而且为了传输大量的数据，也会消耗 CPU 的时间和增大功耗。系统如果有数据处理或抗干扰环节时，尽量用软件实现，如数字滤波、误差的自动校正等。

7. 延时程序的设计

嵌入式应用系统设计中，一般都会用到延时程序。延时程序的设计有两种方法：软件延时和硬件定时器延时。为了降低功耗，尽量使用硬件定时器延时。通过定时器延时的方式，一方面提高程序的效率；另一方面可以降低功耗。这是因为嵌入式处理器在进入待机模式时，处理器将停止工作，定时器仍然在工作，而定时器的功耗很低。处理器调用延时程序时，将进入待机模式，定时器开始计时，一旦延时时间到，定时器溢出，产生中断，即可唤醒处理器。

8. 静态显示与动态显示

嵌入式系统的人机界面（即显示器）有两种显示方式：静态显示和动态显示。下面以7段数码管为例，简要说明静态显示与动态显示的区别。

所谓静态显示，是指显示的信息通过锁存器保存，然后接到数码管上，这样一旦把显示的信息写到数码管上，显示内容即固定。此时，处理器不需要干预，甚至可以进入待机方式，只有数码管和锁存器在工作，这样的显示方式就是静态显示。

在设计嵌入式系统时，有时为了降低硬件成本，放弃静态显示而采用动态显示技术。动态显示的原理是利用 CPU 控制显示的刷新，为了达到显示不闪烁，对刷新的频率也有底线要求（一般要 50Hz 以上），显然动态显示技术需要消耗一定的 CPU 的功耗。

对外接数码管显示器，应尽量利用锁存器进行静态显示，而不用动态显示。对于LCD 液晶显示，不要采用定时扫描，而是使用外部中断方式。在需要进行延时时，尽量不用软件循环延时而应当采用定时/计数器中断方式进行，这样就不会占用 CPU 的运行时间。例如 MCS14543 就是一种较好的用于静态显示的集锁存、译码、驱动、显示于一体的CMOS 液晶组和电路。

9. 睡眠模式

许多单片机设有低功耗模式，即睡眠模式（Sleep）。在睡眠模式下，可以减少单片机的工作时间，降低功耗。

便携式智能仪器在较长时间不进行测量采样和数据处理时，可以让单片机执行一条SLEEP 指令。进入低功耗模式时，所有 I/O 口保持原来的状态，振荡器停止，单片机系统的功耗极低。当有中断命令时，单片机即被唤醒，使系统进入工作状态。

12.2　电源设计

电源模块是所有嵌入式系统中十分重要的一个部分，也是系统正常工作的基础模块。一个好的电源模块要求具有较宽的输入电压，对外部电压有较大的容限，以保证外部供电电源出现较大波动时不会损坏系统，同时要有稳定的输出电压以及一定带负载能力，以保证整个系统能够稳定的工作。

目前常见的嵌入式系统供电结构框图如图 12.3 所示，一般都具有一个外部的交流-直流（AC-DC）转换器件作为前级电路，即电源适配器，用于将 220V 交流电压转为直流电压，得到的直流电压作为系统的实际输入电压。由于输入的直流电压一般较高，常见的如9V、12V 等，不能直接用于嵌入式核心器件供电，需要再经过系统内部的电压转换电路，得到多路不同的低电压，如 5V、3.3V、1.8V 等，才能用于处理器、存储芯片等核心器件供电。有些低功耗的嵌入式系统，也可以直接用电池进行供电。

图 12.3　嵌入式系统供电

通常的电源模块的设计有线性稳压器和开关电源两种方案，本节首先介绍了电池的类型和特性，以及如何根据需要选择合适的电池。然后介绍了 LDO（Low Dropout regulator，低压差线性稳压器）和 DC-DC（直流-直流转换器）。

12.2.1　电池的选择

对于手持设备、低功耗设备来说，电池是电源的不二选择。根据可否充电电池可分为可充电电池和一次性电池。下面分别介绍这两类电池的特性和具体型号。

1. 可充电电池

目前常见的可充电电池有铅酸电池、镍镉电池、镍铁电池、镍氢电池、锂离子电池、锂聚合物电池。其中锂聚合物电池在嵌入式设备中容量密度比较高，也最为常用。相比于一次性不可充电电池，可充电电池的自放电率一般都比较高，充满电后，即使不被使用，几个月后电池电量也会有很大损失。对于一些常年不能更换电池，或不能充电的低功耗嵌入式产品，可充电电池是不合适的。

锂聚合物电池又称高分子锂电池。相对其他电池来说，锂聚合物电池能量高、小型化、轻量化，是一种化学性质的电池。在形状上，锂聚合物电池具有超薄化特征，可以配合一些产品的需要，设计成多种形状与容量。

锂聚合物电池除电解质不是液态电解质而是固态聚合物外，其余与锂离子电池基本相同。锂聚合物电池的优点除了具有普通锂离子电池工作电压高、比能量高、循环寿命长、自放电小、无记忆效应、对环境无污染外，还具有无电池漏液问题、可制成薄型电池、可设计成多种形状、可弯曲变形、可制成单颗高电压、容量比同样大小的锂离子电池高出一倍等优点。下面通过一款具体型号的锂聚合物电池来了解一下其特性。图 12.4 所示电池型号为 LP703448，其具体特性如下。

- 标称容量：1500mAh
- 标称电压：3.7V

图 12.4　锂聚合物电池

- 重量：约 23g
- 内阻：≤200mΩ
- 充电方式：恒流恒压
- 最大充电电流：750mA
- 充电上限电压：4.25V
- 最大放电电流：1500mA
- 放电终止电压：2.75±0.1V
- 厚度 T（mm）：约 7mm
- 宽度 W（mm）：约 35mm
- 长度 L（mm）：约 50mm
- 充电温度：0～+45℃
- 放电温度：-20～+60℃

2. 一次性电池

一次性电池是不可充电的电池。常见的一次性电池有碱锰电池、锌锰电池、锂亚硫酰氯电池、银锌电池、锌空电池、锌汞电池和镁锰电池等。不同类型的一次性电池，主要区别在于容量密度、工作环境、漏电流等特性方面。

碱性电池是最成功的高容量干电池，也是目前性价比最高的电池之一。碱性电池是以二氧化锰为正极，锌为负极，氢氧化钾为电解液。碱性电池特性上较碳性电池优异，电容量比较大。一般来说，同等型号的碱性电池是普通电池（如碳型电池）容量和放电时间的3～7 倍，低温性能两者差距更大，碱性电池更适用于大电流连续放电和要求高的工作电压的用电场合，广泛应用于剃须刀、电动玩具、CD 机、大功率遥控器、无线鼠标、键盘等。

图 12.5　锂亚电池

锂亚硫酰氯电池简称锂亚电池，是很有特色并且在实际应用电池系列中比能量最高的一种电池，容量大，价格也比碱性电池高一些。它的电压为 3.6V，单节就可以直接用于 1.8～3.3V 的单片机系统。亚硫酰氯（二氯亚砜）是正极材料，同时也是电解液，这使得锂亚硫酰氯电池的比能量非常高。下面介绍一款常用的锂亚电池，来了解其电池特性。图 12.5 所示电池型号为 ER14505（AA 型），其具体特性如下。

- 标称容量：2400mAh
- 标称电压：3.6V
- 开路电压：≥3.6V
- 最大放电电流：100mA
- 最大脉冲放电电流：150mA
- 使用温度：-55℃～+ 85℃
- 外形尺寸：Φ14.5×50.5mm
- 标准重量：20g

- 年自放电率：小于 1%

由于锂亚电池特殊的化学特性，优质锂亚电池的年自放电率小于 1%，储存寿命可达10 年以上，因此被广泛应用于智能仪器、仪表；安全警报系统；信号灯及示位传送器；储存记忆支持电源；医疗器械；无线电及其他军事设备；有源电子标签；胎压测试系统；跟踪定位系统 GPS；全球移动通信系统 GSM 等领域。

3. 纽扣电池

纽扣电池（Button Cell）也称扣式电池，是指外形尺寸像一颗小纽扣的电池，同等对应的电池分类有柱状电池、方形电池、异形电池。一般相对于柱状电池如市场上的 5 号AA 等电池来说直径较大，厚度较薄。

纽扣电池一般来说分为有充电和不充电两种，充电的包括 3.6V可充锂离子扣式电池（LIR 系列）和 3V 可充锂离子扣式电池（ML或 VL 系列）；不充电的包括 3V 锂锰扣式电池（CR 系列）及 1.5V碱性锌锰扣式电池（LR 及 SR 系列）。下面介绍一款常用的纽扣电池，来了解其电池特性。图 12.6 所示是电池型号 CR2032 的锂锰电池，属于锂——二氧化锰结构，正极材料选用化学性质非常稳定的二氧化锰，负极材料选用金属锂，电解液为固体盐类或溶解于有机

图 12.6　纽扣电池

溶剂的盐类。CR2032 纽扣锂电池具有比能量高、储存期限长、自放电小、使用安全，工作温度范围宽等优点，其具体特性如下。

- 标称电压：3V
- 开路电压：3.05～3.45V
- 平均重量：3.0g
- 外形尺寸：19.7～20.0mm×3.0～3.2mm
- 放电时间（1KΩ）：75Hrs
- 工作温度：−20～+70℃

纽扣电池因体形较小，故在各种微型电子产品中得到了广泛的应用，直径从 4.8mm至 30mm，厚度从 1.0～7.7mm 不等，一般用于各类电子产品的后备电源，如计算机主板、电子表、电子词典、电子秤、记忆卡、遥控器、电动玩具、心脏起搏器、电子助听器、计数器、照相机等。

4. 充电管理

对于可再充电电池而言，锂离子（Li-Ion）电池是使用范围最广的化学电池系列。锂离子电池系列中存在着不同的电池化学组成，具有不同的工作特性，例如放电模式和自放电速率。

BQ2423x 是 TI（Texas Instruments）推出的针对小封装便携应用的高度集成的锂离子线性充电器和系统电源管理装置。该器件可通过 USB 端口或 AC 适配器充电，充电电流25～500mA 之间。高输入电压范围的输入过电压保护支持低成本，未校准的适配器。USB 输入电流保护使 BQ2423x 满足 USB-IF 的浪涌电流规格。此外，输入动态电源管理（Vin-DPM）可防止充电器设计不当或 USB 源配置错误。BQ24232 不仅可以设定充电电

流，还可以设定终止充电电流，其特性如下。

- 完全兼容的 USB 充电器：输入电流 100～500mA。
- 28V 输入过压保护。
- 综合动态电源路径管理（DPPM）功能。
- 支持高达 500 mA 的电流充电电流监测输出（ISET）。
- 最大 500mA 的可编程输入电流限制。
- 可编程终止充电电流（bq24232）。
- 可编程的预充电和快速充电安全定时器。
- 电流，短路反向和热保护。
- NTC 热敏电阻输入。
- 专有的启动顺序限制浪涌电流。
- 状态指示—充电/充满，电源正常。
- 3mm×3mm 的 16 引脚 QFN 封装。

TI 的相关产品广泛应用于移动电话、智能手机、平板电脑、便携式消费设备、便携式导航装置、笔记本电脑以及诸多工业和医疗应用等领域。

12.2.2　超低静态电流 LDO

低压差线性稳压器（LDO）是相对于传统的线性稳压器来说的，传统的线性稳压器要求输入电压要比输出电压高 2～3V，否则就不能正常工作。但是在一些情况下，如 5V 转 3.3V，输入与输出的压差只有 1.7V，是不满足压差条件的，LDO 类的电源转换芯片可以解决这种情况出现的问题。

TI 提供了多种类型的线性稳压器，如高电压高电流 LDO、低静态电流 LDO、低噪声 LDO、宽工作范围 LDO、小封装 LDO 等。详细的电源管理芯片选择，可参见 TI 官方网站 www.ti.com。

超低静态电流 LDO 是适合低功耗嵌入式系统应用的 LDO。TPS782xx/783xxx 系列低压降稳压器具有超低静态电流和小型化封装。这两款 LDO 是专门为电池供电应用设计的，其中超低静态电流是关键参数，它的静态电流仅有 500nA，是低功耗微控制器、内存卡、烟雾检测器等应用的理想选择。

TPS78233 是 TPS782xx 系列中的型号之一，其特性如下。

- 最高输入电压：5.5V。
- 输出电压：3.3V。
- 低静态电流（Iq）：500nA。
- 输出电流：150mA。
- +25℃下压降，150mA 时为 130mV。
- +85℃下压降，150mA 时为 175mV。
- 3%负载/线路/温度精度。

- 在 1.0μF 陶瓷电容下可稳定工作。
- 热保护和过流保护。
- CMOS 逻辑电平兼容的使能引脚。
- 可使用 DDC（TSOT23-5）或 DRV（2mm x 2mm SON-6）封装。

12.2.3　直流/直流转换器

直流/直流转换器（DC/DC）即开关电源，利用电感和电容的储能特性，并利用高频可控的开关管（例如 MOSFET 等）实现电能的持续输出。与线性稳压器不同，直流转换器利用分压电阻来实现对输出电压的控制。分压电阻可以根据输出电压得到一个反馈电压，反馈电压与内部的基准电压进行比较，并根据比较结果对振荡电路实现控制，进而控制 MOS 管的导通与截止，完成对输出电压的控制。由于没有电阻性耗能元件，开关电源的效率一般较高。

DC/DC 转换器分为三类：升压型 DC/DC 转换器、降压型 DC/DC 转换器以及升降压型 DC/DC 转换器。根据需求可采用三类控制。

- PWM（Pulse Width Modulation，脉冲宽度调制）控制型：效率高并具有良好的输出电压纹波和噪声；
- PFM（Pulse Frequency Modulation，脉冲频率调制）控制型：适合长时间使用，尤其小负载时具有耗电小的优点；
- PWM/PFM 转换型：小负载时实行 PFM 控制，且在重负载时自动转换到 PWM 控制。

常用的 DC-DC 产品有两种：一种为电荷泵（Charge Pump）；另一种为电感储能 DC-DC 转换器。目前 DC-DC 转换器广泛应用于手机、MP3、数码相机、便携式媒体播放器等产品中。

TI 提供了多种类型的 DC-DC 转换器，如升压型 DC/DC 转换器 TPS61xxx 系列、降压型 DC/DC 转换器 TPS62xxx 系列以及升降压型 DC/DC 转换器 TPS63xxx 系列等。在供电系统电压变化比较大的情况下，系统需要稳定的工作电压，这时最好选择升降压型 DC/DC 转换器。下面通过一款具体型号的升降压型 DC/DC 转换器来了解一下其特性。TPS63031 是常用的 3.3V（5V 对应的型号是 TPS63061）升降压型 DC/DC 转换器，其特性如下。

- 效率高达 96%。
- 3.3V 降压模式下（VIN=3.6～5V）的输出电流为 800mA。
- 3.3V 升压模式下（VIN>2.4V）的输出电流为 500mA。
- 降压和升压模式间的自动转换。
- 典型器件静态电流少于 50μA。
- 输入电压范围：1.8～5.5V。
- 1.2～5.5V 固定和可调输出电压选项。
- 用于改进低输出功率时效率的省电模式。

- 固定运行频率并可实现同步。
- 关机期间负载断开。
- 过温保护。
- 过压保护。
- 采用 2.5mm x 2.5mm 小外形尺寸 QFN-10 封装。

12.3　电磁兼容性

电磁兼容性（Electromagnetic Compatibility，EMC）是指设备或系统在其电磁环境中符合要求运行并不对其环境中的任何设备产生无法忍受的电磁干扰的能力。因此 EMC 包括两个方面的要求：一方面是指设备在正常运行过程中对所在环境产生的电磁干扰不能超过一定的限值；另一方面是指设备对所在环境中存在的电磁干扰具有一定程度的抗扰度，即电磁敏感性。

随着 IC 技术的发展，新技术不断涌现。高性能单片机系统逐步采用 32 位字长的 RISC 体系结构，运行频率超过了 100MHz，8 位单片机也采用新工艺提高系统速度扩展功能接口。嵌入式系统正朝着高集成度、高速度、高精度、低功耗的方向发展。同时，由于电子技术的广泛应用，电子设备密度升高，电磁环境恶化，系统的电磁干扰与抗干扰问题日益突出。

12.3.1　电磁干扰的形成

电磁干扰（Electromagnetic Interference，EMI）有传导干扰和辐射干扰两种。传导干扰是指通过导电介质把一个电网络上的信号耦合到另一个电网络。辐射干扰是指干扰源通过空间把其信号耦合到另一个电网络。在高速 PCB（Printed Circuit Board）及嵌入式系统设计中，高频信号线、集成电路的引脚、各类接插件等都可能成为具有天线特性的辐射干扰源，能发射电磁波并影响其他系统或本系统内其他子系统的正常工作。

为了防止一些电子产品产生的电磁干扰影响或破坏其他电子设备的正常工作，各国政府或一些国际组织都相继提出或制定了一些对电子产品产生电磁干扰有关规章或标准，符合这些规章或标准的产品就可称为具有电磁兼容性 EMC（Electromagnetic Compatibility）。

1. 电磁干扰源

电磁干扰源包括微处理器、微控制器、传送器、静电放电和瞬时功率执行元件，如机电式继电器、开关电源、雷电等。在微控制器系统中，时钟电路是最大的宽带噪声发生器，而这个噪声被扩散到了整个频谱。随着大量的高速半导体器件的发展，其边沿跳变速率很快，这种电路将产生高达 300MHz 的谐波干扰。

无论何种情况下电磁相容的问题出现总是存在两个互补的方面：一个是干扰发射源和一个为此干扰敏感的受干扰设备。如果一个干扰源与受干扰设备都处在同一设备中称为系统内部的 EMC 情况，不同设备间所产生的干扰状况称为系统间的 EMC 情况。大多数的设备中都有类似天线特性的零件如电缆线、PCB 布线、内部配线、机械结构等这些零件透过电路相耦合的电场、磁场或电磁场而将能量转移。实际情况下设备间和设备内部的耦合受到了屏蔽与绝缘材料的限制，而绝缘材料的吸收与导体相比的影响是微不足道的。

2. 耦合

噪声被耦合到电路中最容易被通过的导体传递。如果一条导线经过一个充满噪声的环境，该导线会感应环境噪声，并且将它传递到电路的其余部分。噪声通过电源线进入系统，由电源线携带的噪声就被传递到了整个电路，这是一种耦合情况。

耦合也发生在有共享负载的电路中。例如两个电路共享一条提供电源的导线或一条接地导线。如果其中一个电路需要一个突发的较大电流，而两个电路共享电源线，等效接入同一个电源内阻，电流的不平衡会导致另一个电路的电源电压下降。该耦合的影响可以通过减少共同的阻抗来削减。但电源内阻和接地导线是固定不变的，若接地不稳定，一个电路中流动的返回电流就会在另一个电路的接地回路中产生地电位的变动，地电位的变动将会严重降低模/数转换器、运算放大器和传感器等低电平模拟电路的性能。

另外，电磁波的辐射存在于每个电路中，这就形成了电路间的耦合。当电流改变时，就会产生电磁波。这些电磁波能耦合到附近的导体中，并且干扰电路中的其他信号。

3. 敏感设备

所有的电子电路都可能受到电磁干扰，虽然一部分电磁干扰是以射频辐射的方式被直接接受的，但大多数电磁干扰是通过瞬时传导被接受的。在数字电路中，复位、中断和控制信号等临界信号最容易受到电磁干扰的影响。控制电路、模拟的低级放大器和电源调整电路也容易受到噪声的影响。

电磁干扰三要素之间的关系如图 12.7 所示，发射和抗干扰都可以根据辐射和传导的耦合来分类。辐射耦合在高频中十分常见，传导耦合在低频中较为常见。发射机（干扰源）与接收机（敏感设备）之间的辐射耦合是由电磁能量通过辐射途径传输而产生的。例如来自附近设备的电磁能量通过直接辐射产生的耦合，或者自然界与类似的电磁环境耦合进入敏感设备。

干扰源与敏感设备之间的传导耦合经由连接两者之间的直接导电通路完成。例如当干扰源与敏感设备共享同一电源线供电时，干扰会经电源线传送；其他传播途径还有信号线或控制线等。

为了进行电磁兼容性设计，达到电磁兼容性标准，其目的是将辐射减到最小，即降低产品中泄露的射频能量，同时增强其对辐射的抗干扰能力。

图 12.7 电磁干扰三要素之间的关系

12.3.2　电磁兼容常用元器件

1. 共模电感

由于 EMC 所面临解决问题大多是共模干扰，因此共模电感也是常用的元件之一。共模电感（Common Mode Choke），也叫共模扼流圈，常用于计算机的开关电源中过滤共模的电磁干扰信号。在板卡设计中，共模电感也是起 EMI 滤波的作用，用于抑制高速信号线产生的电磁波向外辐射发射。下面简单介绍一下共模电感的原理以及使用情况。

共模电感原理是流过共模电流时磁环中的磁通相互叠加，从而具有相当大的电感量，对共模电流起到抑制作用，而当两线圈流过差模电流时，磁环中的磁通相互抵消，几乎没有电感量，所以差模电流可以无衰减地通过。因此共模电感在平衡线路中能有效地抑制共模干扰信号，而对线路正常传输的差模信号无影响。共模电感在制作时应满足以下要求。

- 绕制在线圈磁芯上的导线要相互绝缘，以保证在瞬时过电压作用下线圈的匝间不发生击穿短路；
- 当线圈流过瞬时大电流时，磁芯不要出现饱和；
- 线圈中的磁芯应与线圈绝缘，以防止在瞬时过电压作用下两者之间发生击穿；
- 线圈应尽可能绕制单层，这样做可减小线圈的寄生电容，增强线圈对瞬时过电压的而授能力。

通常情况下，同时注意选择所需滤波的频段，共模阻抗越大越好，因此在选择共模电感时需要看器件资料，主要根据阻抗频率曲线选择。另外选择时注意考虑差模阻抗对信号的影响，主要关注差模阻抗，特别注意高速端口。

2. 磁珠

在产品数字电路 EMC 设计过程中，常常会使用到磁珠，那么磁珠滤波的原理以及如何使用呢？

铁氧体材料是铁镁合金或铁镍合金，这种材料具有很高的磁导率，它可以使电感的线圈绕组之间在高频高阻的情况下产生的电容最小。实际应用中，铁氧体材料是作为射频电路的高频衰减器使用的。铁氧体较好地等效于电阻以及电感的并联，低频下电阻被电感短路，高频下电感阻抗变得相当高，以至于电流全部通过电阻。铁氧体是一个消耗装置，高频能量在上面转化为热能，这是由它的电阻特性决定的。

铁氧体磁珠与普通的电感相比具有更好的高频滤波特性。铁氧体在高频时呈现电阻性，相当于品质因数很低的电感器，所以能在相当宽的频率范围内保持较高的阻抗，从而提高高频滤波效能。铁氧体抑制元件广泛应用于印制电路板、电源线和数据线上。如在印制板的电源线入口端加上铁氧体抑制元件，就可以滤除高频干扰。铁氧体磁环或磁珠专用于抑制信号线、电源线上的高频干扰和尖峰干扰，它也具有吸收静电放电脉冲干扰的能力。

一般我们根据实际应用场合的不同选择使用片式磁珠还是片式电感。在谐振电路中需要使用片式电感。而需要消除不需要的 EMI 噪声时，使用片式磁珠是最佳的选择。

3. 滤波电容器

滤波电容器是一种储能器件，它常安装在整流电路两端用以降低交流脉动波纹系数以提升高效平滑直流输出。当要滤除的噪声频率确定时，可以通过调整电容的容量，使谐振点刚好落在骚扰频率上。

在实际工程中，要滤除的电磁噪声频率往往高达数百 MHz，甚至超过 1GHz。对这样高频的电磁噪声必须使用穿心电容才能有效地滤除。普通电容之所以不能有效地滤除高频噪声，主要有两个原因，一是电容引线电感造成电容谐振，对高频信号呈现较大的阻抗，削弱了对高频信号的旁路作用；二是因为导线之间的寄生电容使高频信号发生耦合，降低了滤波效果。

随着电子设备复杂程度的提高，设备内部强弱电混合安装、数字逻辑电路混合安装的情况越来越多，电路模块之间的相互骚扰成为严重的问题。解决这种电路模块相互骚扰的方法之一是用金属隔离舱将不同性质的电路隔离开。但是所有穿过隔离舱的导线要通过穿心电容，否则会造成隔离失效。当不同电路模块之间有大量的联线时，在隔离舱上安装大量的穿心电容是十分困难的事情。为了解决这个问题，国外许多厂商开发了"滤波阵列板"，这是用特殊工艺事先将穿心电容焊接在一块金属板构成的器件，使用滤波阵列板能够解决大量导线穿过金属面板的问题。

12.3.3　电磁兼容常用技巧

目前电子器材用于各类电子设备和嵌入式系统，仍然以印制电路板为主要装配方式。实践证明，即使电路原理图设计正确，印制电路板设计不当，也会对电子设备的可靠性产生不利影响。例如，如果印制板两条细平行线靠得很近，则会形成信号波形的延迟，在传输线的终端形成反射噪声。因此，在设计印制电路板的时候，应注意采用正确的方法。

理论和实践研究表明，不管复杂系统还是简单装置，任何一个电磁干扰的发生必须具备三个基本条件：首先应该具有干扰源；其次有传播干扰能量的途径和通道；最后还必须有被干扰对象的响应。在电磁兼容性理论中把被干扰对象统称为敏感设备（或敏感器），因此抑制电磁干扰的方法，主要有三种。

- 设法降低电磁波辐射源或传导源；
- 切断耦合路径；
- 增加接收器的抗干扰能力。

1. 地线设计

在嵌入式系统中，接地是控制干扰的重要方法。如能将接地和屏蔽正确结合起来使用，可解决大部分干扰问题。电子设备中地线结构大致有系统地、机壳地（屏蔽地）、数字地（逻辑地）和模拟地等。在地线设计中应注意以下几点。

（1）正确选择单点接地与多点接地。在低频电路中，信号的工作频率小于 1MHz，它的布线和器件间的电感影响较小，而接地电路形成的环流对干扰影响较大，因而应采用一点接地。当信号工作频率大于 10MHz 时，地线阻抗变得很大，此时应尽量降低地线阻抗，应采用就近多点接地。当工作频率在 1～10MHz 时，如果采用一点接地，其地线长度不应超过波长的 1/20，否则应采用多点接地法。

（2）将数字电路与模拟电路分开。电路板上既有高速逻辑电路，又有线性电路，应使它们尽量分开，而两者的地线不要相混，分别与电源端地线相连。另外，要尽量加大线性电路的接地面积。

（3）尽量加粗接地线。若接地线很细，接地电位则随电流的变化而变化，致使电子设备的定时信号电平不稳，抗噪声性能变坏。因此应将接地线尽量加粗，使它能通过三位于印制电路板的允许电流。在允许的条件下，接地线的宽度应大于 3mm。

（4）将接地线构成闭环路。设计只由数字电路组成的印制电路板的地线系统时，将接地线做成闭环路可以明显提高抗噪声能力。其原因在于：印制电路板上有很多集成电路组件，尤其遇有耗电多的组件时，因受接地线粗细的限制，会在地结上产生较大的电位差，引起抗噪声能力下降，若将接地结构成环路，则会缩小电位差值，提高电子设备的抗噪声能力。

2. 电磁兼容性设计

电磁兼容性是指电子设备在各种电磁环境中仍能够协调、有效地进行工作的能力。电磁兼容性设计的目的是使电子设备既能抑制各种外来的干扰，使电子设备在特定的电磁环境中能够正常工作，同时又能减少电子设备本身对其他电子设备的电磁干扰。

（1）选择合理的导线宽度。由于瞬变电流在印制线条上所产生的冲击干扰主要是由印制导线的电感成分造成的，因此应尽量减小印制导线的电感量。印制导线的电感量与其长度成正比，与其宽度成反比，因而短而精的导线对抑制干扰是有利的。时钟引线、行驱动器或总线驱动器的信号线常常载有大的瞬变电流，印制导线要尽可能地短。对于分立组件电路，印制导线宽度在 1.5mm 左右时，即可完全满足要求；对于集成电路，印制导线宽度可在 0.2～1.0mm 选择。

（2）采用正确的布线策略。采用平等走线可以减少导线电感，但导线之间的互感和分布电容增加，如果布局允许，最好采用井字形网状布线结构，具体做法是印制板的一面横向布线，另一面纵向布线，然后在交叉孔处用金属化孔相连。为了抑制印制板导线之间的串扰，在设计布线时应尽量避免长距离的平等走线。

3. 去耦电容配置

在直流电源回路中，负载的变化会引起电源噪声。例如在数字电路中，当电路从一个状态转换为另一种状态时，就会在电源线上产生一个很大的尖峰电流，形成瞬变的噪声电压。配置去耦电容可以抑制因负载变化而产生的噪声，是印制电路板的可靠性设计的一种常规做法，配置原则如下。

（1）电源输入端跨接一个 10～100uF 的电解电容器，如果印制电路板的位置允许，采用 100uF 以上的电解电容器的抗干扰效果会更好。

（2）为每个集成电路芯片配置一个 0.01uF 的陶瓷电容器。如遇到印制电路板空间小而装不下时，可每 4～10 个芯片配置一个 1～10uF 钽电解电容器，这种器件的高频阻抗特别小，在 500kHz～20MHz 范围内阻抗小于 1Ω，而且漏电流很小（0.5uA 以下）。

（3）对于噪声能力弱、关断时电流变化大的器件和 ROM、RAM 等存储型器件，应在芯片的电源线（VCC）和地线（GND）间直接接入去耦电容。

（4）去耦电容的引线不能过长，特别是高频旁路电容不能带引线。

4. 印制电路板的尺寸与器件的布置

印制电路板大小要适中，过大时印制线条长，阻抗增加，不仅抗噪声能力下降，成本也高；过小则散热不好，同时易受临近线条干扰。在器件布置方面与其他逻辑电路一样，应把相互有关的器件尽量放得靠近些，这样可以获得较好的抗噪声效果。时钟发生器、晶振和 CPU 的时钟输入端都易产生噪声，要相互靠近些。易产生噪声的器件、小电流电路、大电流电路等应尽量远离逻辑电路，在条件允许的情况下，应另做电路板。

5. 散热设计

从有利于散热的角度出发，印制版最好是直立安装，板与板之间的距离一般不应小于 2cm，而且器件在印制版上的排列方式应遵循以下规则。

（1）对于采用自由对流空气冷却的设备，需要将集成电路按纵长方式排列；对于采用强制空气冷却的设备，需要将集成电路按横长方式排。

（2）同一块印制板上的器件应尽可能按其发热量大小及散热程度分区排列，发热量小或耐热性差的器件（如小信号晶体管、小规模集成电路、电解电容等）放在冷却气流的最上流（入口处），发热量大或耐热性好的器件（如功率晶体管、大规模集成电路等）放在冷却气流最下游。

（3）在水平方向上，大功率器件尽量靠近印制板边沿布置，以便缩短传热路径；在垂直方向上，大功率器件尽量靠近印制板上方布置，以便减少这些器件工作时对其他器件温度的影响。

（4）对温度比较敏感的器件最好安置在温度最低的区域（如设备的底部），一定不要将它放在发热器件的正上方，多个器件最好是在水平面上交错布局。

（5）设备内印制板的散热主要依靠空气流动，所以在设计时要研究空气流动路径，合理配置器件或印制电路板。空气流动时总是趋向于阻力小的地方流动，所以在印制电路板上配置器件时，要避免在某个区域留有较大的空域。

6. 屏蔽

屏蔽必须连接到被保护电路的零信号基准点，即输入和输出的共用端。有些情况下，共用端没有接地，电压非零，但相对于输入和输出信号仍是零信号基准点。

很多 EMI 抑制都采用外壳屏蔽和缝隙屏蔽结合的方式实现，大多数时候下面这些简单原则可以有助于实现 EMI 屏蔽：从源头处降低干扰；通过屏蔽、过滤或接地将干扰产生电路隔离以及增强敏感电路的抗干扰能力等。EMI 抑制性、隔离性和低敏感性应该作为所有电路设计人员的目标，这些性能在设计阶段的早期就应完成。

对设计工程师而言，采用屏蔽材料是一种有效降低 EMI 的方法。如今已有多种外壳屏蔽材料得到广泛使用，从金属罐、薄金属片和箔带到在导电织物或卷带上喷射涂层及镀层（如导电漆及锌线喷涂等）。无论是金属还是涂有导电层的塑料，一旦设计人员确定作为外壳材料之后，就可着手开始选择衬垫。设备一般都需要进行屏蔽，这是因为结构本身存在一些槽和缝隙。所需屏蔽可通过一些基本原则确定，但是理论与现实之间还是有差别。例如在计算某个频率下衬垫的大小和间距时还必须考虑信号的强度，如同在一个设备中使用了多个处理器时的情形。表面处理及垫片设计是保持长期屏蔽以实现 EMC 性能的关键因素。图 12.8 展示了各种类型的 PCB 屏蔽罩。

图 12.8　各种类型的 PCB 屏蔽罩

12.4　习题

（1）低功耗系统设计的基本原则是什么？

（2）查阅资料，列出 3 种低功耗 MCU 的型号，以及它们的主要功耗指标。

（3）查阅资料，归纳说明逻辑芯片 74LS04 和 74HC04 的差异性。

（4）低功耗系统中，软件设计方法有哪些？

（5）简述嵌入式系统中电源结构，并举例说明嵌入式系统中电源的种类。

（6）嵌入式系统常用的电池有哪些，各自的特点是什么？

（7）简述 LDO 的特点和选型注意事项。

（8）简述 DC-DC 的工作原理、种类和特点。

（9）简述电磁干扰的三大要素。

（10）磁珠的结构是什么，用途是什么？

（11）接地的方法主要有哪些，分别适用于什么场合？

（12）简述抑制电磁干扰的方法，应采取哪些措施？

参 考 文 献

[1] Texas Instruments.MSP432P401R, MSP432P401M SimpleLink™ Mixed-Signal Micro-controllers. http://www.ti.com/lit/ds/symlink/msp432p401r.pdf.2017.

[2] Texas Instruments. MSP432P4xx SimpleLink™ Microcontrollers Technical Reference Manual. http://www.ti.com/lit/ug/slau356h/slau356h.pdf.2017.

[3] Texas Instruments.Arm® Keil® MDK Version 5 for SimpleLink™ MSP432™ Microcontrollers. http://www.ti.com/lit/ug/slau590i/slau590i.pdf.2017.

[4] Texas Instruments.General Oversampling of MSP ADCs for Higher Resolution. http://www.ti.com/lit/an/slaa694a/slaa694a.pdf.2016.

[5] Richard Barry. Mastering the FreeRTOSTM Real Time Kernel. https://www.freertos. org/.2016.

[6] C2G. USB CONNECTOR GUIDE—GUIDE TO USB CABLES. https://www.cablestogo.com/learning/connector-guides/usb.2018.

[7]（美）Shibu K V. 嵌入式系统原理、设计及开发. 伍微，译. 北京：清华大学出版社，2012.

[8]（英）姚文祥. ARM Cortex-M3 Cortex-M4 权威指南. 3 版. 吴常玉，等译. 清华大学出版社，2015.

[9] MQTT Version 3.1.1. Edited by Andrew Banks and Rahul Gupta. OASIS Standard. http://docs.oasis-open.org/mqtt/mqtt/v3.1.1/os/mqtt-v3.1.1-os.html.2014.

[10] 崔涛. 浅谈物联网技术积累与发展前景. 数码世界，2017.

[11] 谢晓燕. 物联网行业发展特征分析. 企业经济，2012.

[12] 盛魁祥. 浅谈物联网技术发展及应用. 现代商业，2010.

[13] 沈建华，杨艳琴，王慈. MSP430 超低功耗单片机原理与应用. 3 版. 北京：清华大学出版社，2017.

[14] 沈建华.MSP430 系列 16 位超低功耗单片机原理与实践. 北京：北京航空航天大学出版社，2008.

[15] 沈建华，张超，李晋.MSP432 系列超低功耗 ARM Cortex-M4 微控制器原理与实践. 北京：北京航空航天大学出版社，2017.

[16] 王兆滨.MSP430 系列单片机原理与工程设计实践. 北京：清华大学出版社，2014.

[17] 沈建华，郝立平. 嵌入式系统教程——基于 Tiva C 系列 ARM Cortex-M4 微控制器. 北京：北京航空航天大学出版社，2015.

[18] 张大波. 新编嵌入式系统原理设计与应用. 北京：清华大学出版社，2010.

[19] 陈文治，王总辉. 嵌入式系统原理与设计. 2 版. 北京：清华大学出版社，2017.

[20] 周立功. ARM 嵌入式系统基础教程. 2 版. 北京：北京航空航天大学出版社，2008.

[21] 周立功. 嵌入式 Linux 开发教程（上册）. 北京：北京航空航天大学出版社，2016.

[22] 周立功. C 程序设计高级教程. 北京：北京航空航天大学出版社，2013.

[23] 刘杰. 基于固件的 MSP432 微控制器原理及应用. 北京：北京航空航天大学出版社，2016.

[24] 沈建华. 嵌入式软件概论. 北京：北京航空航天大学出版社，2007.

[25] 杨艳，傅强. 从零开启大学生电子设计之路——基于 MSP430 LaunchPad 口袋实验平台. 北京：北京航空航天大学出版社，2014.

[26] Alibaba. 使用 AliOS Things 在 MSP432 LaunchPad 上开发 IoT app. https://github.com/alibaba/AliOS-Things.wiki.git. 2018-05-15.

[27] Mxchip. EMW3080. http://www.mxchip.com/product/wifi_product/49.

[28] 马维华. 嵌入式系统原理及应用. 3 版. 北京：北京邮电大学出版社，2017.